Applying Math with Python
Second Edition

利用Python解决数学问题

（原书第2版）

[英] 萨姆·莫利（Sam Morley）著

于俊伟 刘楠 译

机械工业出版社
CHINA MACHINE PRESS

图书在版编目（CIP）数据

利用 Python 解决数学问题 : 原书第 2 版 / (英) 萨姆 · 莫利 (Sam Morley) 著 ; 于俊伟 , 刘楠译 . -- 北京 : 机械工业出版社 , 2025. 6. -- (数学应用系列).

ISBN 978-7-111-78029-8

Ⅰ. TP312.8

中国国家版本馆 CIP 数据核字第 2025L9U730 号

机械工业出版社（北京市百万庄大街 22 号　邮政编码 100037）

策划编辑：王春华　　　　责任编辑：王春华

责任校对：卢文迪　张雨霏　景　飞　　责任印制：李　昂

涿州市京南印刷厂印刷

2025 年 6 月第 1 版第 1 次印刷

186mm×240mm · 19.75 印张 · 269 千字

标准书号：ISBN 978-7-111-78029-8

定价：109.00 元

电话服务

客服电话：010-88361066

010-88379833

010-68326294

网络服务

机　工　官　网：www.cmpbook.com

机　工　官　博：weibo.com/cmp1952

金　　书　　网：www.golden-book.com

机工教育服务网：www.cmpedu.com

PREFACE

译者序

“宇宙之大，粒子之微，火箭之速，化工之巧，地球之变，生物之谜，日用之繁，无处不用数学。”数学家华罗庚在《大哉，数学之为用》中深刻论述了数学与实际应用结合涉及的广阔领域。在计算科学和智能技术迅速发展的今天，了解和掌握解决数学实际应用问题的工具和方法，不仅有助于理解深奥的数学概念，也能显著提高解决实际问题的效率。

我们很高兴将这本书推荐给国内读者。这本书不仅是一本应用数学方面的参考书，更是一本通过 Python 编程语言解决实际问题的实用指南。这本书提供了 70 多个实用案例和近 100 个 Python 程序文件，将深奥的数学概念与可操作的代码实例相结合，使复杂的计算问题变得易于理解和解决。

这本书基于灵活易用的 Python 编程语言，旨在帮助读者利用 Python 程序和相关工具应对现实世界中的数学挑战。这本书不仅涵盖 Python 软件包、绘图工具和代码优化等基础知识，还深入探讨了微积分、概率与统计、几何等传统数学理论及其应用。此外，书中还涉及当前机器学习和人工智能领域的热门主题，如树和网络、回归和预测等。每个章节围绕一个主题的多个方面或同一主题的多种典型方法详细展开，分别从“准备工作”“实现方法”“原理解析”“更多内容”等方面进行细致介绍，循序渐进地引导读者掌握每项技术，而且每章最后还推荐了高质量的学习资源。这种结构不仅适合初学者逐步学习，也为有经验的程序员和数据科学家提供了实用的方法论。

翻译这本书的过程不仅是一次转换语言的过程，更是深入理解与应用数学知识的过程。我们希望这本书能够像一扇窗，开启更多人探索数学和编程世界的旅程。愿每位读者在阅读这本书的过程中，都能够感受到数学的魅力与 Python 的便利，实现对理论的实际应用。通过这本书，希望你不仅能够掌握强大的工具，还能在面对复杂的计算问题时，运用所学知识勇往直前。“人生苦短，我用 Python”，让我们在 Python 的世界中携手追寻数学的美好和科学的真谛。

本书第 3 章和第 4 章由中国人民解放军信息工程大学的刘楠副教授翻译，其余章节由河南工业大学人工智能与大数据学院的于俊伟副教授翻译。本书的出版离不开机械工业出版社编辑和工作人员的专业指导与辛勤付出，他们的细致审校和反馈，让我们在翻译过程中受益匪浅。对此，我们表示衷心感谢！此外，广大读者和专家的意见与建议也是我们前进的动力，如能反馈翻译中的错误和疏漏，我们将不胜感激。

于俊伟、刘楠

About the author

作者简介

萨姆·莫利（Sam Morley）是一名软件工程师和数学家，在牛津大学负责 DataSig 项目。他曾是东安格利亚大学（University of East Anglia）的数学讲师，那时他专注于纯数学研究。如今，萨姆大部分时间都在编写 C++ 库和 Python 扩展模块，他也喜欢编写 Python 代码。他致力于提供高质量、包容性强和令人愉悦的教学，旨在激励学生并传播他对数学和编程的热情。

我要感谢我在东安格利亚大学、牛津大学和阿兰·图灵研究所的朋友和同事，本书第 1 版的大部分内容都是在东安格利亚大学撰写的。我还要感谢编辑团队和技术审阅者的辛勤工作。

About the reviewer

审校者简介

万戈斯·普特尼亚斯（Vangos Pterneas）利用运动技术和虚拟现实帮助创新公司增加收入。他是 Kinect、HoloLens、Oculus Rift 和 HTC Vive 方面的专家。微软授予他“最有价值专家”（Most Valuable Professional）的称号，以表彰他对开源社区的技术贡献。万戈斯经营着 LightBuzz 公司，与来自世界各地的客户合作。他也是 *Getting Started with HTML5 WebSocket Programming* 和 *The Dark Art of Freelancing* 的作者。

PREFACE

前　言

Python 是一种功能强大且灵活的编程语言，学习起来既有趣又简单。它是许多专业人士和爱好者的首选编程语言。Python 的强大之处在于其庞大的软件包生态系统和友好的社区，以及与编译扩展模块无缝通信的能力。这使得 Python 非常适合解决各种问题，尤其是数学问题。

数学通常与计算和方程相关联，但实际上，这只是一个更大主题的很小一部分。从本质上讲，数学是关于解决问题及其逻辑结构化的方法。一旦你超越了方程、计算、导数和积分，就会发现一个广阔而优美的结构世界。

本书是使用 Python 解决数学问题的入门指南。书中将介绍一些基本的数学概念以及如何使用 Python 处理这些概念，还将提供一些用于解决数学众多领域内各种数学问题的基本模板。前几章侧重于核心技能，如使用 NumPy 数组、绘图、计算微积分和计算概率等。这些主题在整个数学领域中都非常重要，并且是本书其余部分的基础。在接下来的章节中，我们将讨论更多的实际问题，涵盖数据分析与统计、树与网络、回归与预测、博弈论以及优化等主题。我们希望本书能够为你解决数学问题提供基础，并为你进一步探索数学世界提供工具。

目标读者

本书主要面向那些熟悉 Python 并且想用 Python 解决某种数学问题的人。在前几章中，我们旨在为那些不熟悉基础知识的读者简单介绍一些数学背景知识，但由于篇幅限制，我们只能点到为止。我们会在每一章的末尾提供一些拓展阅读的建议，以引导你找到可以深入学习的资源。希望本书能够帮助你着手解决数学问题，并激发你对这些主题背后的数学知识的好奇心。

内容概述

第 1 章介绍本书后续内容所需的一些基本工具和概念，包括用于数学编程的主要 Python 包：NumPy 和 SciPy。

第 2 章涵盖使用 Matplotlib 绘制图形的基础知识，这些知识几乎可以用于解决所有数学问题。

第 3 章介绍微积分中的主题，如微分和积分，以及一些更高级的主题，如常微分方程和偏微分方程。

第 4 章介绍随机性和概率的基本原理，以及如何使用 Python 探索这些原理。

第 5 章介绍如何使用 NetworkX 包在 Python 中处理树和网络（图）。

第 6 章会提供多种使用 Python 处理、操作和分析数据的技术。

第 7 章描述使用 `Statsmodels` 包和 scikit-learn 进行数据建模和预测未来值的各种技术。

第 8 章展示如何使用 `Shapely` 包在 Python 中处理几何对象。

第 9 章介绍优化和博弈论，利用数学方法寻找问题的最佳解决方案。

第 10 章涵盖使用 Python 解决数学问题时可能遇到的各种情况。

充分利用本书

为了更好地利用本书，你需要掌握 Python 的基础知识。我们并不假定你有任何数学知识，不过如果你熟悉一些基本的数学概念，你将能更好地理解我们讨论的技术的背景和细节。

你需要使用较新版本的 Python，至少是 Python 3.6，建议使用更高版本（本书代码已在 Python 3.10 上进行了测试，在 Python 3.6 到 Python 3.10 的中间版本上应该也能够正常运行）。你可能更倾向于使用 Anaconda 这个 Python 发行版本，它包含了本书所需的许多软件包和工具。如果是这种情况，你应该使用 `conda` 包管理器来安装这些包。所有主要操作系统——Windows、macOS 和 Linux，以及许多其他平台都支持 Python。

本书中使用的 Python 包及其在撰写代码时的版本如下：NumPy 1.23.3，SciPy 1.9.1，Matplotlib 3.6.0，Jax 0.3.13（以及 jaxlib 0.3.10），Diffrax 0.1.2，PyMC 4.2.2，pandas 1.4.3，Bokeh 2.4.3，NetworkX 3.5.3，scikit-learn 1.1.2，StatsModels 0.13.2，Shapely 1.8.4，NashPy 0.0.35，Pint 0.20.1，Uncertainties 3.1.7，Xarray 2022.11.0，NetCDF4 1.6.1，CartoPy 0.21.0，Cerberus 1.3.4，Cython 0.29.32，Dask 2022.10.2。

本书涉及的软件	操作系统要求
Python 3.10	Windows、macOS 或 Linux

你可能更喜欢在 Jupyter Notebook 中而不是在简单的 Python 文件中运行本书中的示例代码。在本书的某些地方，你可能需要重复执行绘图命令，因为这些图不能像当前所示的那样在后续单元格中得到更新。

下载示例代码文件

你可以从 GitHub 下载本书的示例代码文件，链接为 https://github.com/PacktPublishing/Applying-Math-with-Python-2nd-Edition。如果代码有更新，那么 GitHub 代码库中的代码也将进行更新。

CONTENTS

目　　录

CHAPTER 1

第1章 基础软件包、函数和概念简介

在开始实际操作之前，本书开篇将介绍几个核心的数学概念和结构及其 Python 表示。我们将研究基本的数值类型、基本数学函数（三角函数、指数函数和对数函数）和矩阵。由于矩阵与线性方程组求解密切相关，因此矩阵是大多数计算应用的基础。我们在本章会探讨其中的一些应用，但是纵贯全书，矩阵都将发挥重要作用。

我们将按顺序介绍以下主要内容：

- 探索 Python 的数值类型
- 理解基本数学函数
- 深入探究 NumPy 世界
- 使用矩阵和线性代数

NumPy 数组和本章介绍的基本数学函数将贯穿全书——它们几乎会出现在本书的每一章中。矩阵理论和本章讨论的其他主题是许多计算方法的基础，这些方法会在本书讨论的各种软件包中被使用。还有一些其他主题值得了解，尽管我们在本书的示例中不一定会使用它们（例如，备选的数值类型）。

1.1 技术要求

在本章以及整本书中，我们将使用 `Python 3.10`，这是本书编写时 Python 的最新版本。本书中的大部分代码适合在 `Python 3.6` 及更高版本上运行。我们将在不同的地方使用 `Python 3.6` 引入包括 f-strings 在内的各种功能。这意味着你需要更改终端命令中出现的 `Python 3.10`，以匹配你的 Python 版本。它可能是 Python 的其他版本，比如 `Python 3.6` 或 `Python 3.7`；也可能是更通用的命令，比如 `Python 3` 或 `Python`。对于后两个命令，你需要使用以下命令检查，以确保 Python 的版本至少是 Python 3.6：

```
python --version
```

Python 具有内置的数值类型和基本数学函数，这些函数足以应对只涉及小型计算的应用程序。NumPy 包提供了高性能的数组类型和相关例程（包括对数组进行高效运算的基本数学函数），该包将用于本章和本书其余部分的许多实例中。在本章的后续实例中，我们还将使用 SciPy 包。这两个包都可以使用你喜欢的包管理器（如 pip）安装：

```
python3.10 -m pip install numpy scipy
```

按照惯例，我们使用较短的别名导入这些包。我们使用以下导入语句将 numpy 导入为 np，将 scipy 导入为 sp：

```
import numpy as np
import scipy as sp
```

这些包的官方文档（https://numpy.org/doc/stable/ 和 https://docs.scipy.org/doc/scipy/）中使用了这些约定，许多使用这些包的教程和其他材料也使用了同样的约定。

本章的代码可以在 GitHub 代码库的 Chapter 01 文件夹中找到，网址为 https://github.com/PacktPublishing/Applying-Math-with-Python-2nd-Edition/tree/main/Chapter%2001。

1.2　探索 Python 的数值类型

Python 提供了基本的数值类型，如任意大小的整数和浮点数（双精度），但它也提供了一些额外的数值类型，这些数值类型在对精度有特别要求的特定应用中非常有用。Python 还以内置数据类型的方式提供了对复数的支持，这对一些更高级的数学应用很有用。让我们从 Decimal 类型开始，来看看这些不同的数值类型。

1.2.1　Decimal 类型

如果你的应用需要高精度的十进制表示和算术运算，可以使用 Python 标准库中 decimal 模块提供的 Decimal 类型：

```
from decimal import Decimal
num1 = Decimal('1.1')
```

```
num2 = Decimal('1.563')
num1 + num2  # Decimal('2.663')
```

使用浮点（float）对象执行上述计算得到的结果为 2.6630000000000003，其中包含了一个小误差，这是因为有些数字本身无法使用 2 的有限幂和来精确表示。例如，0.1 的二进制展开是 0.000110011…，它是个无限循环小数。因此，对这个数字的任何浮点表示都将带有一个小误差。请注意，Decimal 的参数是以字符串而非浮点形式给出的。

Decimal 类型基于 IBM 的通用十进制算术规范（http://speleotrove.com/decimal/decarith.html），该规范是浮点数算术的另一种规范，它通过使用 10 的幂而不是 2 的幂来精确表示十进制数。这意味着它可以安全地用于金融计算，因为在这一领域，四舍五入误差的累积会产生可怕的后果。然而，Decimal 格式的内存效率较低，因为它必须存储十进制数字而不是二进制数字（位），而且十进制数的计算比传统的浮点数计算代价更高。

decimal 包还提供了 Context 对象，它允许对 Decimal 对象的精度、显示和属性进行细粒度控制。可以使用 decimal 模块的 getcontext 函数来访问当前（默认）上下文。getcontext 函数返回的 Context 对象有许多可以修改的属性。例如，我们可以设置算术运算的精度：

```
from decimal import getcontext
ctx = getcontext()
num = Decimal('1.1')
num**4 # Decimal('1.4641')
ctx.prec = 4 # set new precision
num**4 # Decimal('1.464')
```

当我们将精度设置为 4，而不是默认的 28 时，我们可以看到 1.1 的四次幂被四舍五入到四位有效数字。

甚至可以使用 localcontext 函数在本地设置上下文，该函数返回一个上下文管理器，该管理器在 with 块结束时恢复原始环境：

```
from decimal import localcontext
num = Decimal("1.1")
with localcontext() as ctx:
    ctx.prec = 2
    num**4 # Decimal('1.5')
num**4 # Decimal('1.4641')
```

这意味着在 with 块内部可以自由地修改上下文，而在 with 块结束时，上下文将恢复到默认状态。

1.2.2 Fraction 类型

另外，对于需要准确表示整数分数的应用程序，比如在处理比例或概率时，可以使用 Python 标准库中的 `fractions` 模块提供的 `Fraction` 类型。用法类似，只是我们通常将分数的分子和分母作为参数：

```
from fractions import Fraction
num1 = Fraction(1, 3)
num2 = Fraction(1, 7)
num1 * num2 # Fraction(1, 21)
```

`Fraction` 类型只需存储两个整数——分子和分母，并使用加法和乘法的基本规则进行分数算术运算。

1.2.3 复数类型

平方根函数适用于正数，但不适用于负数。然而，我们可以通过添加一个符号 i（**虚数单位**）来扩展实数集，虚数单位的平方为 -1（即 $i^2=-1$）。**复数**是形如 $x+iy$ 的数字，其中 x 和 y 是我们习惯使用的实数。在这种形式中，数字 x 称为**实部**，y 称为**虚部**。复数有自己的算术运算，如加法、减法、乘法和除法，当虚部为零时，虚数的算术运算与实数的算术运算一致。例如，我们可以将复数 1+2i 和 2−i 相加得到 $(1+2i) + (2-i) = 3+i$，或者将它们相乘得到以下结果：

$$(1+2i)(2-i)=(2+2)+(4i-i)=4+3i$$

复数的使用频率比你想象的要高，当场景中存在某种循环或振荡行为时，复数通常在幕后发挥作用。这是因为正弦和余弦函数分别是以下复指数的实部和虚部：

$$e^{it}=\cos(t)+i\sin(t)$$

这里，t 是任意实数。有关复数的详细信息以及更多有趣的事实和理论，可以在涵盖复数的许多资源中找到。下面的维基百科页面是一个很好的起点：https://en.wikipedia.org/wiki/Complex_number。

Python 支持复数，在代码中用一个文字符号 `1j` 表示复数单位。这可能与你熟悉的、从其他来源看到的复数单位表示法有所不同。大多数数学教材通常会使用符号 i 来表示复数单位：

```
z = 1 + 1j
z + 2 # 3 + 1j
z.conjugate() # 1 - 1j
```

复数的**共轭复数**是将其虚部变为相反数得出的结果。其效果是实现方程 $i^2=-1$ 的两个可能解之间的交换。

Python 标准库的 cmath 模块提供了专门针对复数的数学函数。

在了解了 Python 提供的一些基本数值类型后，我们现在可以探索它提供的数学函数了。

1.3　理解基本数学函数

基本数学函数在许多应用中都会出现。例如，对数可以将呈指数增长的数据进行缩放，从而得到线性数据。指数函数和三角函数在处理几何信息时是常用的工具，伽马函数出现在组合数学中，高斯误差函数则在统计学中至关重要。

Python 标准库中的 math 模块提供了所有标准数学函数，以及常用的常数和一些实用函数，可以使用以下命令导入：

```
import math
```

一旦导入了该模块，我们就可以使用此模块包含的所有数学函数。例如，为了得到非负数的平方根，我们可以使用 math 模块中的 sqrt 函数：

```
import math
math.sqrt(4) # 2.0
```

尝试给 sqrt 函数传递负数参数会抛出 ValueError 异常。sqrt 函数仅处理实数，负数的平方根对于该函数是未定义的。负数的平方根是一个复数，可以使用 Python 标准库中 cmath 模块对应的 sqrt 函数进行求解。

正弦、余弦和正切三角函数在 math 模块中分别以常用的缩写形式 sin、cos 和 tan 提供。常数 pi 保存着π的值，约为 3.1416：

```
theta = math.pi/4
math.cos(theta) # 0.7071067811865476
math.sin(theta) # 0.7071067811865475
math.tan(theta) # 0.9999999999999999
```

在 math 模块中，反三角函数分别以 acos、asin 和 atan 的名称命名：

```
math.asin(-1) # -1.5707963267948966
math.acos(-1) # 3.141592653589793
math.atan(1) # 0.7853981633974483
```

math 模块中的 log 函数用于执行对数运算，它有一个可选参数用于指定对数的底（请注意，第二个参数只是位置参数）。默认情况下，如果没有可选参数，它是以 e 为底的自然对数。常数 e 可以使用 math.e 方法进行访问：

```
math.log(10) # 2.302585092994046
math.log(10, 10) # 1.0
```

math 模块还包含 gamma 函数（伽马函数），以及在统计学中非常重要的 erf 函数（高斯误差函数），这两个函数都是由积分定义的。伽马函数由以下积分定义：

$$\Gamma(s)=\int_0^{\infty} t^{s-1}\mathrm{e}^{-t}\mathrm{d}t$$

高斯误差函数由以下积分定义：

$$\operatorname{erf}(x)=\frac{2}{\sqrt{\pi}}\int_0^{x}\mathrm{e}^{-t^2}\mathrm{d}t$$

高斯误差函数定义中的积分无法使用微积分进行计算，而必须通过数值计算进行估计：

```
math.gamma(5) # 24.0
math.erf(2) # 0.9953222650189527
```

除了三角函数、对数和指数函数等标准函数之外，math 模块还包含各种理论函数和组合函数。其中包括 comb 函数和 factorial 函数，它们在很多应用中都很有用。comb 函数调用时带有参数 n 和 k，如果不考虑元素的顺序，它会返回从包含 n 个元素的集合中无重复地选取 k 个元素的方式总数。例如，先选取 1 然后选取 2，这与先选取 2 然后选取 1 是相同的。这个组合数有时被写作 C_n^k。阶乘函数 factorial 被调用时带有参数 n，它返回 n 的阶乘，即 $n!=n(n-1)(n-2)\cdots1$：

```
math.comb(5, 2) # 10
math.factorial(5) # 120
```

将 factorial 函数应用于负数会抛出 ValueError 异常。整数 n 的阶乘与伽马函数在 n+1 处的值相等，即

$$\Gamma(n+1)=n!$$

math 模块还包含一个名为 gcd 的函数，该函数返回其参数的最大公约数。整数 a 和 b 的最大公约数 k 是能同时整除 a 和 b 的最大整数：

```
math.gcd(2, 4) # 2
math.gcd(2, 3) # 1
```

math 模块还有许多用于处理浮点数的函数。fsum 函数对一组可迭代的数字执行加法运算，并跟踪每一步的总和，以减少结果中的误差。下面的例子很好地说明了这一点：

```
nums = [0.1]*10 # list containing 0.1 ten times
sum(nums) # 0.9999999999999999
math.fsum(nums) # 1.0
```

如果参数之间的差值小于容差，isclose 函数将返回 True。这在单元测试中尤其有用，因为在单元测试中，基于机器架构或数据变化，计算结果可能会有很小的变化。

最后，math 模块中的 floor 和 ceil 函数提供了对参数的向下和向上取整的整数结果。一个数 x 的**向下取整**（floor 函数）结果是满足 $f \leqslant x$ 的最大的整数 f，而 x 的**向上取整**（ceil 函数）结果是满足 $x \leqslant c$ 的最小的整数 c。在将一个数除以另一个数得到的浮点数转化为整数时，这些函数非常有用。

math 模块中的函数是用 C 语言实现的（假设你运行的是 CPython），因此它们比用 Python 实现的函数要快得多。如果你需要将函数应用于相对较小的数字集合，那么此模块是一个不错的选择。如果你同时想要将这些函数应用于大型数据集，那么最好使用 NumPy 包中的等价函数，因为 NumPy 处理数组更有效。一般来说，如果你已经导入了 NumPy 包，那么最好总是使用 NumPy 的等价函数来减少出错的可能性。考虑到这一点，现在让我们开始介绍 NumPy 包及其基本对象“多维数组”吧。

1.4　深入探究 NumPy 世界

NumPy 提供了高性能的数组类型，以及在 Python 中操作这些数组的例程。这些数组对于处理性能至关重要的大型数据集非常有用。NumPy 构成了 Python 中数值和科学计算的基础。在底层，NumPy 利用底层库来处理向量和矩阵，如**基本线性代数子程序**（Basic Linear Algebra Subprogram, BLAS），以加速计算。

传统上，将 NumPy 包以较短的别名 np 导入，可以通过以下导入语句来完成：

```
import numpy as np
```

这种约定在 NumPy 文档和更广泛的科学 Python 生态系统（如 SciPy、pandas 等）中都得到了应用。

NumPy 库提供的基本数据类型是 ndarray（以下称为 NumPy 数组）。通常情况下，你不会创建自己的 ndarray 实例，而是使用诸如 array 这样的辅助例程来正确设置类型。array 例程利用类似数组的对象来创建 NumPy 数组，该对象通常是数字列表或列表的列表。例如，我们可以通过提供包含所需元素的列表来创建一个简单的数组：

```
arr = np.array([1, 2, 3, 4]) # array([1, 2, 3, 4])
```

NumPy 数组类型（ndarray）是围绕底层 C 数组结构的 Python 封装。数组操作是用 C 语言实现的，并针对性能进行了优化。NumPy 数组必须由同质数据（所有元素具有相同的类型）组成，尽管这种类型可能是指向任意 Python 对象的指针。如果没有使用 dtype 关键字显式指定数据类型，NumPy 将在创建过程中推断出合适的数据类型：

```
np.array([1, 2, 3, 4], dtype=np.float32)
# array([1., 2., 3., 4.], dtype=float32)
```

NumPy 为许多 C 类型提供了类型说明符，这些类型可以传递到 dtype 参数中，例如，先前使用的 np.float32。一般来说，这些类型说明符的形式为 namexx，其中 name 是类型的名称（例如 int、float 或 complex），而 xx 是位数，例如 8、16、32、64、128。通常，NumPy 在为给定的输入选择适当的数据类型方面做得相当不错，但偶尔你可能会想要覆盖它。前面的例子就是一个很好的例子，如果没有 dtype=np.float32 参数，则 NumPy 会假定它的类型为 int64。

在底层，任何形状的 NumPy 数组都可以被看作包含原始数据和附加元数据集合的缓冲区，其中原始数据是展平的（一维）数组，附加元数据集合用于指定诸如元素类型等详细信息。

创建后，可以使用数组的 dtype 属性访问数据类型。修改 dtype 属性会产生不良后果，因为构成数组数据的原始字节将被简单地重新解释为新的数据类型。例如，如果使用 Python 整数创建数组，NumPy 会将这些整数转换为数组中的 64 位整数。更改 dtype 值将导致 NumPy 将这些 64 位整数重新解释为新的数据类型：

```
arr = np.array([1, 2, 3, 4])
print(arr.dtype) # int64
arr.dtype = np.float32
print(arr)
# [1.e-45 0.e+00 3.e-45 0.e+00 4.e-45 0.e+00 6.e-45 0.e+00]
```

每个 64 位整数都被重新解释为两个 32 位浮点数，这显然会得到无意义的值。相反，如果你希望在创建后更改数据类型，请使用 astype 方法指定新类型。更改数据类型的正确方法如下所示：

```
arr = arr.astype(np.float32)
print(arr)
# [1. 2. 3. 4.]
```

NumPy 还提供了许多用于创建各种标准数组的例程。zeros 例程会创建一个指定形状的数组，数组中的每个元素都是 0，ones 例程则会创建一个元素都是 1 的数组。

1.4.1　元素访问

NumPy 数组支持 getitem 协议，因此可以像访问列表一样访问数组中的元素，并支持所有逐元素执行的算术运算。这意味着我们可以使用索引符号和索引位置从指定的数组中检索元素，如下所示：

```
arr = np.array([1, 2, 3, 4])
arr[0] # 1
arr[2] # 3
```

它还可以用于从现有数组中提取数据数组的常用切片语法。数组的切片还是一个数组，其中包含由切片指定的元素。例如，我们可以检索 ary 数组的前两个元素，或者检索 ary 数组的偶数索引处的元素，如下所示：

```
first_two = arr[:2]  # array([1, 2])
even_idx = arr[::2] # array([1, 3])
```

切片的语法为 start:stop:step。我们可以省略 start 和 stop 参数中的一个或两个，分别从所有元素的开头或结束处检索元素。我们还可以省略 step 参数，在这种情况下，我们还可以删除尾随的冒号“:”。step 参数描述了应该选择选定范围内的元素。step 值为 1 表示选择每个元素，或者如示例所示，step 值为 2 表示每隔一个元素选择一次（从 0 开始选择偶数索引号的元素）。此语法与 Python 列表的切片语法相同。

1.4.2　数组的算术运算和函数

NumPy 提供了许多**通用函数**（ufuncs），这些函数可以高效地对 NumPy 数组类型进行操作。特别地，在 1.3 节中讨论的所有基本数学函数在 NumPy 中都有类似的函数，可以用来对 NumPy 数组进行操作。通用函数还可以执行广播（broadcasting），以使它们能够在形状不同但兼容的数组上进行操作。

对 NumPy 数组的算术运算是逐元素进行的。以下示例最能说明这一点：

```
arr_a = np.array([1, 2, 3, 4])
arr_b = np.array([1, 0, -3, 1])
arr_a + arr_b # array([2, 2, 0, 5])
arr_a - arr_b # array([0, 2, 6, 3])
```

```
arr_a * arr_b # array([ 1, 0, -9, 4])
arr_b / arr_a # array([ 1. , 0. , -1. , 0.25])
arr_b**arr_a # array([1, 0, -27, 1])
```

请注意，这里的数组必须具有相同的形状，也就是说，它们必须具有相同的长度。对不同形状的数组进行算术运算将会抛出 `ValueError` 异常。数组与单个数字进行加法、减法、乘法或除法运算将生成一个数组，相应运算作用于数组的每个元素。例如，我们可以使用以下命令将数组中的所有元素乘以 `2`：

```
arr = np.array([1, 2, 3, 4])
new = 2*arr
print(new)
# [2, 4, 6, 8]
```

正如我们所见，输出的数组包含数字 `2`、`4`、`6` 和 `8`，它们是原始数组中的各元素乘以 `2` 得到的结果。

在 1.4.3 节中，除了我们在这里使用的 `np.array` 例程外，我们还将研究创建 NumPy 数组的各种方法。

1.4.3　有用的数组创建例程

要在两个给定端点之间以规律间隔生成数组，可以使用 `arange` 例程或 `linspace` 例程。这两个例程的区别在于，`linspace` 在两个端点之间生成等间隔的一定数量（默认为 50 个）的数值，生成的数组包括两个端点，而 `arange` 以给定的步长生成数值，最大值不包括右端点。`linspace` 例程在闭区间 $a \leqslant x \leqslant b$ 内生成数值，而 `arange` 例程则在半开区间 $a \leqslant x < b$ 内生成数值：

```
np.linspace(0, 1, 5) # array([0., 0.25, 0.5, 0.75, 1.0])
np.arange(0, 1, 0.3) # array([0.0, 0.3, 0.6, 0.9])
```

请注意，使用 `linspace` 生成的数组正好有 5 个点，这是由第三个参数指定的，这 5 个点中包括两个端点 `0` 和 `1`。而使用 `arange` 生成的数组有 4 个点，不包括右端点 `1`，如果再加一个步长 `0.3`，则将等于 `1.2`，这就大于 `1` 了。

1.4.4　高维数组

NumPy 可以创建任意维数的数组，使用的是与创建简单一维数组相同的 `array` 例程。数组的维数由提供给 `array` 例程的嵌套列表的数量指定。例如，我们可以通过提供列表的列表来创建二维数组，其中内层列表的每个元素都是数字，如下所示：

```
mat = np.array([[1, 2], [3, 4]])
```

NumPy 数组具有 shape 属性，该属性描述了每个维度中元素的排列方式。对于二维数组，shape 可以解释为数组的行数和列数。

三维或三维以上的数组有时称为**张量**。事实上，可以将任何大小的数组称为张量：向量（一维数组）是 1- 张量；二维数组是 2- 张量或矩阵——请参阅 1.5 节。常见的**机器学习**（ML）框架，如 TensorFlow 和 PyTorch，都实现了它们自己的张量类，这些张量类的操作方式总是与 NumPy 数组类似。

NumPy 将形状存储为 array 对象上的 shape 属性，该属性是一个元组。该元组中的元素数量就是数组的维数：

```
vec = np.array([1, 2])
mat.shape # (2, 2)
vec.shape # (2,)
```

由于 NumPy 数组中的数据存储在一个展平的（一维）数组中，因此通过简单地更改关联的元数据，可以很容易地重塑数组。这一过程可以使用 NumPy 数组的 reshape 方法来完成：

```
mat.reshape(4,) # array([1, 2, 3, 4])
```

请注意，元素的总数必须保持不变。矩阵 mat 最初的形状是 (2,2)，总共有 4 个元素，而重塑后的数组是一个形状为 (4,) 的一维数组，同样有 4 个元素。如果在元素的总数不匹配时进行数组重塑，将导致 ValueError 错误。

要创建更高维度的数组，只需添加更多级别的嵌套列表。为了更清晰地说明这一点，在下面的例子中，我们在构建数组之前分离出第三维中每个元素的列表：

```
mat1 = [[1, 2], [3, 4]]
mat2 = [[5, 6], [7, 8]]
mat3 = [[9, 10], [11, 12]]
arr_3d = np.array([mat1, mat2, mat3])
arr_3d.shape # (3, 2, 2)
```

注意

数组形状的第一个元素是最外层的，最后一个元素是最内层的。

这意味着向数组添加维度只需提供相关的元数据即可。使用 array 例程，shape 元数据由参数中每个列表的长度来描述。最外层列表的长度定义该维度的相应 shape

参数，以此类推。

NumPy 数组在内存中的大小在很大程度上并不取决于维度的数量，而仅取决于元素的总数，即 shape 参数的乘积。然而，请注意，在高维数组中，元素的总数往往更大。

要访问多维数组中的元素，可以使用通常的索引表示法，但是与提供单个数字不同，你需要在每个维度中提供索引。对于 2×2 矩阵，这意味着指定所需元素的行和列：

```
mat[0, 0] # 1 - top left element
mat[1, 1] # 4 - bottom right element
```

索引表示法还支持在每个维度中进行切片，因此我们可以通过使用切片 mat[:,0] 来提取单个列的所有元素，如下所示：

```
mat[:, 0]
# array([1, 3])
```

请注意，切片的结果是一维数组。

数组创建函数 zeros 和 ones 可以通过简单地指定具有多个维度参数的形状来创建多维数组。

在 1.5 节中，我们将研究二维 NumPy 数组的特殊情况，在 Python 中它们可以用作矩阵。

1.5　使用矩阵和线性代数

NumPy 数组也可以用作矩阵，这是数学和计算编程的基础。简单地说，**矩阵**就是一个二维数组。矩阵在许多应用中都是核心，如几何变换和联立方程，而在统计学等其他领域也作为有用的工具出现。与其他数组相比，矩阵本身只有在我们为其赋予矩阵算术运算时才是独特的。矩阵具有元素级的加法和减法运算，就像 NumPy 数组一样。还有一种称为标量乘法的第三种运算，就是将矩阵的每个元素乘以一个常数，它是一种不同的矩阵乘法概念。我们将在后面看到，矩阵乘法与其他乘法概念有着根本的不同。

矩阵最重要的属性之一是其形状，其定义与 NumPy 数组完全相同。通常具有 m 行和 n 列的矩阵被描述为 $m \times n$ 矩阵。行数与列数相同的矩阵称为方阵，这些矩阵在向量和矩阵理论中起着特殊的作用。

单位矩阵（大小为 n）是一个 $n \times n$ 矩阵，其中 (i,i) 位置上的元素为 1，当 $i \neq j$ 时，(i,j) 位置上的元素为零。下面的数组创建例程可以通过指定 n 的值来生成 $n \times n$ 单位矩阵：

```
np.eye(3)
# array([[1., 0., 0.], [0., 1., 0.], [0., 0., 1.]])
```

顾名思义，单位矩阵是一个特殊的矩阵，具有如下性质：任何矩阵与单位矩阵相乘等于其本身、两个逆矩阵的乘积为单位矩阵等。

1.5.1　基本方法和性质

与单位矩阵相关的术语和量有很多。我们在这里只介绍两个性质，因为稍后会用到它们。这两个性质分别是矩阵的转置（transpose）和方阵的迹（trace）。其中矩阵转置表示行和列互换；迹是方阵主对角线的元素之和，主对角线由元素 $a_{i,i}$ 构成，即沿矩阵左上角到右下角的对角线上的元素。

NumPy 数组可以通过在 `array` 对象上调用 `transpose` 方法轻松地进行转置。事实上，由于这是一种常见的操作，数组还有一个便捷的属性 `T`，它也返回矩阵的转置。转置将矩阵（数组）的形状顺序颠倒，使得行变为列，列变为行。例如，如果我们有一个 3×2 矩阵（3 行，2 列），那么它的转置将是一个 2×3 矩阵，如下例所示：

```
A = np.array([[1, 2], [3, 4]])
A.transpose()
# array([[1, 3],
#        [2, 4]])
A.T
# array([[1, 3],
#        [2, 4]])
```

注意

`transpose` 函数实际上并不修改底层数组中的数据，而是改变数组的形状和内部标志，该标志表示存储数值的顺序是行连续（C 风格）还是列连续（F 风格）。这使得操作成本非常低。

与矩阵相关的另一个有用的量是迹。如前面的代码所示，方阵 $\boldsymbol{A}$ 的迹被定义为沿矩阵左上角到右下角主对角线上的元素之和。迹的公式如下所示：

$$\mathrm{trace}(\boldsymbol{A})=\sum_{i=1}^{n}a_{i,i}$$

NumPy 数组有一个 `trace` 方法，可以返回矩阵的迹：

```
A = np.array([[1, 2], [3, 4]])
A.trace() # 5
```

也可以使用 `np.trace` 函数获取迹，该函数并不是数组的绑定操作。

1.5.2 矩阵乘法

矩阵乘法是对两个矩阵执行的运算，它保留了两个矩阵的一些结构和特性。形式上，假设我们有如下 $l \times m$ 矩阵 $\boldsymbol{A}$ 和 $m \times n$ 矩阵 $\boldsymbol{B}$ 两个矩阵：

$$\boldsymbol{A}=\begin{pmatrix} a_{1,1} & a_{1,2} & \cdots & a_{1,m} \\ a_{2,1} & a_{2,2} & \cdots & a_{2,m} \\ \vdots & \vdots & & \vdots \\ a_{l,1} & a_{l,2} & \cdots & a_{l,m} \end{pmatrix},\ \boldsymbol{B}=\begin{pmatrix} b_{1,1} & b_{1,2} & \cdots & b_{1,n} \\ b_{2,1} & b_{2,2} & \cdots & b_{2,n} \\ \vdots & \vdots & & \vdots \\ b_{m,1} & b_{m,2} & \cdots & b_{m,n} \end{pmatrix}$$

矩阵 $\boldsymbol{A}$ 和 $\boldsymbol{B}$ 的矩阵积 $\boldsymbol{C}$ 是一个 $l \times n$ 矩阵，其（p, q）项由以下方程给出：

$$c_{p,q}=\sum_{i=1}^{m} a_{p,i} b_{i,q}$$

注意，为了定义两个矩阵的乘法，第一个矩阵的列数必须与第二个矩阵的行数相匹配。通常，我们用 $\boldsymbol{AB}$ 表示矩阵 $\boldsymbol{A}$ 和 $\boldsymbol{B}$ 的乘积（如果根据定义它们能够相乘的话）。矩阵乘法是一种特殊的运算，它不像大多数其他算术运算那样满足交换律：即使 $\boldsymbol{AB}$ 和 $\boldsymbol{BA}$ 都可以计算，它们也不一定相等。在实践中，这意味着矩阵乘法的顺序很重要。这源于矩阵代数作为线性映射表示的起源，其中乘法对应于函数的组合。

Python 有一个为矩阵乘法保留的运算符 `@`，它是在 `Python 3.5` 中新添加的。NumPy 数组应用该运算符能够实现矩阵乘法。请注意，`@` 与数组的逐元素乘法运算符 `*` 有本质区别：

```
A = np.array([[1, 2], [3, 4]])
B = np.array([[-1, 1], [0, 1]])
A @ B
# array([[-1, 3],
#        [-3, 7]])
A * B # different from A @ B
# array([[-1, 2],
#        [ 0, 4]])
```

单位矩阵是矩阵乘法的中性元素。也就是说，如果 $\boldsymbol{A}$ 是任意 $k \times m$ 矩阵，而 $\boldsymbol{I}$ 是 $m \times m$ 单位矩阵，那么 $\boldsymbol{AI}=\boldsymbol{A}$；同样，如果 $\boldsymbol{B}$ 是 $m \times k$ 矩阵，那么 $\boldsymbol{IB}=\boldsymbol{B}$。使用 NumPy 数组可以很容易地检验特定示例：

```
A = np.array([[1, 2], [3, 4]])
I = np.eye(2)
```

```
A @ I
# array([[1., 2.],
#        [3., 4.]])
```

可以看出，输出的结果矩阵等于原始矩阵。如果我们颠倒 $\boldsymbol{A}$ 和 $\boldsymbol{I}$ 的顺序并执行乘法 $\boldsymbol{IA}$，结果也是相同的。在 1.5.3 节中，我们将讨论矩阵的逆：若矩阵 $\boldsymbol{B}$ 与矩阵 $\boldsymbol{A}$ 相乘得到单位矩阵，则称矩阵 $\boldsymbol{B}$ 是 $\boldsymbol{A}$ 的逆矩阵。

1.5.3 行列式和逆

方阵的行列式在很多应用中都很重要，因为它与求解矩阵的逆有着紧密的联系。如果矩阵的行数和列数相等，则它是一个方阵。特别地，具有非零行列式的矩阵有一个（唯一的）逆矩阵，这可以转化为某些方程组的唯一解。矩阵的行列式是通过递归定义的。假设我们有一个通用的 2 × 2 矩阵，如下所示：

$$\boldsymbol{A}=\begin{pmatrix} a_{1,1} & a_{1,2} \\ a_{2,1} & a_{2,2} \end{pmatrix}$$

这个通用矩阵 $\boldsymbol{A}$ 的行列式由以下公式定义：

$$\det\boldsymbol{A}=a_{1,1}a_{2,2}-a_{1,2}a_{2,1}$$

对于一般的 $n\times n$ 矩阵，其中 $n>2$，我们通过递归的形式定义行列式。对于 $1\leqslant i$，$j\leqslant n$，$\boldsymbol{A}$ 的第 i 个 0 子矩阵 $\boldsymbol{A}_{i,j}$ 是从矩阵 $\boldsymbol{A}$ 中删除第 i 行和第 j 列后的结果。子矩阵 $\boldsymbol{A}_{i,j}$ 是 $(n-1)\times(n-1)$ 矩阵，因此我们可以计算它的行列式。然后，我们将以下量定义为 $\boldsymbol{A}$ 的行列式：

$$\det\boldsymbol{A}=\sum_{j=1}^{n}(-1)^{1+j}a_{1,j}\det\boldsymbol{A}_{1,j}$$

实际上，上述方程中出现的索引 1 可以替换为任意 $1\leqslant i\leqslant n$，结果是相同的。

在 NumPy 中，用于计算行列式的例程位于名为 `linalg` 的独立模块中。该模块包含许多线性代数（涵盖向量和矩阵代数的数学分支）的常用函数。用于计算方阵行列式的具体例程为 `det`：

```
from numpy import linalg
linalg.det(A)  # -2.0000000000000004
```

请注意，在计算行列式时出现了浮点舍入误差。

如果安装了 SciPy 包，它也提供了一个 `linalg` 模块，该模块扩展了 NumPy 的 `linalg`。SciPy 版本的 `linalg` 模块不仅包括额外的例程，而且它在编译时始终支持

基础线性代数子程序包（BLAS）和**线性代数包**（LAPACK），而它们在 NumPy 版本中则是可选的。因此，如果更注重速度，根据 NumPy 的编译方式，使用 SciPy 版本可能更好。

$n \times n$ 矩阵 $\boldsymbol{A}$ 的**逆矩阵**是另一个（必然唯一的）$n \times n$ 矩阵 $\boldsymbol{B}$，使得 $\boldsymbol{AB}=\boldsymbol{BA}=\boldsymbol{I}$，其中 $\boldsymbol{I}$ 表示 $n \times n$ 单位矩阵，这里的乘法是矩阵乘法。并不是每个方阵都有逆矩阵，那些没有逆矩阵的矩阵有时被称为**奇异矩阵**。事实上，当且仅当一个矩阵的行列式不为 0 时，该矩阵才是非奇异的（即具有逆矩阵）。当 $\boldsymbol{A}$ 有逆矩阵时，它的逆矩阵通常用 $\boldsymbol{A}^{-1}$ 表示。

用 `linalg` 模块中的 `inv` 例程可以计算矩阵的逆（如果存在）：

```
linalg.inv(A)
# array([[-2. , 1. ],
#         [ 1.5, -0.5]])
```

将矩阵 $\boldsymbol{A}$ 乘以其逆矩阵（在任一侧）得到的结果是 2×2 单位矩阵，依据这一事实我们可以验证 `inv` 例程给出的矩阵确实是 $\boldsymbol{A}$ 的逆矩阵：

```
Ainv = linalg.inv(A)
Ainv @ A
# Approximately
# array([[1., 0.],
#         [0., 1.]])
A @ Ainv
# Approximately
# array([[1., 0.],
#         [0., 1.]])
```

由于计算逆矩阵的方式不同，在这些计算中会出现浮点误差，这些误差已经隐藏在以“`Approximately`”（约等于）开头的注释后面。

`linalg` 包还包含许多其他方法，如用于计算矩阵各种范数的 `norm` 方法。它还包括以各种方式分解矩阵和求解方程组的函数。

除此之外，它还包含用于矩阵运算的指数函数 `expm`、对数函数 `logm`、正弦函数 `sinm`、余弦函数 `cosm` 和正切函数 `tanm`。请注意，这些函数与 NumPy 基本包中的标准 `exp`、`log`、`sin`、`cos` 和 `tan` 函数不同，后者是按逐元素方式执行相应函数的。相反，矩阵指数函数是使用矩阵的幂级数定义的：

$$\exp(\boldsymbol{A}) = \sum_{k=0}^{\infty} \frac{\boldsymbol{A}^k}{k!}$$

这是对任意 $n \times n$ 矩阵 $\boldsymbol{A}$ 定义的，其中 $\boldsymbol{A}^k$ 表示 $\boldsymbol{A}$ 的 k 次矩阵幂，即 $\boldsymbol{A}$ 矩阵连乘自己 k 次。请注意，这个“幂级数”总是在适当的意义上收敛。按照惯例，我们取 $\boldsymbol{A}_0=\boldsymbol{I}$，其

中 $\boldsymbol{I}$ 是 $n\times n$ 单位矩阵。这完全类似于实数或复数的指数函数的常规幂级数定义，但用矩阵和矩阵乘法代替了数字和常规乘法。其他函数以类似的方式定义，但我们将略过这些详细信息。

在 1.5.4 节中，我们将看到矩阵及其理论在求解方程组领域的应用。

1.5.4 方程组

求解线性方程组是数学中研究矩阵的主要动机之一，这类问题在各种应用中频繁出现。我们从如下线性方程组开始：

$$\begin{cases} a_{1,1}x_1 + a_{1,2}x_2 + \cdots + a_{1,n}x_n = b_1 \\ a_{2,1}x_1 + a_{2,2}x_2 + \cdots + a_{2,n}x_n = b_2 \\ \qquad\qquad\vdots \\ a_{n,1}x_1 + a_{n,2}x_2 + \cdots + a_{n,n}x_n = b_n \end{cases}$$

这里，n 至少为 2，$a_{i,j}$ 和 b_i 是已知量，x_i 是我们希望求解的未知数。

在求解这样的方程组之前，我们需要将问题转化为矩阵方程。这是通过将方程中的系数 $a_{i,j}$ 收集到一个 $n\times n$ 矩阵中，并利用矩阵乘法的性质将这个矩阵与方程组关联起来来实现的。因此，我们构造以下矩阵，矩阵元素为方程的系数：

$$\boldsymbol{A} = \begin{pmatrix} a_{1,1} & a_{1,2} & \cdots & a_{1,n} \\ a_{2,1} & a_{2,2} & \cdots & a_{2,n} \\ \vdots & \vdots & & \vdots \\ a_{n,1} & a_{n,2} & \cdots & a_{n,n} \end{pmatrix}$$

然后，如果我们将 $\boldsymbol{x}$ 定义为包含 x_i 值的未知（列）向量，将 $\boldsymbol{b}$ 定义为包含 b_i 值的已知（列）向量，那么我们可以将方程组重写为以下单矩阵方程：

$$\boldsymbol{Ax=b}$$

我们现在可以使用矩阵技术来求解这个矩阵方程。在这种情况下，我们将列向量视为 $n\times 1$ 矩阵，因此上述方程中的乘法是矩阵乘法。为了求解该矩阵方程，我们使用 `linalg` 模块中的 `solve` 例程。为了说明该技术，我们将以求解以下方程组为例：

$$\begin{cases} 3x_1 - 2x_2 + x_3 = 7 \\ x_1 + x_2 - 2x_3 = -4 \\ -3x_1 - 2x_2 + x_3 = 1 \end{cases}$$

这个方程组有三个未知量：x_1、x_2 和 x_3。首先，我们创建系数矩阵和向量 $\boldsymbol{b}$。由于我们使用 NumPy 来处理矩阵和向量，我们为矩阵 $\boldsymbol{A}$ 创建一个二维 NumPy 数组，并为

b 创建一个一维数组：

```
import numpy as np
from numpy import linalg


A = np.array([[3, -2, 1], [1, 1, -2], [-3, -2, 1]])
b = np.array([7, -4, 1])
```

现在，可以使用 `linalg.solve` 例程求出方程组的解：

```
linalg.solve(A, b) # array([ 1., -1., 2.])
```

这确实是方程组的解，可以通过计算 `A@x` 并将结果与 `b` 数组进行比较来轻松验证。在这个计算中可能存在浮点舍入误差。

`solve` 例程需要两个输入，即系数矩阵 $\boldsymbol{A}$ 和等式右侧的向量 $\boldsymbol{b}$。它使用的例程将矩阵 $\boldsymbol{A}$ 分解为更简单的矩阵，从而快速将问题简化为可通过简单替换求解的形式。这种求解矩阵方程的技术非常强大和高效，而且不太容易出现困扰其他方法的浮点舍入误差。例如，如果矩阵的逆是已知的，那么可以通过左乘 $\boldsymbol{A}$ 的逆矩阵来计算方程组的解。然而，这通常不如使用 `solve` 例程效果好，因为它可能更慢或者会导致更大的数值误差。

在我们使用的例子中，系数矩阵 $\boldsymbol{A}$ 是方阵。也就是说，方程的数量与未知数的数量相同。在这种情况下，当且仅当矩阵 $\boldsymbol{A}$ 的行列式不为 0 时，方程组才有唯一解。当 $\boldsymbol{A}$ 的行列式为 0 时，可能发生两种情况：一是方程组没有解，这时我们说方程组是不相容的；二是方程组可能有无穷多个解。方程组是相容还是不相容通常由向量 $\boldsymbol{b}$ 决定。例如，考虑以下方程组：

$$\begin{cases} x+y=2 \\ x+y=2 \end{cases} \qquad \begin{cases} x+y=1 \\ x+y=2 \end{cases}$$

左边的方程组是相容的，并且有无穷多个解：例如，取 x=1 和 y=1，或者取 x=0 和 y=2 都是解。右边的方程组是不相容的，没有解。在这两个方程组中，`solve` 例程都会失败，因为系数矩阵是奇异的。

求解方程组时，不一定要求系数矩阵为方阵——例如，如果方程的数量多于未知数的数量（系数矩阵的行数多于列数）。这样的方程组称为“超定方程组”，只要它是相容的，就会有解。如果方程的数量少于未知数的数量，则称该方程组为“欠定方程组”。欠定方程组没有足够的信息来唯一确定所有的未知数，因此如果它是相容的，它通常有无穷多个解。遗憾的是，对于系数矩阵不是方阵的方程组，即使方程组确实有解，`solve` 例程也无法找到解。

在 1.5.5 节中，我们将讨论特征值和特征向量，与你在前面看到的类似，它们是通过观察一种非常特殊的矩阵方程产生的。

1.5.5 特征值和特征向量

考虑矩阵方程 $\boldsymbol{A}\boldsymbol{x}=\lambda\boldsymbol{x}$，其中 $\boldsymbol{A}$ 是一个 $n\times n$ 方阵，$\boldsymbol{x}$ 是一个向量，λ 是一个系数。若存在 $\boldsymbol{x}$ 是此方程的解，则称 λ 为 $\boldsymbol{A}$ 的特征值，对应的向量 $\boldsymbol{x}$ 称为特征向量。特征值和对应的特征向量对矩阵 $\boldsymbol{A}$ 的信息进行编码，因此在许多涉及矩阵的应用中非常重要。

我们使用以下矩阵演示如何计算特征值和特征向量：

$$\boldsymbol{A}=\begin{pmatrix} 3 & -1 & 4 \\ -1 & 0 & -1 \\ 4 & -1 & 2 \end{pmatrix}$$

我们首先需要将其定义为 NumPy 数组：

```
import numpy as np
from numpy import linalg
A = np.array([[3, -1, 4], [-1, 0, -1], [4, -1, 2]])
```

`linalg` 模块中的 `eig` 例程可以用来找到方阵的特征值和特征向量。该函数返回一个二元组 `(v,B)`，其中 `v` 是包含特征值的一维数组，`B` 是一个二维数组，其列是相应的特征向量：

```
v, B = linalg.eig(A)
```

只有实数元素的矩阵完全可能具有复特征值和特征向量。因此，`eig` 例程的返回类型有时会是复数类型，如 `complex32` 或 `complex64`。在某些应用中，复特征值具有特殊含义，而在其他情况下，我们只考虑实特征值。

我们可以使用以下序列从 `eig` 例程的输出结果中提取特征值和特征向量：

```
i = 0 # first eigenvalue/eigenvector pair
lambda0 = v[i]
print(lambda0)
# 6.823156164525971
x0 = B[:, i] # ith column of B
print(x0)
# [ 0.73271846, -0.20260301, 0.649672352]
```

`eig` 例程返回的特征向量已经被归一化，使得它们的范数（长度）为 1。（欧氏范数被定义为数组元素平方和的平方根。）我们可以通过使用 `linalg` 模块中的 `norm` 例程计算特征向量的范数来验证这一点：

```
linalg.norm(x0) # 1.0 - eigenvectors are normalized.
```

最后，我们可以通过计算 `A @ x0`，并检查它是否在浮点精度范围内等于 `lambda0*x0`，来验证这些值确实满足特征值和特征向量的定义：

```
lhs = A @ x0
rhs = lambda0*x0
linalg.norm(lhs - rhs) # 2.8435583831733384e-15 - very small.
```

这里计算得到的范数表示方程 $\boldsymbol{Ax}=\lambda\boldsymbol{x}$ 的左侧（`lhs`）和右侧（`rhs`）之间的距离。由于这个距离非常小（小数点后 14 位为零），我们可以相当确信它们实际上是相同的。事实上，这种距离不为零可能是由于浮点精度误差引起的。

求特征值和特征向量的理论过程是先通过解以下方程来求特征值 λ：

$$\det\left(\boldsymbol{A}-\lambda\boldsymbol{I}\right)=0$$

这里，$\boldsymbol{I}$ 是适当的单位矩阵。左侧确定的方程是关于 λ 的多项式，称为矩阵 $\boldsymbol{A}$ 的特征多项式。然后，可以通过求解以下矩阵方程来求出与特征值 λ_i 相对应的特征向量：

$$\left(\boldsymbol{A}-\lambda_i\boldsymbol{I}\right)\boldsymbol{x}=0$$

在实践中，这个过程效率有些低，还有其他策略可以更高效地通过数值计算求得特征值和特征向量。

我们只能计算方阵的特征值和特征向量，对于不是方阵的矩阵，这个定义没有意义。有一种称为奇异值的概念可以将特征值和特征向量推广到非方阵。为了做到这一点，我们必须做出的权衡是，我们必须计算两个向量 $\boldsymbol{u}$ 和 $\boldsymbol{v}$ 以及奇异值 σ，然后求解以下方程：

$$\boldsymbol{Au}=\sigma\boldsymbol{v}$$

如果 $\boldsymbol{A}$ 是 $m\times n$ 矩阵，那么 $\boldsymbol{u}$ 将有 n 个元素，$\boldsymbol{v}$ 将有 m 个元素。有趣的是，$\boldsymbol{u}$ 向量实际上是对称矩阵 $\boldsymbol{A}^{\mathrm{T}}\boldsymbol{A}$ 的（正交归一化的）特征向量，其特征值为 σ^2。根据这些值，我们可以利用之前的定义方程求出 $\boldsymbol{v}$ 向量。这将产生所有有趣的组合，但还有其他的向量 $\boldsymbol{u}$ 和 $\boldsymbol{v}$，使得 $\boldsymbol{Au}=0$ 和 $\boldsymbol{A}^{\mathrm{T}}\boldsymbol{v}=0$。

奇异值及对应向量的效用来自**奇异值分解**（SVD），它将矩阵 $\boldsymbol{A}$ 写成以下乘积形式：

$$\boldsymbol{A}=\boldsymbol{U\Sigma V}^{\mathrm{T}}$$

这里，$\boldsymbol{U}$ 为正交列，$\boldsymbol{V}$ 为正交行，$\boldsymbol{\Sigma}$ 为对角矩阵，通常的写法是数值沿主对角线递减。

我们可以用稍微不同的方式写出这个公式，如下所示：

$$A = \sum_{j=1}^{n} \boldsymbol{\sigma}_j \boldsymbol{u}_j \boldsymbol{v}_j^{\mathrm{T}}$$

这就是说，任何矩阵都可以分解成外积的加权和——假设 $\boldsymbol{u}$ 和 $\boldsymbol{v}$ 是 n 行 1 列的矩阵，然后将 $\boldsymbol{u}$ 与向量 $\boldsymbol{v}$ 的转置进行矩阵乘法。

一旦完成了这种分解，我们就可以寻找特别小的 σ 值，这些值对矩阵贡献很小。如果我们放弃具有小 σ 值的项，那么我们就可以用更简单的表示法来有效地近似原始矩阵。这种技术在**主成分分析**（PCA）中得到了应用——例如，将复杂的高维数据集简化为对数据整体特征贡献最大的几个分量。

在 Python 中，我们可以使用 `linalg.svd` 函数来计算矩阵的 SVD。该函数的工作方式与之前描述的 `eig` 例程类似，只是它返回的是分解后的三个分量：

```
mat = np.array([[0., 1., 2., 3.], [4., 5., 6., 7.]])
U, s, VT = np.linalg.svd(mat)
```

该函数返回的数组形状分别为 (2, 2)、(2,) 和 (4, 4)。顾名思义，`U` 矩阵和 `VT` 矩阵是分解中出现的矩阵，而 `s` 是包含非零奇异值的一维向量。我们可以通过重构 $\boldsymbol{\Sigma}$ 矩阵并计算三个矩阵的乘积来检查分解是否正确：

```
Sigma = np.zeros(mat.shape)
Sigma[:len(s), :len(s)] = np.diag(s)
# array([[11.73352876, 0., 0., 0.],
#        [0., 1.52456641, 0., 0.]])
reconstructed = U @ Sigma @ VT
# array([[-1.87949788e-15, 1., 2., 3.],
#        [4., 5., 6., 7.]])
```

请注意，除了矩阵的第一个元素外，矩阵几乎完全被重构了。左上角元素的值非常接近零——在浮点误差范围内可以被视为零。

我们构建矩阵 $\boldsymbol{\Sigma}$ 的方法相当不方便。SciPy 版本的 `linalg` 模块包含一个特殊例程 `linalg.diagsvd`，用于从一维奇异值数组重构该矩阵。该函数获取奇异值数组 `s` 和原始矩阵的形状，并构建具有适当形状的矩阵 $\boldsymbol{\Sigma}$：

```
Sigma = sp.linalg.diagsvd(s, *mat.shape)
```

（回想一下，SciPy 软件包是以别名 `sp` 导入的。）现在，让我们改变一下方向，看看如何更有效地描述大多数元素都为零的矩阵，这就是所谓的稀疏矩阵。

1.5.6　稀疏矩阵

前面所讨论的线性方程组，在整个数学领域，特别是在数学计算中是非常常见的。在许多应用中，系数矩阵可能会非常庞大，具有成千上万的行和列，并且很可能来自其他来源而不是简单地手动输入。在许多情况下，这也可能是一个稀疏矩阵，其中大多数元素为 0。

如果一个矩阵有大量元素为零，则这个矩阵称为**稀疏矩阵**。矩阵有多少个元素为零才能称为稀疏矩阵，这并没有确切的定义。稀疏矩阵可以通过更高效的表示方式来存储，例如，只存储非零元素的索引 (i, j) 和相应的值 $a_{i,j}$。对于稀疏矩阵，有一整套专门的算法集合，可以在矩阵足够稀疏的情况下显著提高性能。

稀疏矩阵出现在许多应用中，并且通常遵循某种模式。特别是，求解**偏微分方程**（PDE）的几种技术都涉及求解稀疏矩阵方程（参见第 3 章），与网络相关的矩阵通常也是稀疏的。在 sparse.csgraph 模块中包含了与网络（图）相关的稀疏矩阵的附加例程。我们将在第 5 章中进一步讨论这些内容。

sparse 模块包含几个不同的类，表示存储稀疏矩阵的不同方法。存储稀疏矩阵最基本的方法是存储三个数组，其中两个数组包含表示非零元素索引的整数，第三个数组包含相应的元素数据，这是 coo_matrix 类的格式。此外，还有**压缩稀疏列**格式（CSC，使用 csc_matrix 实现）和**压缩稀疏行**格式（CSR，使用 csr_matrix 实现），分别提供高效的列切片或行切片。在 sparse 模块中还有三个额外的稀疏矩阵类，包括 dia_matrix 类，它可以高效地存储非零元素沿对角线带出现的矩阵。

SciPy 的 sparse 模块包含用于创建和处理稀疏矩阵的例程。我们使用以下导入语句从 SciPy 导入 sparse 模块：

```
import numpy as np
from scipy import sparse
```

稀疏矩阵可以由满矩阵（稠密矩阵）或其他类型的数据结构创建。这是使用特定格式（你希望使用这样的格式存储稀疏矩阵）的构造函数来完成的。

例如，我们可以使用以下命令将稠密矩阵存储为 CSR 格式：

```
A = np.array([[1., 0., 0.], [0., 1., 0.], [0., 0., 1.]])
sp_A = sparse.csr_matrix(A)
print(sp_A)
# (0, 0) 1.0
# (1, 1) 1.0
# (2, 2) 1.0
```

如果手动生成稀疏矩阵，则该矩阵可能遵循某种模式，例如以下三对角矩阵：

$$
\boldsymbol{T}=\begin{pmatrix} 2 & -1 & 0 & 0 & 0 \\ -1 & 2 & -1 & 0 & 0 \\ 0 & -1 & 2 & -1 & 0 \\ 0 & 0 & -1 & 2 & -1 \\ 0 & 0 & 0 & -1 & 2 \end{pmatrix}
$$

这里，非零元素出现在对角线上以及对角线的两侧，并且每行的非零元素遵循相同的模式。要创建这样的矩阵，我们可以使用 sparse 中的一个数组创建例程，例如 diags，这是一个创建具有对角线模式的矩阵的便捷例程：

```
T = sparse.diags([-1, 2, -1], (-1, 0, 1),
    shape=(5, 5), format="csr")
```

这将创建一个如前所述的矩阵 $\boldsymbol{T}$，并将其存储为 CSR 格式的稀疏矩阵。第一个参数指定应出现在输出矩阵中的值，第二个参数是放置数值时相对于对角线的位置。因此，元组中的索引 0 表示对角线元素，−1 表示在行中的对角线左侧，+1 表示在行中的对角线右侧。shape 关键字参数给出了所生成矩阵的维度，format 指定了矩阵的存储格式。如果没有使用可选参数来设置格式，则将使用合理的默认值。可以使用 toarray 方法将数组 T 扩展为满矩阵（稠密矩阵）：

```
T.toarray()
# array([[ 2, -1, 0, 0, 0],
#          [-1, 2, -1, 0, 0],
#          [ 0, -1, 2, -1, 0],
#          [ 0, 0, -1, 2, -1],
#          [ 0, 0, 0, -1, 2]])
```

当矩阵很小时（如这里所示），稀疏矩阵求解函数与常规的求解函数之间的性能几乎没有差异。

一旦将矩阵以稀疏格式存储，我们就可以使用 linalg 中的子模块 sparse 求解例程。例如，我们可以使用此模块中的 spsolve 例程来求解矩阵方程。如果矩阵不是以稀疏格式提供的，spsolve 例程会将矩阵转换为 CSR 或 CSC 格式，这可能会增加计算时间：

```
from scipy.sparse import linalg
linalg.spsolve(T.tocsr(), np.array([1, 2, 3, 4, 5]))
# array([ 5.83333333, 10.66666667, 13.5 , 13.33333333,
9.16666667])
```

`sparse.linalg` 模块还包含许多可以在 NumPy（或 SciPy）的 `linalg` 模块中找到的函数，这些函数接受稀疏矩阵而不是完整的 NumPy 数组，例如 `eig` 和 `inv`。

至此，我们对 Python 及其生态系统中可用的基本数学工具的介绍就结束了。让我们总结一下我们所学到的内容。

1.6 总结

Python 提供了对数学的内置支持，包括一些基本的数值类型、算术运算、扩展精度数字、有理数、复数以及各种基本数学函数。然而，对于涉及大型数值数组的更复杂的计算，你应该使用 NumPy 和 SciPy 包。NumPy 提供高性能的数组类型和基本例程，而 SciPy 则提供了专门工具来求解方程和处理稀疏矩阵（以及完成许多其他功能）。

NumPy 数组可以是多维的。二维数组具有矩阵属性，可以使用 NumPy 或 SciPy（前者是后者的子集）中的 `linalg` 模块访问。此外，在 Python 中还有一个用于矩阵乘法的特殊运算符 `@`，它是为 NumPy 数组实现的。SciPy 还通过 `sparse` 模块提供对稀疏矩阵的支持。我们还讨论了矩阵理论和线性代数，这是本书中大多数数值方法的基础，通常是在幕后起作用的。

在第 2 章中，我们将开始学习一些专题示例。

1.7 拓展阅读

有许多数学教材介绍了矩阵和线性代数的基本性质。以下是很好的线性代数入门教材：

- Strang, G. (2016). Introduction to Linear Algebra. Wellesley, MA: Wellesley-Cambridge Press, Fifth Edition.
- Blyth, T. and Robertson, E. (2013). Basic Linear Algebra. London: Springer London, Limited.

NumPy 和 SciPy 是 Python 数学和科学计算生态系统的一部分，它们有大量的文档，可以从官方网站（`https://scipy.org`）访问。在本书的后续部分，我们将看到这个生态系统中的其他几个包。

NumPy 和 SciPy 在后台使用的 BLAS 和 LAPACK 库的更多信息可以在以下链接中找到：

- BLAS: https://www.netlib.org/blas/
- LAPACK: https://www.netlib.org/lapack/

CHAPTER 2

第 2 章

使用 Matplotlib 进行数学绘图

图形是数学学科的基本工具。一幅制作良好的图形能够揭示隐藏的细节、提示未来的方向、验证结果或者强化论点。因此，常用的 Python 科学计算库包含强大而灵活的绘图库 Matplotlib 并不为奇。

本章中，我们将以多种风格绘制函数和数据，并创建带有完整标签和注释的图形。我们将绘制三维图、自定义图形的外观、使用 `subplot` 例程创建包含多个子图的图形，并将图形直接保存到文件中，以供在非交互环境中运行的应用程序使用。

绘图是本书涵盖的最重要的内容之一。绘制数据、函数或解决方案通常可以帮助你理解问题，从而真正有助于你对方法进行推理。在本书剩余的每一章中，我们都将再次看到绘图功能的应用。

本章将涵盖以下内容：

- 使用 Matplotlib 进行基本绘图
- 添加子图
- 绘制误差条图形
- 保存 Matplotlib 图形
- 曲面图和等高线图
- 自定义三维图
- 使用 `quiver` 图绘制向量场

2.1 技术要求

Python 的主要绘图包是 Matplotlib，可以使用你喜欢的软件包管理器（比如 `pip`）

进行安装：

```
python3.10 -m pip install matplotlib
```

这将安装 Matplotlib 的最新版本，截至本书撰写时，最新版本是 3.5.2。

Matplotlib 包含许多子包，但主要的**用户界面**（UI）是 `matplotlib.pyplot` 包，按照惯例，它是以别名 `plt` 导入的。可以通过以下导入语句实现：

```
import matplotlib.pyplot as plt
```

本章中的许多示例还需要使用 NumPy，像往常一样，将其导入并使用 `np` 作为别名。

本章的代码可以在 GitHub 代码库的 Chapter 02 文件夹中找到，网址为 https://github.com/PacktPublishing/Applying-Math-with-Python-2nd-Edition/tree/main/Chapter%2002。

2.2 使用 Matplotlib 进行基本绘图

图形是理解行为的重要组成部分。通过简单地绘制函数或数据，我们可以学到很多原本可能隐藏的信息。在本节中，我们将介绍如何使用 Matplotlib 绘制简单函数或数据，设置图形样式，并为图形添加标签。

Matplotlib 是一个非常强大的绘图库，这意味着使用它执行简单任务可能会让人望而生畏。对于那些习惯于使用 MATLAB 和其他数学软件包的用户来说，Matplotlib 提供了一种基于状态的接口，称为 `pyplot`。此外，还有一种**面向对象的接口**（OOI），它可能更适合更复杂的绘图。在任一情况下，`pyplot` 接口都是创建基本对象的便捷方式。

2.2.1 准备工作

通常，你想要绘制的数据将存储在两个独立的 NumPy 数组中，为了清晰起见，我们将它们分别标记为 `x` 和 `y`（在实践中数据的命名方式并不重要）。我们将演示函数图形的绘制过程，因此我们将生成一个数组 `x`，并使用该函数生成相应的 `y` 值。我们将在相同的坐标轴上绘制 3 个不同的函数，范围为 $-0.5 \leqslant x \leqslant 3$：

```
def f(x):
  return x*(x - 2)*np.exp(3 - x)
def g(x):
  return x**2
def h(x):
  return 1 - x
```

让我们使用 Matplotlib 在 Python 中绘制这 3 个函数。

2.2.2　实现方法

在绘制函数之前，我们必须生成要绘制的 x 和 y 数据。如果要绘制已经存在的数据，可以跳过这些命令。我们需要创建一组覆盖所需范围的 x 值，然后使用函数创建相应的 y 值：

1. NumPy 中的 `linspace` 例程非常适合创建用于绘图的数字数组。默认情况下，它会在指定的参数之间创建 50 个等间距的点。点的数量可以通过提供额外的参数来定制，但在大多数情况下，50 个点已经足够了：

```
x = np.linspace(-0.5, 3.0) # 50 values between -0.5 and 3.0
```

2. 一旦我们创建了 x 值，就可以生成相应的 y 值：

```
y1 = f(x) # evaluate f on the x points
y2 = g(x) # evaluate g on the x points
y3 = h(x) # evaluate h on the x points
```

3. 要绘制数据，首先需要创建一个新的图形并附加坐标轴对象，可以通过不提供任何参数地调用 `plt.subplots` 例程来实现：

```
fig, ax = plt.subplots()
```

4. 现在，我们在 `ax` 对象上使用 `plot` 方法绘制第一个函数。前两个参数是要绘制的 x 和 y 坐标，第三个（可选）参数指定线的颜色为黑色：

```
ax.plot(x, y1, "k") # black solid line style
```

5. 为了帮助区分其他函数的图形，我们使用虚线和点画线绘制这些函数：

```
ax.plot(x, y2, "k--") # black dashed line style
ax.plot(x, y3, "k.-") # black dot-dashed line style
```

6. 每个图形都应该有标题和坐标轴标签。在本例中，没有什么有趣的内容可以用来标记坐标轴，因此我们只是用 x 和 y 来标记它们：

```
ax.set_title("Plot of the functions f, g, and h")
ax.set_xlabel("x")
ax.set_ylabel("y")
```

7. 还可以添加图例，以帮助你在不必查看其他地方的情况下区分不同函数的图形：

```
ax.legend(["f", "g", "h"])
```

8. 最后，让我们对图形进行注释，如使用文本标记函数 g 和 h 之间的交点：

```
ax.text(0.4, 2.0, "Intersection")
```

这将在一个新图形上绘制 y 值相对 x 值的关系图。如果你正在使用 IPython 控制台或 Jupyter notebook，图形应该会自动显示；否则，你可能需要调用 `plt.show` 函数来使图形显示出来：

```
plt.show()
```

如果使用 `plt.show`，该图形应该会出现在新窗口中。在本章的后续示例中，我们不会再添加这个命令，但你应该知道，如果你不是在自动渲染图形的环境（比如 IPython 控制台或 Jupyter notebook）中工作，你就需要使用它。生成的图形应类似于图 2.1 中的图形。

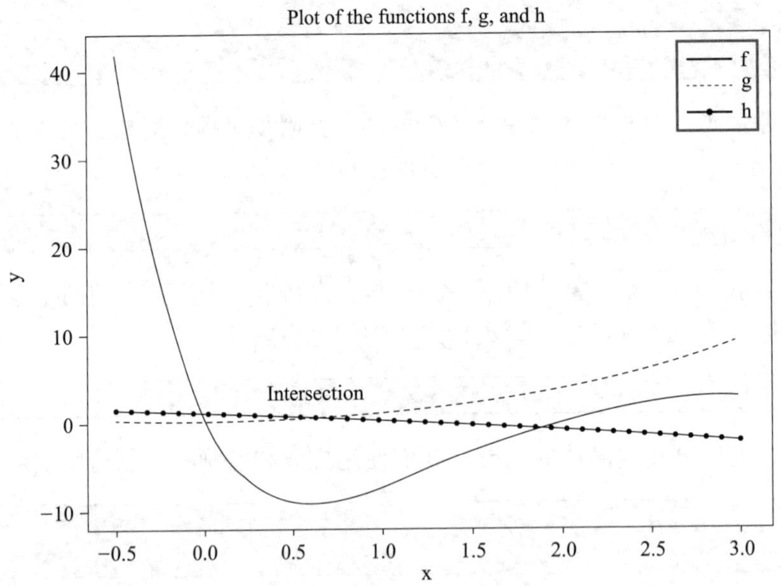

图 2.1　同一个坐标系上的 3 个函数，每个函数都有不同的样式，图中带有标签、图例和注释

注意

如果你是在 Jupyter notebook 中使用的 `subplots` 命令，必须将对 `subplots` 例程的调用和其他绘图命令放在同一个单元格中，否则图形将无法生成。

2.2.3　原理解析

这里，我们使用了面向对象的接口（OOI），因为它允许我们精确地跟踪绘图的图形（figure）对象和轴域（axes）对象。在只有一个图形和轴域的情况下，这并不重要，但我们可以很容易地想象到可能同时有两个或更多图形和轴域的情况。遵循这种模式的另一个原因是在添加多个子图时保持一致，详见 2.3 节。

你可以使用以下命令序列，在基于状态的接口中生成与上述示例相同的图形：

```
plt.plot(x, y1, "k", x, y2, "k--", x, y3, "k.-")
plt.title("Plot of the functions f, g, and h")
plt.xlabel("x")
plt.ylabel("y")
plt.legend(["f", "g", "h"])
plt.text(0.4, 2.0, "Intersection")
```

如果当前没有 `Figure` 或 `Axes` 对象，`plt.plot` 例程将创建一个新的 `Figure` 对象，向该图形添加一个新的 `Axes` 对象，并使用绘制的数据填充这个 `Axes` 对象。返回一个包含所画线条的句柄列表，其中每个句柄都是 `Lines2D` 对象。在这种情况下，此列表将包含一个单独的 `Lines2D` 对象。我们可以稍后使用这个 `Lines2D` 对象来进一步自定义线条的外观。

请注意，在前面的代码中，我们将所有对 `plot` 函数的调用组合在了一起。如果你使用的是 OOI，这样组合也是可行的。基于状态的接口将参数传递给 `Axes` 方法，用于给检索或创建的 `Axes` 对象设置属性。

Matplotlib 的对象层与一个底层的后端进行交互，后者负责生成图形。`plt.show` 函数向后端发出指令以渲染并呈现当前图形。有许多后端可与 Matplotlib 一起使用，可以通过设置 `MPLBACKEND` 环境变量、修改 `matplotlibrc` 文件或在 Python 中调用 `matplotlib.use` 并提供备用后端的名称来自定义。默认情况下，Matplotlib 会基于可用的后端，选择适合平台（Windows、macOS、Linux）和符合目的（交互或非交互）的后端。例如，在作者的系统上，默认使用 `QtAgg` 后端，这是一个基于 **Anti-Grain Geometry**（AGG）库的交互式后端。或者，也可以使用 `QtCairo` 后端，该后端使用 Cairo 库进行渲染。

注意

`plt.show` 函数的作用不仅仅是在图形上调用 `show` 方法，它还会连接到一个事件循环中以正确显示图形。因此应该使用 `plt.show` 例程来显示图形，而不是在 `Figure` 对象上使用 `show` 方法。

用于快速指定线条样式的**格式字符串**由三个可选部分组成，每个部分都包含一个或多个字符。第一部分控制标记样式（即在每个数据点处输出的符号）；第二部分控制连接数据点的线条样式；第三部分控制图形的颜色。在这个例子中，我们只指定了线条样式。然而，可以同时指定线条样式和标记样式，或者只指定标记样式。如果只提供标记样式，则在数据点之间不绘制连接线。这对绘制不需要在数据点之间进行插值的离散数据非常有用。

有四种线条样式参数可用：实线（`-`）、虚线（`--`）、点画线（`-.`）和点线（`:`）。在格式字符串中只能指定有限数量的颜色，它们是红色、绿色、蓝色、青色、黄色、洋红色、黑色和白色。格式字符串中表示颜色的字符是每种颜色对应英文单词的第一个字母（黑色除外），因此这些颜色对应的字符分别是 `r`、`g`、`b`、`c`、`y`、`m`、`k` 和 `w`。

在上述例子中，我们看到了这些格式字符串的三个示例：单一的 `k` 格式字符串只改变了线条的颜色，并保持其他设置为默认值（小的点标记和不间断的线）；`k--` 和 `k.-` 格式字符串同时改变了颜色和线条样式。有关更改点样式的示例，请参见 2.2.4 节和图 2.2。

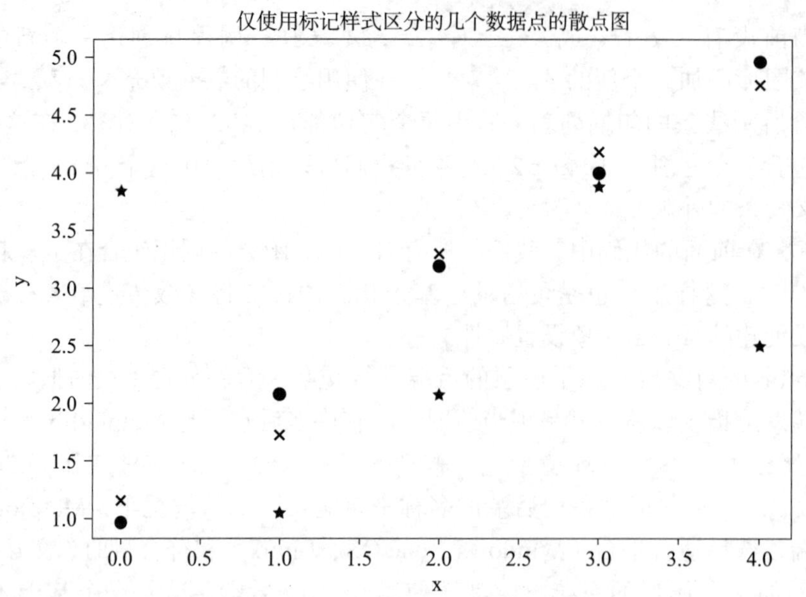

图 2.2　三组数据的散点图，每组数据使用不同的标记样式进行绘制

`set_title`、`set_xlabel` 和 `set_ylabel` 方法简单地将文本参数添加到 `Axes` 对象的相应位置。前面代码中调用的 `legend` 方法，按照图形顺序给数据集添加相应的标签，在本例中依次为 `y1`、`y2` 和 `y3`。

可以向 `set_title`、`set_xlabel` 和 `set_ylabel` 例程提供许多关键字参数，以控制文本的样式。例如，`fontsize` 关键字可用于指定标签字体的大小，通常以 `pt`（磅）为单位。

Axes 对象上的 annotate 方法可以将任意文本添加到图的特定位置。此例程接受两个参数：要显示的字符串形式的文本和应该放置注释的点的坐标。此例程还接受其他关键字参数，可用于自定义注释的样式。

2.2.4　更多内容

plt.plot 例程接受可变数量的位置输入。在前面的代码中，我们提供了两个位置参数，它们被解释为 x 值和 y 值（按照顺序）。如果我们只提供了一个数组，那么 plot 例程将会根据数据在数组中的位置进行绘制。也就是说，x 的值取为 0、1、2，以此类推。

plot 方法还接受许多关键字参数，这些参数也可以用于控制图形的样式。如果同时存在关键字参数和格式字符串参数，关键字参数优先，并且它们适用于调用此绘制命令的所有数据集。控制标记样式的关键字是 marker，控制线条样式的关键字为 linestyle，控制颜色的关键字为 color。color 关键字参数接受许多不同的格式来指定颜色，包括 (r, g, b) 元组确定的 RGB 值（其中每个字符都是 0 到 1 之间的浮点数或十六进制字符串）。可以使用 linewidth 关键字参数来控制绘制的线条宽度，该参数应提供一个 float 数值。还有许多其他关键字参数可以传递给 plot，Matplotlib 文档中给出了这样的参数列表。许多关键字参数都有简写的版本，例如 c 表示 color，lw 表示 linewidth。

在这个示例中，我们绘制了大量的坐标点，这些坐标点是根据选定的 x 值用求值函数生成的。在其他应用中，人们可能有来自真实世界的采样数据（而不是生成的数据）。在这种情况下，最好去掉连接线，只在点上绘制标记。以下是如何实现这一点的示例：

```
y1 = np.array([1.0, 2.0, 3.0, 4.0, 5.0])
y2 = np.array([1.2, 1.6, 3.1, 4.2, 4.8])
y3 = np.array([3.2, 1.1, 2.0, 4.9, 2.5])
fig, ax = plt.subplots()
ax.plot(y1, 'o', y2, 'x', y3, '*', color="k")
```

这些命令的结果显示在图 2.2 中。Matplotlib 有一种专门用于生成散点图的方法，称为 scatter。

可以使用 Axes 对象上的方法来自定义图形的其他方面。可以使用 Axes 对象上的 set_xticks 和 set_yticks 方法修改坐标轴刻度，使用 grid 方法配置网格的外观。在 pyplot 接口中还有一些便捷的方法，它们可以将这些修改应用于当前的 Axes 对象（如果存在）。

例如，我们通过使用以下命令修改坐标轴的范围，分别在 x 和 y 坐标轴上每隔 0.5 的倍数设置一个坐标轴刻度，并在图中添加网格：

```
ax.axis([-0.5, 5.5, 0, 5.5]) # set axes
ax.set_xticks([0.5*i for i in range(9)]) # set xticks
ax.set_yticks([0.5*i for i in range(11)]) # set yticks
ax.grid() # add a grid
```

请注意，我们将坐标轴的范围设置得稍微大于绘图范围，这是为了避免在绘图窗口的边界上放置标记。

除了这里描述的 plot 例程之外，Matplotlib 还有许多其他绘图例程。例如，有些绘图方法使用不同的坐标轴比例，包括在 x 轴和 y 轴单独使用对数坐标轴（semilogx 或 semilogy）或同时使用对数坐标轴（loglog）。这些在 Matplotlib 文档中有详细说明。如果想在 Axes 对象上绘制离散数据而不连接点，则 scatter 绘图例程可能很有用，它还允许对标记的样式进行更多的控制。例如，可以根据一些额外信息来调整标记的大小。

我们可以使用 fontfamily 关键字设置不同的字体，其值可以是字体的名称，或者是 serif、sans-serif、monospace，它们将选择适当的内置字体。Matplotlib 文档中的 matplotlib.text.Text 类包含了完整的修饰符列表。

在例程中提供 usetex=True 参数，即可以使用 TeX 来呈现文本参数以进行额外的格式化。我们将在 2.3 节的例子中演示标签的 TeX 格式化方法，如图 2.3 所示。如果标题或轴标签包含数学公式，这一功能特别有用。不幸的是，如果系统上没有安装 TeX，则无法使用 usetex 关键字参数——在这种情况下，它会导致错误。然而，仍然可以使用 TeX 语法来格式化标签中的数学文本，但这将由 Matplotlib 进行排版，而不是由 TeX 进行排版。

2.3　添加子图

有时，将多个相关图形并排放置在同一图中但不在相同的轴域（axes）上，这是很有用的。子图允许我们在同一个图中生成由独立图形组成的图网格。在本节中，我们将看到如何使用子图在单个图中并排创建两个图形。

2.3.1　准备工作

你需要准备绘制每个子图的数据。作为示例，我们将在第一个子图上绘制对函数 $f(x)=x^2-1$ 进行牛顿法（Newton’s method）求解的前五次迭代结果，初始值为 $x_0=2$；而在第二个子图上，我们将绘制迭代的误差。首先，我们定义一个生成器函数以获取迭代值：

```
def generate_newton_iters(x0, number):
  iterates = [x0]
  errors = [abs(x0 - 1.)]
  for _ in range(number):
      x0 = x0 - (x0*x0 - 1.)/(2*x0)
      iterates.append(x0)
      errors.append(abs(x0 - 1.))
   return iterates, errors
```

这个例程会生成两个列表。第一个列表包含对函数应用牛顿法求解的数值，第二个列表包含近似值的误差：

```
iterates, errors = generate_newton_iters(2.0, 5)
```

2.3.2 实现方法

以下步骤将演示如何创建包含多个子图的图形：

1. 我们使用 subplots 例程创建一个新图形，并引用每个子图中的所有 Axes 对象，这些子图按一行两列的网格排列。我们还将 tight_layout 关键字参数设置为 True，以自动调整生成图形的布局。这个参数设置并不是严格必要的，但在这种情况下它会产生比默认值更好的结果：

```
fig, (ax1, ax2) = plt.subplots(1, 2,
tight_layout=True)
#1 row, 2 columns
```

2. 创建 Figure 和 Axes 对象之后，我们可以通过在每个 Axes 对象上调用相关的绘图方法来填充图形。对于第一个图（显示在左侧），我们在 ax1 对象上使用 plot 方法，该方法的签名与标准的 plt.plot 例程相同。然后，我们在 ax1 对象上调用 set_title、set_xlabel 和 set_ylabel 方法来分别设置标题以及 x 轴和 y 轴标签。我们还通过提供 usetex 关键字参数，对轴标签使用 TeX 格式化，如果你的系统上没有安装 TeX，可以忽略这一点：

```
ax1.plot(iterates, "kx")
ax1.set_title("Iterates")
ax1.set_xlabel("$i$", usetex=True)
ax1.set_ylabel("$x_i$", usetex=True)
```

3. 现在，我们可以使用 ax2 对象在第二个绘图形（显示在右侧）上绘制误差值。我们使用名为 semilogy 的另一种画图方法，它在 y 轴上使用对数刻度。这个方法的签名与标准的 plot 方法相同。同样，我们设置了轴标签和标题。如果你没有安装 TeX，同样可以省略对 usetex 的使用：

```
ax2.semilogy(errors, "kx") # plot y on logarithmic scale
ax2.set_title("Error")
ax2.set_xlabel("$i$", usetex=True)
ax2.set_ylabel("Error")
```

这一系列命令的结果如图 2.3 所示。

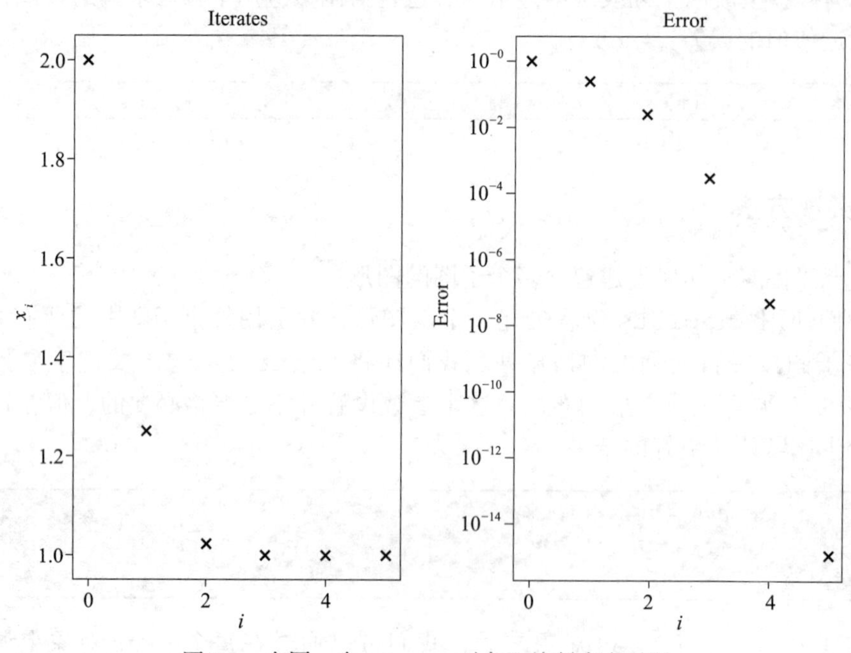

图 2.3　在同一个 Figure 对象上绘制多个子图

图 2.3 中，左图绘制了以牛顿法求解对函数的前五次迭代结果，右图则以对数刻度绘制了结果的近似误差。

2.3.3 原理解析

在 Matplotlib 中，Figure 对象只是一个包含特定大小绘图元素（如 Axes）的容器。Figure 对象通常只包含一个 Axes 对象，该对象占据整个图形区域，但它也可以在同一区域内包含任意数量的 Axes 对象。subplots 例程执行了以下几个操作。首先，它创建一个新图形，然后在图形区域内创建了具有指定形状的网格。其次，在网格的每个位置添加新的 Axes 对象。再次，将新的 Figure 对象和一个或多个 Axes 对象返回给用户。如果只需要一个子图（一行一列，没有其他参数），那么将返回一个普通的 Axes 对象；如果需要一行或一列（分别有多列或多行）绘图区域，那么将返回一个 Axes 对象的列表；如果需要多行多列绘图区域，则返回一个列表的列表，其中的行是由 Axes 对象组成的列表。最后，我们可以在每个 Axes 对象上使用绘图方法，将图形填充到所需的图中。

在这个示例中，我们在左侧图形中使用了标准的 plot 方法，就像我们在之前的示例中看到的那样。然而，在右侧的图形中，我们使用了将坐标轴更改为对数刻度的绘图方式。这意味着轴上的每个单位代表的都是 10 的幂的变化，而不是一个单位的变化，因此 0 表示 $10^0=1$，1 表示 10，2 表示 100，以此类推。轴标签会自动更改以反映这种刻度变化。当数值有数量级的变化时，这种类型的缩放很有用，例如展示随着迭代次数的增加而得到的近似误差的情况。我们还可以使用 semilogx 方法在 x 轴上使用对数刻度，或使用 loglog 方法在两个轴上同时使用对数刻度。

2.3.4　更多内容

在 Matplotlib 中，有多种创建子图的方法。如果你已经创建了 Figure 对象，那么可以使用 Figure 对象的 add_subplot 方法添加子图。另外，你还可以使用 matplotlib.pyplot 中的 subplot 例程将子图添加到当前图形中。如果尚不存在 Figure 对象，调用此方法时将先创建一个 Figure 对象。subplot 例程是 Figure 对象上 add_subplot 方法的简便包装。

在前面的示例中，我们创建了两个在 y 轴上具有不同刻度的图，这演示了子图的许多可能用途之一。子图的另一个常见的用途是绘制矩阵中的数据，其中矩阵的列具有共同的 x 标签，行具有共同的 y 标签，这在多元统计中非常常见，用于研究各组数据之间的相关性。用于创建子图的 plt.subplots 例程接受 sharex 和 sharey 这两个关键字参数，允许坐标轴在所有子图或一行、一列中共享。此设置会影响坐标轴的比例和刻度。

2.3.5　另请参阅

Matplotlib 通过为 subplots 例程提供 gridspec_kw 关键字参数来支持更高级的布局。更多信息请参阅 matplotlib.gridspec 的文档。

2.4　绘制误差条图形

我们从现实世界中收集的数据通常都带有一定的不确定性：现实世界中没有任何测量是完全准确的。例如，如果使用卷尺测量距离，我们可以假设结果具有一定的精度，但超出这个精度范围后，将无法确定测量是否有效。对于这种情况，我们可能确信测量的精度可以达到约 1 毫米或略小于 1/16 英寸（当然，这是在假设测量完全准确的前提下）。这些值是常用卷尺上的最小刻度。假设我们已经收集了一组包含 10 个测量值的数据（以厘米为单位），希望将这些值与我们确信的精度一起绘制出来（高于或低于精确测量值的范围称为误差）。这就是我们在本示例中要解决的问题。

2.4.1 准备工作

和往常一样，我们以别名 `plt` 导入 Matplotlib 的 `pyplot` 接口。我们首先用 NumPy 数组生成假设的测量数据和精度：

```
measurement_id = np.arange(1, 11)
measurements = np.array([2.3, 1.9, 4.4, 1.5, 3.0, 3.3, 2.9, 2.6, 4.1, 3.6]) # cm
err = np.array([0.1]*10) # 1mm
```

让我们看看如何使用 Matplotlib 中的绘图例程来绘制这些测量值，并使用误差条表示每个测量值的不确定性。

2.4.2 实现方法

以下步骤演示了如何在图形上绘制测量值、展现精度信息。

1. 首先，我们需要像往常一样生成一个新的图形和坐标轴对象：

```
fig, ax = plt.subplots()
```

2. 接下来，我们使用坐标轴对象上的 `errorbar` 方法来绘制数据及误差条。精度信息（误差）作为 `yerr` 参数传递：

```
ax.errorbar(measurement_id,
    measurements, yerr=err, fmt="kx",
        capsize=2.0)
```

3. 和往常一样，我们应该为坐标轴添加有意义的标签，并为图形添加标题：

```
ax.set_title("Plot of measurements and their estimated error")
ax.set_xlabel("Measurement ID")
ax.set_ylabel("Measurement(cm)")
```

4. 由于 Matplotlib 默认情况下不会在每个值处生成 `xlabel` 刻度，因此我们将 x 刻度值设置为测量 ID，以便把它们都显示在图形上：

```
ax.set_xticks(measurement_id)
```

生成的图形如图 2.4 所示。测量值显示在 x 符号标记处，误差条在该值上下延伸，精度为 0.1 厘米（1 毫米）。

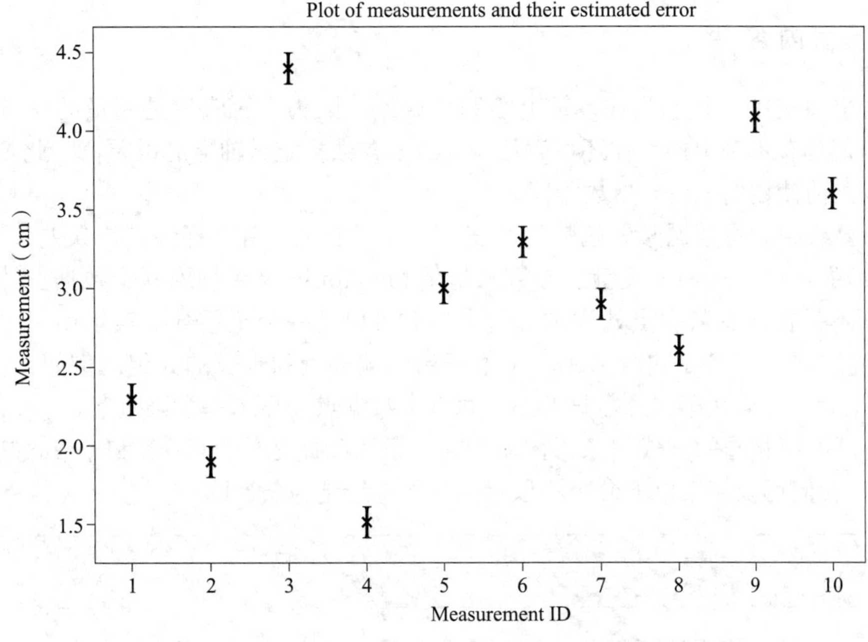

图 2.4 10 个样本测量值（单位：厘米）及其估计误差图

从图中可以看到，每个标记处都有一个垂直条，指示着我们期望的真实测量值应在的范围。

2.4.3 原理解析

errorbar 方法的工作方式与其他绘图方法类似。前两个参数是要绘制点的 x 和 y 坐标（注意，这两个参数必须同时提供，在其他绘图方法中则不一定是必需的）。yerr 参数表示要添加到图表中的误差条的大小，并且都应该是正值。传递给此参数的值的形式确定了误差条的性质。在本例中，我们提供了一个扁平的 NumPy 数组，其中包含 10 个条目，每个条目对应一个测量值，这导致了每个点上下都有相同大小的误差条（对应参数中的值）。或者，我们还可以指定一个 2 × 10 的数组，其中第一行包含下误差，第二行包含上误差。（由于所有的误差都相同，我们也可以提供一个表示所有测量值公共误差的浮点数。）

除了数据参数外，还有常见的格式参数，包括 fmt 格式字符串（在这里，将其用作关键字参数，因为我们在它前面命名了 yerr 参数）。除了其他绘图方法中常用的线和点的格式之外，还有用于自定义误差条外观的特殊参数。在该例中，我们使用了

capsize 参数在误差条的两端添加“帽子”，以便可以轻松识别误差条的末端（它的默认样式是简单的直线）。

2.4.4 更多内容

在这个示例中，我们只在 y 轴上绘制了误差，因为 x 的值只是测量的序号（ID）。如果两组值都有不确定性，你还可以使用 xerr 参数指定 x 轴上的误差值，此参数的使用方式与之前使用的 yerr 参数相同。

如果要绘制大量遵循某种趋势的数据点，你可能希望有选择地绘制误差条。为此，你可以使用 errorevery 关键字参数来指示 Matplotlib 仅在每隔 n 个数据点处添加误差条，而不是在所有数据点处添加。这个参数可以是一个正整数，表示用于选择有误差点的“步长”，或者是包含从第一个值开始的偏移量和步长的元组。例如，errorevery=(2, 5) 会从第二个数据开始，每五个数据点处显示一个误差条。

你还可以用相同的方式向条形图添加误差条（除此之外，xerr 和 yerr 参数仅为关键字）。我们可以使用以下命令将该示例的数据绘制为条形图：

```
ax.bar(measurement_id, measurements,
yerr=err, capsize=2.0, alpha=0.4)
```

如果在例子中使用这两行代码，而不是调用 errorbar，那么我们将得到一个条形图，如图 2.5 所示。

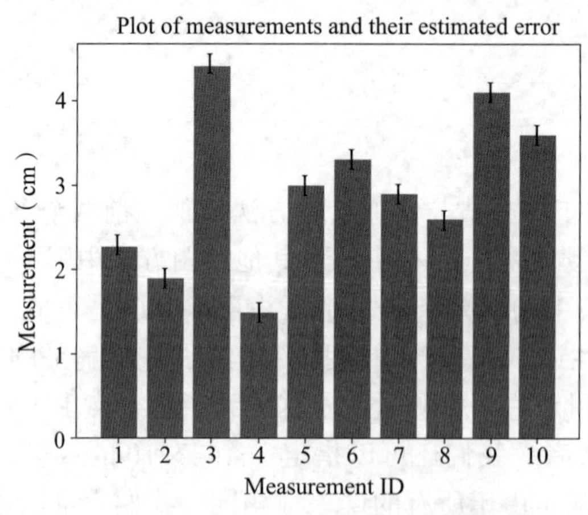

图 2.5 带有误差条的测量值条形图

与之前一样，误差条两端有指示标记，表示我们期望的 y 轴上真实测量值所在的范围。

2.5 保存 Matplotlib 图形

在交互式环境（比如 IPython 控制台或 Jupyter notebook）中，实时显示图形是非常正常的。然而，在很多情况下，将图形直接存储到文件中比在屏幕上渲染更合适。在接下来的例子中，我们将学习如何将图形直接保存到文件中，而不是在屏幕上显示它。

2.5.1 准备工作

你需要准备绘图数据以及存储输出结果的路径或文件对象。我们将结果存储到当前目录中的 `savingfigs.png` 文件中。在这个例子中，我们将绘制以下数据：

```
x = np.arange(1, 5, 0.1)
y = x*x
```

让我们看看如何使用 Matplotlib 绘制这条曲线，并将生成的图形保存到文件中（无须与绘图用户界面进行交互）。

2.5.2 实现方法

以下步骤演示了如何将 Matplotlib 图形直接保存到文件中：

1. 像往常一样创建图形，并添加必要的标签、标题和注释。图形将以当前状态写入文件，因此对图形的任何更改都需在保存之前完成：

```
fig, ax = plt.subplots()
ax.plot(x, y)
ax.set_title("Graph of $y = x^2$", usetex=True)
ax.set_xlabel("$x$", usetex=True)
ax.set_ylabel("$y$", usetex=True)
```

2. 我们对 `fig` 使用 `savefig` 方法，将这个图保存到文件中。唯一需要的参数是输出路径或可以写入图形的类文件对象。我们可以通过提供适当的关键字参数来调整输出格式的各种设置，比如分辨率。我们设置输出图的**每英寸点数**（DPI）为 300，这对大多数应用来说是一个合理的分辨率。

```
fig.savefig("savingfigs.png", dpi=300)
```

Matplotlib 会根据给定文件的扩展名推断我们希望将图形保存为**可移植网络图形**（PNG）格式。或者，可以通过关键字参数（使用 `format` 关键字）显式地设置格式，否则它将从配置文件中退回到默认格式。

2.5.3 原理解析

savefig 方法会为输出格式选择合适的后端，然后以该格式渲染当前的图形。生成的图像数据将写入指定的路径或类文件对象中。如果你手动创建了一个 Figure 实例，则可以通过在该实例上调用 savefig 方法来实现相同的效果。

2.5.4 更多内容

savefig 例程需要一些额外的可选关键字参数来自定义输出图像。例如，可以使用 dpi 关键字指定图像的分辨率。本章中的图形就是通过将 Matplotlib 图形保存到文件中生成的。

可用的输出格式包括 PNG、**可缩放矢量图形**（SVG）、**PostScript**（PS）、**封装的 PostScript**（EPS）和**便携式文档格式**（PDF）。如果安装了 Pillow 包，图形还可以保存为 JPEG 格式，但从 Matplotlib 3.1 版本开始，Matplotlib 不再原生支持 JPEG 格式。对于 JPEG 图像，还有一些额外的自定义关键字参数，例如 quality 和 optimize。可以通过 metadata 关键字传递图像元数据字典，在保存时将该字典写为图像元数据。

2.5.5 另请参阅

请参考 Matplotlib 官方网站上的示例库，它包含了使用几种常见的 Python 图形用户界面（GUI）框架将 Matplotlib 图形嵌入 GUI 应用程序的示例。

2.6 曲面图和等高线图

Matplotlib 还可以以多种方式绘制三维数据。在显示此类数据时，两种常见的选择是曲面图和等高线图（类似于地图上的等高线）。在接下来的示例中，我们将看到绘制三维数据曲面图，以及三维数据等高线图的方法。

2.6.1 准备工作

要绘制三维数据，需要将 x、y 和 z 三个分量排列成二维数组。其中，x 和 y 分量的维度必须与 z 分量相同。为了演示，我们将绘制以下函数对应的曲面图：

$$f(x,y)=\exp(-((x-2)^2+(y-3)^2)/4)-\exp(-((x+3)^2+(y+2)^2)/3)$$

对于三维数据，我们不能只使用 pyplot 接口中的例程进行绘图，需要从 Matplotlib 导入另外一些函数。我们看看接下来该怎么做。

2.6.2 实现方法

我们想在 $-5\leqslant x\leqslant 5$ 和 $-5\leqslant y\leqslant 5$ 范围内绘制函数 $f(x,y)$。第一个任务就是要创建合适的网格来表示 (x,y) 数据对，以此来计算函数值。

1. 我们首先使用 np.linspace 在这些范围内生成合理数量的点：

```
X = np.linspace(-5, 5)
Y = np.linspace(-5, 5)
```

2. 现在，我们需要创建一个网格来生成 z 值。为此，我们使用 np.meshgrid 例程：

```
grid_x, grid_y = np.meshgrid(X, Y)
```

3. 现在，我们可以创建要绘制的 z 值，这些值包含每个网格点处对应的函数值：

```
z = np.exp(-((grid_x-2.)**2 + (
    grid_y-3.)**2)/4) - np.exp(-(
    (grid_x+3.)**2 + (grid_y+2.)**2)/3)
```

4. 为了绘制三维曲面图，我们需要加载 Matplotlib 中的 mplot3d 工具包，它包含在 Matplotlib 包中。虽然我们在代码中不会显式地使用它，但它在后台帮助 Matplotlib 使用三维绘图工具：

```
from mpl_toolkits import mplot3d
```

5. 接下来，我们创建一个新图形和一组三维坐标轴对象：

```
fig = plt.figure()
# declare 3d plot
ax = fig.add_subplot(projection="3d")
```

6. 现在，我们可以在这些坐标轴上调用 plot_surface 方法来绘制数据（将颜色图设置为灰色，以便在输出时有更好的显示效果。请参阅 2.6.4 节以获取更详细的解析）：

```
ax.plot_surface(grid_x, grid_y, z, cmap="gray")
```

7. 在三维图形中添加坐标轴标签非常重要，可以避免读图的人在显示的图形中分不清各轴。我们还为图形设置了标题：

```
ax.set_xlabel("x")
ax.set_ylabel("y")
ax.set_zlabel("z")
ax.set_title("Graph of the function f(x, y)")
```

你可以使用 `plt.show` 例程在新窗口中显示图形（如果你在交互式环境中使用 Python，而不是在 Jupyter notebook 或 IPython 控制台上使用），或者使用 `plt.savefig` 保存图形到文件中。上述操作的结果如图 2.6 所示。

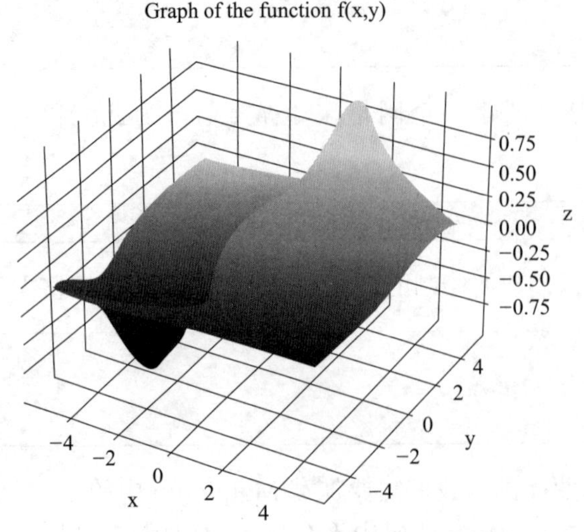

图 2.6　由 Matplotlib 生成的三维曲面图

8. 等高线图的绘制不需要 `mplot3d` 工具包，`pyplot` 接口中有一个 `contour` 例程用于生成等高线图。然而，与通常的二维绘图例程不同，`contour` 例程需要与 `plot_surface` 方法相同的参数。我们使用以下程序生成图形：

```
fig = plt.figure() # Force a new figure
plt.contour(grid_x, grid_y, z, cmap="gray")
plt.title("Contours of f(x, y)")
plt.xlabel("x")
plt.ylabel("y")
```

结果如图 2.7 所示。

这里用同心圆环清楚地显示了函数的峰值和“盆地”。在图形的右上角，阴影较亮，表示函数值递增；在左下角，阴影变暗，表示函数值递减。在它们之间显示了分隔函数值增加和减少区域的曲线。

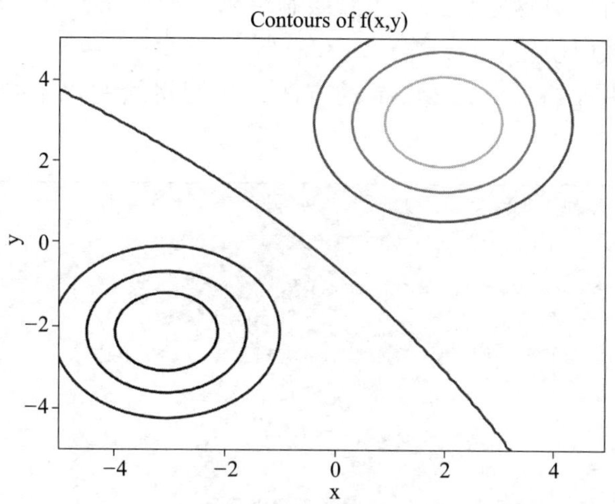

图 2.7 使用 Matplotlib 按默认设置绘制的等高线图

2.6.3 原理解析

在 Matplotlib 中，`mplot3d` 工具包提供了 `Axes3D` 对象，这是 Matplotlib 包中 `Axes` 对象的三维版本。通过在 `Figure` 对象的 `axes` 方法中使用 `projection="3d"` 关键字参数，可以将 `Axes3D` 对象添加到图形中。曲面图是通过在三维投影中绘制相邻点之间的四边形来实现的，就像通过连接相邻点的直线来近似二维曲线一样。

`plot_surface` 方法需要以二维数组的形式提供 z 值，该数组在 (x, y) 坐标对的网格上进行赋值编码。我们创建了 x 和 y 的取值范围，但如果只是在这些数组对应的点上计算函数值，那么将沿着一条直线得到函数值，而不是在整个网格上获得值。相反，我们使用 `meshgrid` 例程，该例程接受两个数组 `X` 和 `Y`，并从中创建一个网格，其中包含 `X` 和 `Y` 中所有可能的值的组合。网格化操作的输出是一对二维数组，我们可以在这些数组上计算函数值。然后，我们将这三个二维数组都提供给 `plot_surface` 方法。

2.6.4 更多内容

在上文中描述的 `contour` 和 `plot_surface` 例程，仅适用于高度结构化的数据，其中 x、y 和 z 分量都被排列成网格。不幸的是，真实生活中的数据很少是如此结构化的。在这种情况下，你需要在已知点之间执行某种插值，以获得均匀网格上的近似值，然后才能绘制该网格。执行此插值的常见方法是通过在 (x, y) 对的集合上进行三角剖分，然后使用每个三角形的顶点上的函数值来估计网格点上的值。幸运的是，Matplotlib 有一种方法可以执行所有这些步骤，然后绘制结果，即 plot_trisurf 例程。我们在这里简要解释一下如何使用它。

1. 为了说明使用 plot_trisurf 的方法，我们将绘制以下数据的曲面图和等高线图：

```
x = np.array([ 0.19, -0.82, 0.8, 0.95, 0.46, 0.71,
      -0.86, -0.55, 0.75, -0.98, 0.55, -0.17, -0.89,
            -0.4, 0.48, -0.09, 1., -0.03, -0.87, -0.43])
y = np.array([-0.25, -0.71, -0.88, 0.55, -0.88, 0.23,
        0.18, -0.06, 0.95, 0.04, -0.59, -0.21, 0.14, 0.94,
             0.51, 0.47, 0.79, 0.33, -0.85, 0.19])
z = np.array([-0.04, 0.44, -0.53, 0.4, -0.31,
    0.13, -0.12, 0.03, 0.53, -0.03, -0.25, 0.03,
    -0.1, -0.29, 0.19, -0.03, 0.58, -0.01, 0.55,
    -0.06])
```

2. 这次，我们将在同一个图上用两个单独的子图分别绘制曲面和等高线（近似值）。为此，我们向包含曲面的子图提供 projection="3d" 关键字参数。我们使用 plot_trisurf 方法在三维坐标轴上绘制近似的曲面，在二维坐标轴上使用 tricontour 方法绘制近似的等高线：

```
fig  = plt.figure(tight_layout=True) # force new figure
ax1 = fig.add_subplot(1, 2, 1, projection="3d") # 3d axes
ax1.plot_trisurf(x, y, z)
ax1.set_xlabel("x")
ax1.set_ylabel("y")
ax1.set_zlabel("z")
ax1.set_title("Approximate surface")
```

3. 现在，我们可以使用以下命令绘制三角形曲面的等高线：

```
ax2 = fig.add_subplot(1, 2, 2) # 2d axes
ax2.tricontour(x, y, z)
ax2.set_xlabel("x")
ax2.set_ylabel("y")
ax2.set_title("Approximate contours")
```

我们在 figure 对象中包含了 tight_layout=True 的关键字参数，以保存后续对 plt.tight_layout 例程的调用。结果如图 2.8 所示。

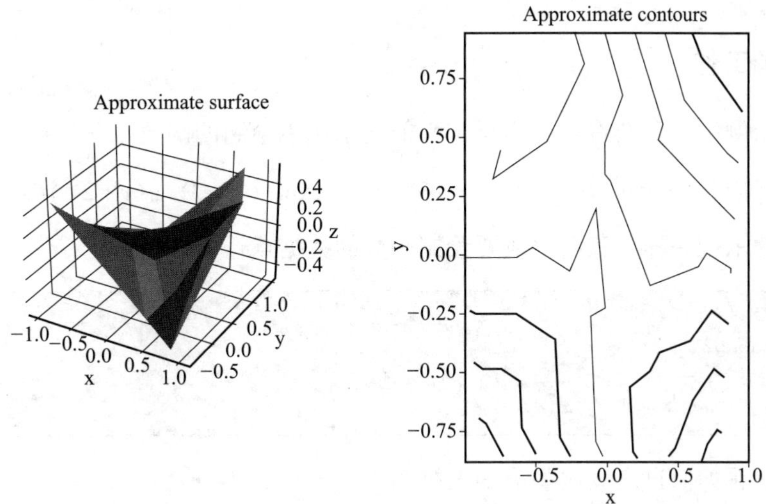

图 2.8　使用三角剖分法用非结构化数据生成近似曲面图和等高线图

除了曲面绘图例程之外，`Axes3D` 对象还具有用于简单三维绘图的 `plot`（或 `plot3D`）例程，除了在三维坐标轴对象上执行之外，其工作方式与通常的 `plot` 例程相同。此方法也可用于在其中一个坐标轴上绘制二维数据。

2.6.5　另请参阅

Matplotlib 是 Python 的首选绘图库，但也存在其他选择。我们将在第 6 章中介绍 Bokeh 库。还有其他库，如 Plotly（https://plotly.com/python/），简化了创建某些类型的图形和添加更多功能（如交互式图形）的过程。

2.7　自定义三维图

等高线图可能会隐藏它所代表的曲面的一些细节，因为它只显示“高度”相同的位置，而不显示值是多少，甚至不显示与周围值的关系。在地图上，可以通过将高度输出到某些特定等高线上来解决上述问题。曲面图更具表现力，但将三维对象投影到二维屏幕上的问题本身可能会掩盖一些细节。为了解决这些问题，我们可以自定义三维图（或等高线图）的外观，对图形效果进行增强，并确保我们希望突出显示的细节清晰可见。最简单的方法是更改图形的颜色图，正如我们在前面的示例中看到的那样（默认情况下，Matplotlib 会生成单色的曲面图，这使得我们在印刷品上难以看到细节）。在接下来的示例中，我们将探讨一些其他自定义三维曲面绘图的方法，包括更改显示的初始视角和更改颜色图的归一化方法等。

2.7.1　准备工作

在这个示例中，我们将进一步自定义前面示例中绘制的函数：

$$f(x,y)=\exp(-((x-2)^2+(y-3)^2)/4)-\exp(-((x+3)^2+(y+2)^2)/3)$$

和前面的示例一样，我们生成要绘制函数的数据点：

```
t = np.linspace(-5, 5)
x, y = np.meshgrid(t, t)
z = np.exp(-((x-2.)**2 + (y-3.)**2)/4) - np.exp(
    -((x+3.)**2 + (y+2.)**2)/3)
```

让我们看看如何自定义这些值的三维图。

2.7.2　实现方法

以下步骤显示了如何自定义三维曲面图的外观。

1. 和往常一样，我们的首要任务是创建一个新的图形和坐标轴，然后在它们上面绘图。由于我们要自定义 Axes3D 对象的属性，因此首先创建一个新图形：

```
fig = plt.figure()
```

2. 现在，我们需要在这个 figure 对象上添加新的 Axes3D 对象，除了设置我们之前见过的 projection="3d" 关键字参数以外，还可以通过设置 azim 和 elev 关键字参数来改变初始视角：

```
ax = fig.add_subplot(projection="3d", azim=-80, elev=22)
```

3. 搞定这些后，我们现在可以绘制这个曲面了。我们将更改归一化的边界，使最大值和最小值不在颜色图的极端位置。我们通过更改 vmin 和 vmax 参数来实现这一点：

```
ax.plot_surface(x, y, z, cmap="gray", vmin=-1.2, vmax=1.2)
```

4. 最后，我们可以像往常一样设置坐标轴标签和标题：

```
ax.set_title("Customized 3D surface plot")
ax.set_xlabel("x")
ax.set_ylabel("y")
ax.set_zlabel("z")
```

生成的图形如图 2.9 所示。

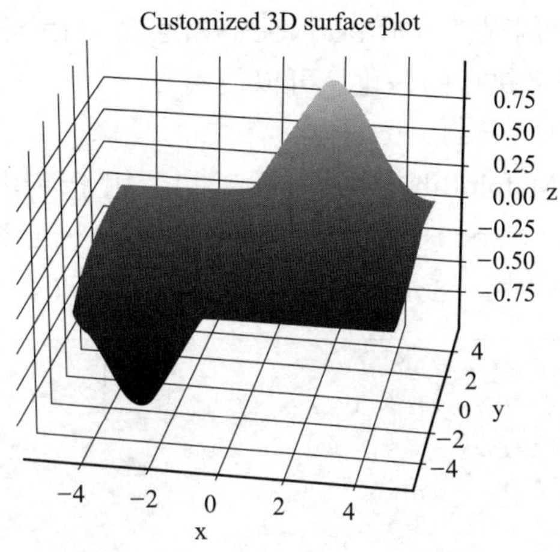

图 2.9　修改归一化和初始视角后的自定义三维曲面图

将图 2.6 与图 2.9 进行比较，我们可以看到，后者通常具有更深的色调，并且视角提供了函数达到最小值时所处“盆地”的更好的视图。有更深的色调是由于对颜色图数值应用了归一化，我们使用 vmin 和 vmax 关键字参数对其进行了修改。

2.7.3　原理解析

颜色映射的工作原理是根据比例分配 RGB 值，即**颜色图**。首先，将值进行归一化，使其介于 0 和 1 之间，这通常是通过将最小值取为 0、将最大值取为 1 的线性变换来实现的。然后，将适当的颜色应用于曲面图的每个面（在其他的图中可能是直线）。

在这个示例中，我们使用 vmin 和 vmax 关键字参数来人为地改变映射到 0 和 1 的值，以达到适应颜色图的目的。实际上，我们改变了应用于图形的颜色范围的端点。

Matplotlib 提供了一些内置的颜色图，只需要将颜色图的名称传递给 cmap 关键字参数即可应用。文档（https://matplotlib.org/tutorials/colors/colormaps.html）中给出了这些颜色图的列表，还提供了相应的反转变体，在所选颜色图名称后添加 _r 后缀就可以实现。

三维图的视角由两个角度描述：**方位角**和**俯仰角**。方位角是在参考平面（这里是指由 x-y 轴确定的平面）内测量的角度；俯仰角是相对参考平面的角度。Axes3D 的默认视角是：方位角为 −60° 和俯仰角为 30° 。在这个示例中，我们使用 plot_surface 的 azim 关键字参数将初始方位角更改为 −80° （几乎沿 y 轴负方向），并使用 elev 参数将初始俯仰角设置为 22° 。

2.7.4　更多内容

应用颜色图时的归一化步骤是由从 Normalize 类派生的对象执行的。Matplotlib

提供了许多标准的归一化例程，包括 LogNorm 和 PowerNorm。当然，你也可以创建自己的 Normalize 子类来执行归一化。可以使用 plot_surface 或其他绘图函数的 norm 关键字添加备选的 Normalize 子类。

对于更高级的用途，Matplotlib 提供了一个接口，用于使用光源创建自定义的阴影。该接口通过从 matplotlib.colors 包导入 LightSource 类，然后使用该类的实例根据 z 值对曲面元素产生阴影。这是使用 LightSource 对象的 shade 方法实现的：

```
from matplotlib.colors import LightSource
light_source = LightSource(0, 45) # angles of lightsource
cmap = plt.get_cmap("binary_r")
vals = light_source.shade(z, cmap)
surf = ax.plot_surface(x, y, z, facecolors=vals)
```

如果你想了解更多内容，可以在 Matplotlib 库中找到完整的示例。

除了视角之外，我们还可以改变用于将三维数据表示为二维图像的投影类型。默认情况下是透视投影，但我们也可以通过将 proj_type 关键字参数设置为“ortho”来使用正交投影。

2.8 用箭头图绘制向量场

向量场是一种在空间中为每个点分配向量的函数，即在空间上定义的向量值函数。这些在微分方程（方程组）的研究中尤其常见，向量场通常出现在方程的右侧（更详细的信息，请参阅第 3 章中的例子）。因此，通过可视化向量场，我们可以更好地理解函数在空间中的演变。现在，我们只需要使用箭头图（quiver plot）来绘制向量场。箭头图接受一组 x 和 y 坐标及一组 dx 和 dy 向量，并绘制一幅图，其中每个点上都有一个指向 (dx, dy) 方向的箭头，箭头的长度即该向量的长度（希望在实际创建图形时，这些箭头会更加清晰）。

2.8.1 准备工作

和往常一样，我们导入 Matplotlib 的 pyplot 接口，将其命名为别名 plt。在开始之前，我们需要定义一个函数，该函数接受一个点并生成一个向量。我们稍后将使用它来生成 dx 和 dy 数据，然后将其传递给绘图函数。

在这个示例中，我们将绘制以下向量场：

$$f(x,y)=(\exp(-2(x^2+y^2))(x+y),\exp(-2(x^2+y^2))(x-y))$$

在这个例子中，我们将在 $-1\leqslant x\leqslant 1$ 且 $-1\leqslant y\leqslant 1$ 的区域上绘制向量场。

2.8.2 实现方法

以下步骤展示了如何在指定的区域上可视化上述向量场。

1. 我们需要定义一个 Python 函数，用于在各个点计算向量场：

```
def f(x, y):
  v = x**2 +y**2
    return np.exp(-2*v)*(x+y), np.exp(
        -2*v)*(x-y)
```

2. 我们需要创建覆盖该区域的网格点。为此，我们首先创建一个值在 -1 和 1 之间的临时 `linspace` 例程。然后，我们使用 `meshgrid` 生成网格点：

```
t = np.linspace(-1., 1.)
x, y = np.meshgrid(t, t)
```

3. 使用我们定义的函数生成 `dx` 和 `dy` 值，这些值描述了每个网格点的向量：

```
dx, dy = f(x, y)
```

4. 现在，我们可以创建一个新图形和坐标轴，并使用 `quiver` 方法生成图形：

```
fig, ax = plt.subplots()
ax.quiver(x, y, dx, dy)
```

结果如图 2.10 所示。

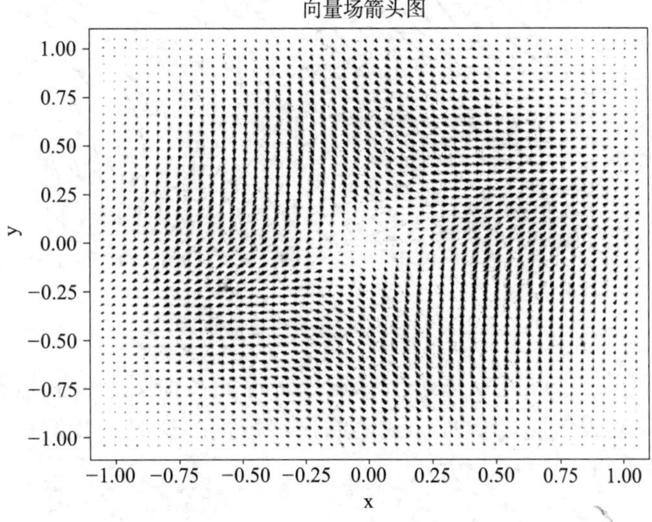

图 2.10　使用箭头图对向量场进行可视化

在图 2.10 中，我们可以看到 (dx, dy) 值表示为 (x, y) 坐标处的箭头。箭头的大小由向量场的幅度决定。在原点处，向量场的 (dx, dy) = (0,0)，因此原点附近的箭头非常小。

2.8.3　原理解析

在这个示例中我们使用了一个数学构造，而不是真实世界中可能出现的实际数据。对于这种特殊情况，箭头描述了某个量随我们指定的向量场流动的演化过程。

网格中的每个点都是箭头的基点。箭头的方向由相应的 (dx, dy) 值给定，而箭头的长度按长度进行归一化（因此，具有较小分量的向量 (dx, dy) 会产生较短的箭头）。这可以通过更改 `scale` 关键字参数进行自定义，图形的许多其他方面也可以自定义。

2.8.4　更多内容

如果要绘制沿着向量场运动的一组轨迹，可以使用 `streamplot` 方法。这将绘制从不同点开始的轨迹，以指示域的不同部分的总体流动。每条流线都有一个箭头表示流动的方向。例如，图 2.11 显示了本例中使用向量场的 `streamplot` 方法得到的结果。

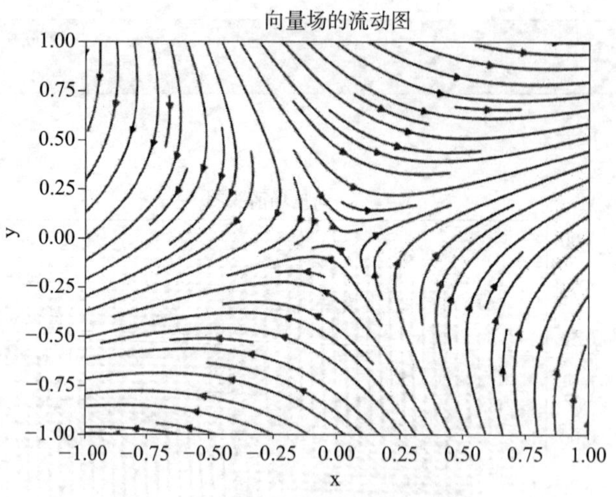

图 2.11　示例向量场描述的轨迹图

在另一种情况下，你可能在多个坐标点处（比如在地图上）有风速（或类似的量）的数据，并且希望以天气图的标准样式绘制这些数据。这时，我们可以使用 `barbs` 绘图方法，其参数类似于 `quiver` 方法。

2.9　拓展阅读

Matplotlib 包功能强大，我们在这么短的篇幅内难以完全展示其特性。相关文档中包含的细节要比这里提供的丰富很多。此外，还有大量的例子（https://matplotlib.org/gallery/index.html#），涵盖的 Matplotlib 包的功能比本书介绍的更多。

其他基于 Matplotlib 构建的软件包，为特定应用提供了高级绘图方法。例如，Seaborn 库提供了用于数据可视化的例程（https://seaborn.pydata.org/）。

CHAPTER 3

第3章

微积分和微分方程

在本章中，我们将讨论与微积分有关的各种主题。微积分是涉及微分和积分过程的一个数学分支。从几何学角度讲，函数的导数表示函数曲线的梯度，函数的积分表示函数曲线下方的面积。当然，这些特征只在某些情况下成立，但它们为本章提供了合理的基础。

我们将从一类简单函数的微积分开始：多项式。在第一个示例中，我们将创建一个表示多项式的类，并定义对多项式进行微分和积分的方法。多项式很方便，因为多项式的导数或积分也是多项式。然后，我们将使用 SymPy 包对更一般的函数进行符号微分和积分。之后，我们将研究使用 SciPy 包求解方程的方法。然后，我们将把注意力转向数值积分（Quadrature）和微分方程求解。我们将使用 SciPy 包求解**常微分方程**（ODEs）和常微分方程组，然后使用有限差分方法求解简单偏微分方程。最后，我们将使用**快速傅里叶变换**（FFT）来处理有噪声的信号并滤除噪声。

本章内容将帮助你解决涉及微积分的问题，例如计算微分方程的解，这些问题在描述物理世界时经常出现。我们在第 9 章中讨论优化问题时，还将深入讨论微积分。不少优化算法需要一些导数知识，包括**机器学习**（ML）中常用的反向传播算法。

本章将介绍以下主题：

- 使用多项式和微积分
- 使用 SymPy 进行符号微分和积分
- 求解方程
- 使用 SciPy 对函数进行数值积分
- 简单微分方程的数值求解
- 求解微分方程组

- 偏微分方程的数值求解
- 利用离散傅里叶变换进行信号处理
- 使用 JAX 实现自动微分和微积分
- 使用 JAX 求解微分方程

3.1　技术要求

除了科学 Python 软件包 NumPy 和 SciPy，我们还需要 SymPy、JAX 和 diffrax 包。可以使用你喜欢的软件包管理器（例如 pip）安装这些软件包：

```
python3.10 -m pip install sympy jaxlib jax sympy diffrax
```

安装 JAX 的方式有多种选择，更多详细信息请参阅官方文档：https://github.com/google/jax#installation。

本章的代码可在 GitHub 代码库的“Chapter 03”文件夹中找到，网址为 https://github.com/PacktPublishing/Applying-Math-with-Python-2nd-Edition/tree/main/Chapter%2003。

3.2　微积分入门

微积分是对函数及其变化方式的研究。微积分有两个主要过程：**微分**和**积分**。微分会将一个函数转换成一个新函数，即导数，它是每个点的最佳线性近似（你可能会看到导数被描述为函数的梯度）。积分通常被描述为反微分，事实上，对一个函数的积分进行微分操作会得到原函数，但考虑到曲线在轴上方或下方的位置，积分也是对函数图形与 x 轴之间面积的抽象描述。

抽象地说，函数 $y=f(x)$ 在点 a 上的导数被定义为量的极限（在此不做详细描述）：

$$\frac{f(a+h)-f(a)}{h}$$

这是因为，小数字 h 会变得越来越小。这个式子的含义是 y 的变化量除以 x 的变化量，这就是导数有时被写成如下形式的原因：

$$\frac{\mathrm{d}y}{\mathrm{d}x}$$

常见函数形式的微分规则有很多：例如，x^n 的导数是 nx^{n-1}；指数函数 e^x 的导数还是 e^x；$\sin(x)$ 的导数是 $\cos(x)$；$\cos(x)$ 的导数是 $-\sin(x)$。利用乘法法则、链式法则、

和的导数是导数的和这一事实，可以将这些基本构件结合起来，实现对更复杂函数的微分。

不定积分的形式与微分相反。在定积分形式中，函数 $f(x)$ 的积分是 $f(x)$ 的曲线与 x 轴之间的（有符号的）面积——注意，其结果是一个简单的数，而不是函数。$f(x)$ 的不定积分通常写成如下形式：

$$\int f(x)\mathrm{d}x$$

这里，该函数的导数为 $f(x)$。$f(x)$ 在 a 和 b 之间的定积分由下式给出：

$$\int_a^b f(x)\mathrm{d}x = F(b) - F(a)$$

这里，$F(x)$ 是 $f(x)$ 的不定积分。当然，我们可以使用近似曲线下面积和的极限来抽象地定义不定积分，然后用这个抽象量来定义不定积分（在此不详细讨论）。对于不定积分，最重要的是要记住**积分常数**。

我们可以快速推导出几个简单的不定积分（反微分）：x^n 的积分是 $\frac{x^{n+1}}{n+1}+C$（该式的微分可以得到 x^n）；e^x 的积分是 e^x+C；$\cos(x)$ 的积分是 $\sin(x)+C$；$\sin(x)$ 的积分是 $-\cos(x)+C$。在所有这些例子中，C 是积分常数。我们可以将这些简单的规则结合起来，使用分部积分或换元积分（以及许多更复杂的技术，在此就不一一列举了）来对更有趣的函数进行积分。

3.3 使用多项式和微积分

多项式是数学中最简单的函数之一，其定义为单项式的和：

$$p(x) = a_0 + a_1 x + \cdots + a_n x^n$$

这里，x 代表一个待替换的占位符（一个不定项），而 a_i 是一个系数。由于多项式非常简单，它是简要介绍微积分的绝佳工具。

在本节中，我们将定义一个简单的表示多项式的类，并为该类编写执行微分和积分的方法。

3.3.1 准备工作

本节不需要额外的软件包。

3.3.2　实现方法

以下步骤将介绍如何创建表示多项式的类，并为该类实现微分和积分方法。

1. 让我们先定义一个简单的类来表示多项式：

```
class Polynomial:
    """Basic polynomial class"""

    def __init__(self, coeffs):
        self.coeffs = coeffs

    def __repr__(self):
        return f"Polynomial({repr(self.coeffs)})"

    def __call__(self, x):
        return sum(coeff*x**i for i, coeff in enumerate( self.coeffs))
```

2. 既然我们已经定义了多项式的基本类，那么接下来就可以为这个 polynomial 类实现微分和积分运算，以说明这些运算是如何改变多项式的。我们从微分开始，将元素索引序号与当前系数列表（去除第一个元素）的每个元素相乘，生成新的系数。我们使用这个新的系数列表创建一个新的 polynomial 实例并返回：

```
def differentiate(self):
  """Differentiate the polynomial and return the derivative"""
    coeffs = [i*c for i, c in enumerate(
       self.coeffs[1:], start=1)]
    return Polynomial(coeffs)
```

3. 为了实现积分方法，我们需要创建一个新的系数列表，其中包含由参数给定的新常数（为保持一致，将其转换为浮点数）。然后，我们将旧系数除以它们在列表中的新位置，添加到这个系数列表中：

```
def integrate(self, constant=0):
  """Integrate the polynomial and return the integral"""
    coeffs = [float(constant)]
    coeffs += [c/i for i, c in enumerate(
       self.coeffs, start=1)]
    return Polynomial(coeffs)
```

4. 最后，为了确保这些方法能按预期工作，我们用一个简单的案例来测试这两种方法。我们可以用一个非常简单的多项式来检验，比如 x^2-2x+1：

```
p = Polynomial([1, -2, 1])
p.differentiate()
# Polynomial([-2, 2])
p.integrate(constant=1)
# Polynomial([1.0, 1.0, -1.0, 0.3333333333])
```

这里的导数系数为 −2 和 2，对应于多项式 $-2x+2x^2$，这实际上是 x^2-2x+1 的导数。同样，积分的系数对应于多项式$\frac{x^3}{3}-x^2+x+1$，这也是正确的（积分常数 C=1）。

3.3.3　原理解析

多项式为微积分的基本运算提供了简单介绍，但为其他一般函数构建 Python 类却不那么容易。尽管如此，多项式还是非常有用的，因为它们很好理解，更重要的是多项式的微积分非常简单。对于变量 x 的幂，微分的规则是乘以幂，然后将幂函数的指数减 1，这样x^n就变成了nx^{n-1}，所以多项式微分的规则是简单地将每个系数乘以它的位置（即幂次），并去除第一个系数。

积分更为复杂，因为函数的积分并不是唯一的。我们可以在积分中加入任意常数，得到第二个积分。对于变量 x 的幂，积分规则是将幂指数增加 1，然后除以新的幂，这样x^n就变成了$\frac{x^{n+1}}{n+1}$。因此，要对多项式进行积分，我们需要将每个幂次加 1，并将相应的系数除以新的幂次。因此，我们的规则是首先插入新的积分常数作为第一个元素，然后将现有的每个系数除以它在列表中的新位置。

我们在这个示例中定义的 `Polynomial` 类相对简单，但代表了核心思想。一个多项式可以由其系数唯一确定，我们可以将这些系数存储为数值列表，对这个系数列表进行微分和积分运算。我们提供了一个简单的 `_repr_` 方法来帮助显示 `Polynomial` 对象，并提供了调用方法 `_call_`，以方便对特定数值进行求值，这里主要演示了多项式的求值方式。

多项式对于解决某些涉及高计算成本的函数求值问题非常有用。对于这类问题，我们有时可以使用某种形式的多项式插值，将多项式拟合到另一个函数上，然后利用多项式的性质来帮助解决原始问题。多项式计算的成本远低于原始函数，因此这可以显著提高计算速度。通常情况下，这是以牺牲一定的精度为代价的。例如，辛普森法则用二次多项近似函数曲线，通过三个连续点所在区间上的曲线下面积近似原函数的定积分。每个二次多项式的曲线下面积都能通过积分很容易地计算出来。

3.3.4 更多内容

多项式在计算程序设计中的作用远不止演示微分和积分的效果这么简单。因此，NumPy 包中提供了一个更丰富的 `Polynomial` 类 `numpy.polynomial`。NumPy 的 `Polynomial` 类和各种派生子类在各种数值问题中都很有用，并支持算术运算和其他方法。特别地，有很多方法可以将多项式拟合到数据集合上。

NumPy 还提供从 `Polynomial` 派生的类，用于表示各种特殊类型的多项式。例如，`Legendre` 类表示一种称为勒让德多项式的特定多项式系统。`Legendre` 多项式定义为满足 $-1 \leqslant x \leqslant 1$ 并形成正交的系统，这对于数值积分和求解偏微分方程的**有限元法**等应用非常重要。`Legendre` 多项式是利用递归关系定义的，其定义如下：

$$P_0(x) = 1 \text{ 和 } P_1(x) = x$$

此外，对于$n \geqslant 2$，我们定义 n 阶勒让德（Legendre）多项式满足以下递推关系：

$$nP_n(x) = (2n-1)xP_{n-1}(x) - (n-1)P_{n-2}(x)$$

还有其他几种所谓的正交（系统）多项式，包括拉盖尔（Laguerre）多项式、切比雪夫（Chebyshev）多项式和埃尔米特（Hermite）多项式。

3.3.5 另请参阅

微积分在数学课本中肯定有很好的论述，有许多教科书涵盖了从基本方法到深层理论的所有内容。多项式正交系统在数值分析课本中也有大量记载。

3.4 使用 SymPy 进行符号微分和积分

有时，你可能需要对一个不是简单多项式的函数进行微分，而且可能需要以某种自动化的方式来完成。例如，你需要编写教育软件。Python 科学栈包含一个名为 SymPy 的软件包，它允许我们在 Python 中创建和操作符号数学表达式。特别是，SymPy 可以像数学家一样对符号函数进行微分和积分。

在本节中，我们将创建一个符号函数，然后使用 SymPy 库对该函数进行微分和积分。

3.4.1 准备工作

与其他一些科学 Python 软件包不同，文献中似乎没有导入 SymPy 的标准别名。相反，文档在多处使用了星号导入，这与 PEP8 风格指南不一致。这可能是为了让数学表达式更自然。为了避免与 scipy 软件包的标准缩写 sp（这也是 sympy 的自然选择）相混淆，我们将简单地以其全称 sympy 导入模块：

```
import sympy
```

在本例中，我们将定义一个表示以下函数的符号表达式：

$$f(x) = \left(x^2 - 2x\right)\mathrm{e}^{3-x}$$

然后，我们看看如何对该函数进行符号微分和积分。

3.4.2　实现方法

使用 SymPy 软件包进行符号微分和积分（就像手工计算一样）非常简单。请按照以下步骤操作。

1. 导入 SymPy 后，我们将定义出现在表达式中的符号。该符号是一个 Python 对象，它没有特定的值，就像数学变量一样，但可以在公式和表达式中使用，同时表示许多不同的值。在本方法中，我们只需要为 x 定义一个符号，因为除此之外我们只需要常量符号和函数。我们使用 sympy 中的 symbols 例程来定义新符号。为了保持符号的简洁性，我们将这个新符号命名为 x：

```
x = sympy.symbols('x')
```

2. 使用 symbols 函数定义的符号支持所有算术运算，因此我们可以直接使用刚刚定义的符号 x 构建表达式：

```
f = (x**2 - 2*x)*sympy.exp(3 - x)
```

3. 现在，我们可以使用 SymPy 的符号微积分功能来计算 f 的导数，也就是对 f 进行微分。我们可以使用 SymPy 中的 diff 例程来实现这一点，该例程能实现符号表达式关于指定符号的微分，并返回一个导数表达式。这个导数表达式通常不是以最简单的形式表示的，因此我们使用 sympy.simplify 例程来简化结果：

```
fp = sympy.simplify(sympy.diff(f))
print(fp)   #   (-x**2 + 4*x - 2)*exp(3 - x)
```

4. 通过与使用乘法法则手工计算出的导数相比较，我们可以检查使用 SymPy 进行符号微分的结果是否正确，该导数定义的 SymPy 表达式如下所示：

```
fp2 = (2*x - 2)*sympy.exp(3 - x) - (
    x**2 - 2*x)*sympy.exp(3 - x)
```

5. SymPy 的相等性测试能够验证两个表达式是否相等，而不是测试它们在符号上是否等价。因此，首先简化要测试的两个表达式的差值，并测试该差值是否为 0：

```
print(sympy.simplify(fp2  -  fp) == 0)  # True
```

6. 我们可以使用 SymPy 的 integrate 函数对导数 fp 进行积分，并检查积分结果是否等于 f。同时，提供要进行积分的符号作为第二个可选参数也是一个好主意：

```
F = sympy.integrate(fp, x)
print(F) # (x**2 - 2*x)*exp(3 - x)
```

正如我们所见，对导数 fp 进行积分的结果就是原始函数 f（尽管从技术上来说，缺少了积分常数 C）。

3.4.3　原理解析

SymPy 定义了各种类来表示特定类型的表达式。例如，由 Symbol 类表示的符号就是原子表达式的例子。表达式的构建方式与 Python 从源代码中构建抽象语法树的方式类似。然后可以使用方法和标准算术运算来操作这些表达式对象。

SymPy 还定义了标准数学函数，可以对 Symbol 对象进行操作以创建符号表达式。SymPy 最重要的功能是能够执行符号微积分，而不是本章余下部分将探讨的数值微积分，并给出微积分问题的精确解（有时称为解析）。

SymPy 包中的 diff 例程会对这些符号表达式进行微分。该例程的结果通常不是最简形式，因此我们在例子中使用了 simplify 例程来简化导数。integrate 例程是将 scipy 表达式对给定符号进行符号积分。（diff 例程也接受一个符号参数，用于指定微分的符号变量）。这将返回一个表达式，其导数就是原始表达式。此例程不会添加积分常数，这是手工积分时的良好做法。

3.4.4　更多内容

SymPy 能做的远不止简单的代数和微积分。它包含数学各个领域的子模块，如数论、几何和其他离散数学（如组合学）。

SymPy 表达式（函数）可以构建到 Python 函数中，并应用于 NumPy 数组，这是通过 sympy.utilities 模块中的 lambdify 例程实现的。它会将 SymPy 表达式转换为数值表达式，并使用 SymPy 标准函数的 NumPy 等价函数对表达式进行数值计算。

其结果类似于定义一个 Python Lambda 匿名函数，它因此得名。例如，我们可以使用 lambdify 例程将此例中的函数和导数转换为 Python 函数：

```
from sympy.utilities import lambdify
lam_f = lambdify(x, f)
lam_fp = lambdify(x, fp)
```

lambdify 例程需要两个参数。第一个是要提供的变量，即前面代码块中的 x，第二个是调用此函数时要求值的表达式。例如，我们可以将先前定义的经过 lambdify 处理的 SymPy 表达式当作普通 Python 函数来求值：

```
lam_f(4) # 2.9430355293715387
lam_fp(7) # -0.4212596944408861
```

我们甚至可以在 NumPy 数组上计算这些经过 lambdify 处理的表达式（像往常一样，将 NumPy 导入为 np）：

```
lam_f(np.array([0, 1, 2])) # array([ 0. , -7.3890561, 0. ])
```

注意

lambdify 例程使用 Python 的 exec 例程来执行代码，因此不应与未经过初始化的输入一起使用。

3.5 求解方程

许多数学问题最终都会归结为求解形式为 $f(x)=0$ 的方程，其中 f 是单变量函数。在这里，我们试图找到一个使方程成立的 x 值。使方程成立的 x 值有时称为方程的根。有许多算法可以找到这种形式的方程的解。在本例中，我们将使用牛顿法和割线法（secant method）求解形为 $f(x)=0$ 的方程。

牛顿法和割线法是很好的标准求根算法，几乎适用于任何情况。它们都是迭代法，从根的近似值开始，迭代改进该近似值，直到它落在给定的容差范围内。

为了演示这些技术，我们将使用 SymPy 中的符号微分和积分函数，该函数由以下公式定义：

$$f(x)=(x^2-2x)\exp(3-x)$$

这个定义适用于 x 的所有实数值，并且正好有两个根，一个在 $x=0$ 处，另一个在 $x=2$ 处。

3.5.1 准备工作

SciPy 软件包中含有求解方程的例程以及许多具有其他功能的例程。求根例程可以在 SciPy 包的 optimize 模块中找到。像往常一样，我们将 NumPy 导入为 np。

3.5.2 实现方法

optimize 软件包提供了用于数值求根的例程。以下说明介绍了如何使用该模块中的 newton 例程：

1. optimize 模块未在 scipy 命名空间中列出，因此必须单独导入：

```
from scipy import optimize
```

2. 然后，我们必须在 Python 中定义这个函数及其导数：

```
from math import exp
def f(x):
    return x*(x - 2)*exp(3 - x)
```

3. 该函数的导数在前面的例子中已经计算过了：

```
def fp(x):
    return -(x**2 - 4*x + 2)*exp(3 - x)
```

4. 对于牛顿法和割线法，我们都使用 optimize 中的 newton 例程。牛顿法和割线法都要求将函数作为第一个参数，将初始近似值 x0 作为第二个参数。要使用牛顿法，我们必须使用 fprime 关键字参数提供 f 的导数：

```
optimize.newton(f, 1, fprime=fp) # Using the Newton- Raphson method
# 2.0
```

5. 要使用割线法，只需要提供函数作为参数，但必须提供根的前两个近似值，第二个近似值用 x1 关键字参数来提供：

```
optimize.newton(f, 1., x1=1.5) # Using x1 = 1.5 and the secant method
# 1.9999999999999862
```

注意

无论是牛顿法还是割线法，都不能保证收敛到真正的根。该方法的迭代完全可能只是在多个点上循环（周期性地）或剧烈波动（混沌）。

3.5.3 原理解析

具有导数 $f'(x)$ 和初始近似值 x_0 的函数 $f(x)$，使用牛顿法迭代求根的公式定义如下：

$$x_{i+1}=x_i-\frac{f\left(x_i\right)}{f'\left(x_i\right)}$$

对于每个大于 0 的整数 i，从几何角度看，如果 $f(x_i)>0$，则梯度方向为负（因此，函数是递减的）；如果 $f(x_i)<0$，则梯度方向为正（因此，函数是递增的），从而得出这个公式。

割线法以牛顿法为基础，但用以下近似值代替了一阶导数：

$$f'\left(x_i\right)\approx\frac{f\left(x_i\right)-f\left(x_{i-1}\right)}{x_i-x_{i-1}}$$

当 x_i-x_{i-1} 足够小的时候，如果方法收敛，这就是一个很好的近似值。不需要函数 f 的导数的代价是，我们需要额外的初始猜测值来启动该方法。该方法的公式如下：

$$x_{i+1}=x_i-f\left(x_i\right)\frac{x_i-x_{i-1}}{f\left(x_i\right)-f\left(x_{i-1}\right)}$$

一般来说，如果给定的初始猜测值和根足够接近，那么这两种方法都会收敛到该根。如果在一次迭代中导数为零，牛顿法也会失效，在这种情况下，公式的定义并不完善。

3.5.4 更多内容

本例中提到的方法是通用方法，但在某些情况下，其他方法可能会更快或更准确。广义上讲，求根算法可分为两类：一类是在每次迭代时使用函数梯度信息的算法（如牛顿法、割线法、Halley 迭代法），另一类是需要对根的位置进行约束的算法（如二分法、Regula-Falsi 法、Brent 法）。到目前为止，我们讨论的算法都属于第一类，虽然通常它们的速度相当快，但可能无法收敛。

第二类算法是已知根存在于指定区间$a \leqslant x \leqslant b$的算法。我们可以通过检查$f(a)$和$f(b)$是否有不同的符号来确定根是否在这样的区间内，即$f(a) < 0 < f(b)$或$f(b) < 0 < f(a)$中的一个为真（当然，前提是函数是连续的，实际中的函数往往是如此连续的）。这类算法中最基本的是二分法，即反复对区间进行平分，直到找到足够好的根近似值为止。其基本前提是在 a 和 b 之间的中点处分割区间，并选择函数符号发生变化的区间。该算法不断重复，直到区间非常小为止。以下是该算法在 Python 中的基本实现：

```
from math import copysign
def bisect(f, a, b, tol=1e-5):
    """Bisection method for root finding"""
    fa, fb = f(a), f(b)
    assert not copysign(fa, fb) == fa, "Function must change signs"
    while (b - a) > tol:
        m = (a + b)/2 # mid point of the interval
        fm = f(m)
        if fm == 0:
            return m
        if copysign(fm, fa) == fm: # fa and fm have the same sign
            a = m
            fa = fm
        else: # fb and fm have the same sign
            b = m
    return a
```

这种方法会保证收敛，因为每走一步，$b-a$ 的长度就减半。不过，与牛顿法或割线法相比，该方法可能需要更多次的迭代。在 `optimize` 模块中也可以找到二分法的对应版本。这个版本是用 C 语言实现的，比这里介绍的版本效率高得多，但在大多数情况下，二分法并不是最快的方法。

Brent 法是对二分法的改进，在 `optimize` 模块中以 `brentq` 的形式提供。它结合使用了二分法和插值法，可以快速找到方程的根：

```
optimize.brentq(f, 1.0, 3.0) # 1.9999999999998792
```

值得注意的是，涉及区间界定的技术（bisection、regula-falsi、Brent）不能用于复变函数求解，而不使用区间界定的方法（牛顿法、割线法、Halley 法）则可以用于这样的函数求解。

最后，有些方程的形式不完全是$f(x)=0$，但仍可使用这些技巧求解。这是通过重新排列方程，使其具有所需的形式来完成的（如果有必要，重新命名函数）。这通常并不困难，只需将等式右边的项移到左边即可。例如，如果你想找到一个函数的不动点，

即 $g(x)=x$，那么我们就可以将此方法应用于相关函数，即 $f(x)=g(x)-x$。

3.6　使用 SciPy 对函数进行数值积分

积分可以解释为曲线与 x 轴之间的面积，根据该区域是在 x 轴的上方还是下方来确定结果的符号。有些积分无法用符号方法直接计算，而必须用数值方法近似计算。一个典型的例子就是高斯误差函数，这在第 1 章 1.3 节中提到过。其定义公式如下：

$$\mathrm{erf}(x)=\frac{2}{\sqrt{\pi}}\int_0^x \mathrm{e}^{-t^2}\mathrm{d}t$$

此外，这里出现的积分不能用符号方法进行计算。

在本节中，我们将了解如何使用 SciPy 软件包中的数值积分例程计算函数积分。

3.6.1　准备工作

我们使用 `scipy.integrate` 模块，该模块包含多个用于计算数值积分的例程。我们还将以 `np` 的形式导入 NumPy 库。我们导入该模块的方式如下：

```
from scipy import integrate
```

3.6.2　实现方法

以下步骤描述了如何使用 SciPy 对函数进行数值积分：

1. 我们需要计算 $x=1$ 时误差函数的积分。为此，我们需要在 Python 中定义被积函数（积分中出现的函数）：

```
def erf_integrand(t):
    return np.exp(-t**2)
```

在 `scipy.integrate` 中，有两个主要例程可用于执行数值积分（quadrature）。第一个是 `quad` 函数，使用 QUADPACK 执行积分，第二个是 `quadrature` 方法。

2. `quad` 例程是一种通用的积分工具。它需要三个参数，即待积分的函数（`erf_integrand`）、下限（`-1.0`）和上限（`1.0`）：

```
val_quad, err_quad = integrate.quad(erf_integrand, -1.0, 1.0)
# (1.493648265624854, 1.6582826951881447e-14)
```

第一个返回值是积分值，第二个是误差估计值。

3. 使用 quadrature 例程进行同样的积分计算，参数与 quad 例程的参数相同。我们会得到以下结果：

```
val_quadr, err_quadr =
    integrate.quadrature(
        erf_integrand, -1.0, 1.0)
# (1.4936482656450039, 7.459897144457273e-10)
```

输出的格式与代码相同，先是积分值，然后是误差估计值。请注意，quadrature 例程的误差要大一些。这是由于一旦估计误差低于给定的容差，方法就会终止，而这个容差可以在调用例程时被修改。

3.6.3　原理解析

大多数数值积分技术都遵循相同的基本程序。首先，我们在积分区域内选择点 x_i，$i=1,2,\cdots,n$，然后使用这些值和$f(x_i)$的值来近似积分。例如，利用梯形法则，我们用下面的公式来近似积分：

$$\int_a^b f(x)\mathrm{d}x \approx \frac{h}{2}\left(f(a)+f(b)+2\sum_{j=1}^{n-1}f(x_i)\right)$$

这里，$a<x_1<x_2<\cdots<x_{n-1}<b$，而 h 是相邻的 x_i 值之间的差值（这里 h 相同），包括端点 a 和 b。这可以用 Python 实现如下：

```
def trapezium(func, a, b, n_steps):
    """Estimate an integral using the trapezium rule"""
    h = (b - a) / n_steps
    x_vals = np.arange(a + h, b, h)
    y_vals = func(x_vals)
    return 0.5*h*(func(a) + func(b) + 2.*np.sum(y_vals))
```

quad 和 quadrature 使用的算法要比这复杂得多。使用该函数近似计算 erf_integrand 的积分，使用具有 500 个步长的梯形方法，结果为 1.4936463036001209，这与 quad 和 quadrature 例程的近似值一致，结果精确到小数点后 5 位。

quadrature 例程使用的是固定容差的高斯积分法，而 quad 例程使用的是 Fortran 库 QUADPACK 实现的自适应算法。对这两个例程进行计时，我们发现对于本例描述的问题，quad 例程比 quadrature 例程快约 5 倍。quad 例程的平均执行时间约为 27μs，平均执行次数超过 100 万次；而 quadrature 例程的平均执行时间约为 134μs（根据你的系统不同，你的结果可能会有所不同）。一般来说，你应该使用 quad 例程，因为它既快又准，除非你确实需要使用 quadrature 例程实现高斯积分。

3.6.4 更多内容

本节提到的例程要求已知被积函数，但情况并非总是如此。相反，可能的情况是，我们知道 $y=f(x)$ 的若干对 (x,y) 值，但不知道具体的函数 f 来求其他点的值。在这种情况下，我们可以使用 scipy.integrate 中的一种采样正交技术。如果已知点的数量非常多，并且所有点的间距相等，我们可以使用龙贝格（Romberg）积分法对积分进行近似。为此，我们使用 romb 例程。否则，我们可以利用 trapz 例程使用梯形法则的变体（如前所述），或利用 simps 例程使用辛普森法则求积。

3.7 简单微分方程的数值求解

微分方程出现在某个量根据给定关系变化的情况下，通常是随着时间的推移而变化。微分方程在工程学和物理学中极为常见，而且出现得非常自然。一个简单而又经典的微分方程的例子是牛顿提出的冷却定律。一个物体温度的冷却速度与当前温度成正比。从数学上讲，这意味着我们可以使用以下微分方程写出物体在$t>0$时的温度 T 的导数：

$$\frac{\mathrm{d}T}{\mathrm{d}t}=-kT$$

k 是一个正常数，决定了冷却速率。这个微分方程可以解析求解，首先分离变量，然后进行变量积分和重新排列。执行这些步骤后，我们就得到了一般解：

$$T(t)=T_0\mathrm{e}^{-kt}$$

T_0 是初始温度。

在本节中，我们将使用 SciPy 的 solve_ivp 例程进行简单的常微分方程（ODE）数值求解。

3.7.1 准备工作

我们将使用冷却方程来演示用 Python 数值求解微分方程的技术，因为在这种情况下我们可以计算出真正的解。我们取初始温度 $T_0=50$，假设 $k=0.2$。我们还可以为 0 和 5 之间的 t 值找到解。

为此，我们需要将 NumPy 库导入为 np，将 Matplotlib 的 pyplot 接口导入为 plt，从 SciPy 导入 integrate 模块：

```
from scipy import integrate
```

普通的一阶微分方程具有以下形式：

$$\frac{\mathrm{d}y}{\mathrm{d}t} = f(t,y)$$

这里，f 是自变量 t 和因变量 y 的某个函数。在冷却定律的公式中，T 是因变量，$f(t,T) = -kT$。SciPy 软件包中的微分方程求解例程需要如下参数：函数 f、初始值 y_0 以及用于求解的 t 值的范围。开始时，我们需要在 Python 中定义函数 f，并创建变量 y_0 和 t 值范围，以便将它们提供给 SciPy 例程：

```
def f(t, y):
    return -0.2*y
t_range = (0, 5)
```

接下来，我们需要定义初始条件，并据此求解。出于技术原因，y 的初始值必须指定为一维 NumPy 数组：

```
T0 = np.array([50.])
```

在本例中，由于我们已经知道了真正的解，因此我们也可以在 Python 中定义它，以便与我们将要计算的数值解进行比较：

```
def true_solution(t):
    return 50.*np.exp(-0.2*t)
```

让我们看看如何使用 SciPy 求解这个初始值问题。

3.7.2　实现方法

按照以下步骤对微分方程进行数值求解，并将解和误差一起绘制出来：

1. 我们使用 SciPy 中 `integrate` 模块的 `solve_ivp` 例程对微分方程进行数值求解。我们为最大步长添加了一个值为 `0.1` 的参数，以便在合理数量的点上计算求解：

```
sol = integrate.solve_ivp(f, t_range, T0, max_step=0.1)
```

2. 接下来，我们从 `solve_ivp` 方法返回的 `sol` 对象中提取解的值：

```
t_vals = sol.t
T_vals = sol.y[0, :]
```

3. 接下来，我们在一组轴域上绘制解，如下所示。由于我们还要在同一张图上绘制近似误差，因此使用 subplots 例程创建两个子图：

```
fig, (ax1, ax2) = plt.subplots(1, 2, tight_layout=True)
ax1.plot(t_vals, T_valsm "k")
ax1.set_xlabel("$t$")
ax1.set_ylabel("$T$")
ax1.set_title("Solution of the cooling equation")
```

这将在图 3.1 左侧显示的轴域上绘制解。

4. 为此，我们需要计算从 solve_ivp 例程中获得的各点的真实解，然后计算真实解和近似解之间差值的绝对值：

```
err = np.abs(T_vals - true_solution(t_vals))
```

5. 最后，在图 3.1 的右侧轴域，我们将在 y 轴上用对数刻度绘制近似值的误差。然后，我们可以使用 semilogy 绘图命令进行绘制，正如我们在第 2 章中所看到的：

```
ax2.semilogy(t_vals, err, "k")
ax2.set_xlabel("$t$")
ax2.set_ylabel("Error")
ax2.set_title("Error in approximation")
```

图 3.1 的左图显示温度随时间的推移而降低，而右图显示，距离初始条件给出的已知值越远，误差越大。

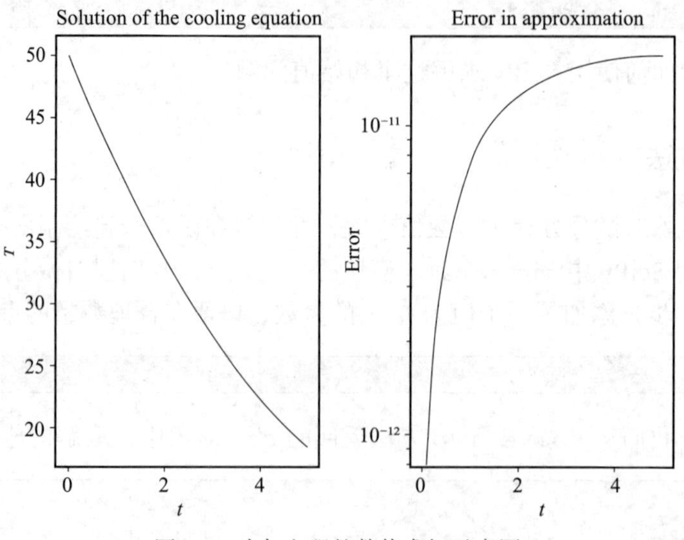

图 3.1　冷却方程的数值求解示意图

请注意，右侧图中的 y 轴是对数刻度，虽然增长率看起来相当显著，但所涉及的数值却非常小（约为 10^{-10} 量级）。

3.7.3　原理解析

大多数求解微分方程的方法都是时间步长法。通过取较小的步长产生一系列(t_i, y_i)对，来近似函数 y 的值。欧拉法也许最能说明这一点，它是最基本的时间步长法。固定一个较小的步长$h > 0$，我们在第 i 步使用以下公式得到近似值：

$$y_i = y_{i-1} + hf(t_{i-1}, y_{i-1})$$

我们从已知的初始值 y_0 开始。我们可以很容易地编写一个 Python 例程来执行欧拉方法，如下所示（当然，有许多不同的方法来实现欧拉方法，这只是一个非常简单的例子）。

首先，通过创建一些列表来启动欧拉方法，这些列表将用来存储 t 的值和要返回的 y 值：

```
def euler(func, t_range, y0, step_size):
    """Solve a differential equation using Euler's method"""
    t = [t_range[0]]
    y = [y0]
    i = 0
```

欧拉方法会一直持续到 t 范围的末尾。在这里，我们使用 `while` 循环来实现这一目的。循环的主体非常简单：我们首先递增计数器 `i`，然后将新的 t 值和 y 值追加到各自的列表中：

```
while t[i] < t_range[1]:
    i += 1
    t.append(t[i-1] + step_size) # step t
    y.append(y[i-1] + step_size*func(
        t[i-1], y[i-1])) # step y
return t, y
```

`solve_ivp` 例程默认使用**龙格 - 库塔 - 费尔贝格法**（Runge-Kutta-Fehlberg method, RKF45 方法），该方法能够调整步长以确保近似误差保持在给定的容差范围内。此例程需要三个位置参数：函数 f、在其上求解的 t 的范围以及初始 y 值（本例中为 T_0）。可选参数可用于更改求解器、要计算的点数和其他一些设置。

传递给 `solve_ivp` 例程的函数必须有两个参数，像 3.7.1 节所述的一般微分方程一样。函数可以有额外的参数，这些参数可以使用 `solve_ivp` 例程的 `args` 关键字提供，但必须位于两个必要参数之后。将我们之前定义的 `euler` 例程与 `solve_ivp` 例程（二者最大的步长均为 0.1）进行比较，我们发现 `solve_ivp` 解法的最大真实误差约为 10^{-11}，而 `euler` 解法的误差却为 0.19。`euler` 例程是有效的，但步长太大，无法克服累积误差。为便于比较，图 3.2 是采用欧拉法得出的解和误差图。将图 3.2 与图 3.1 进行比较，请注意误差图上的刻度大不相同。

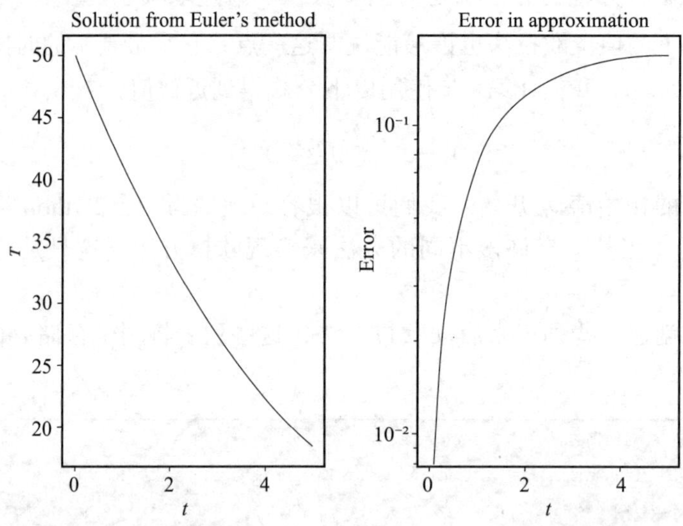

图 3.2　采用欧拉法（步长为 0.1）得到的解和误差图

`solve_ivp` 例程返回一个解对象，其中存储了计算出的解的相关信息。其中最重要的是 `t` 和 `y` 的属性，它们包含用来求解的 t 值以及解 y 本身。我们使用这些值绘制计算出的解。y 值存储在形状为 `(n,N)` 的 NumPy 数组中，其中 `n` 是方程的分量数（此处为 1），`N` 是计算的点数。`sol` 中的 y 值存储在一个二维数组中，本例中该数组只有一行和多列。我们使用切片 `y[0,:]` 将第一行提取为一维数组，用于绘制步骤 4 中的解。

我们使用对数缩放的 y 轴来绘制误差图，因为我们感兴趣的是误差的数量级。如果将其绘制在未缩放的 y 轴上，则会得到一条与 x 轴非常接近的线，这无法清楚地显示误差随着 t 值的增大而增大的情况。

3.7.4　更多内容

`solve_ivp` 例程是许多微分方程求解器的便捷接口，默认使用的是 RKF45 方法。不同的求解器有不同的优势，但 RKF45 方法是一个很好的通用求解器。

3.7.5　另请参阅

有关如何在 Matplotlib 中为图形添加子图的更详细的说明，请参阅本书第 2 章 2.3 节。

3.8　求解微分方程组

微分方程有时会出现在由两个或多个相互关联的微分方程组成的微分方程组中。一个典型的例子是竞争物种种群的简单模型。这是一个简单的竞争物种模型（猎物标记为 P，捕食者标记为 W），该模型由以下方程给出：

$$\frac{dP}{dt} = 5P - 0.1WP$$

第一个方程描述了猎物 P 的增长情况，在没有任何捕食者的情况下，猎物将呈指数增长。第二个方程描述了捕食者 W 的增长情况，在没有任何猎物的情况下，捕食者将呈指数衰减。当然，这两个等式是耦合的：每个种群的变化都取决于这两个种群。捕食者消耗猎物的速度与两个种群数量的乘积成正比，而捕食者的增长速度与猎物的相对丰度（同样是两个种群数量的乘积）成正比。

在本节中，我们将分析一个简单的微分方程组，并使用 SciPy 的 `integrate` 模块来获得近似解。

3.8.1　准备工作

使用 Python 求解微分方程组的工具与求解单个方程的工具相同。我们再次使用 SciPy `integrate` 模块中的 `solve_ivp` 例程。不过，这只能给我们一个在给定起始种群数量的情况下随时间演变的预测结果。因此，我们还将使用 Matplotlib 中的一些绘图工具来更好地理解这个演化过程。像往常一样，NumPy 库以 `np` 的形式导入，Matplotlib 的 `pyplot` 接口以 `plt` 的形式导入。

3.8.2　实现方法

下面的步骤将指导我们如何分析一个简单的微分方程组：

1. 我们的首要任务是定义一个函数来保存方程组。与单个方程一样，该函数需要接受两个参数，但因变量 y（使用与 3.7 节中同样的符号表示）现在将是一个数组，其元素个数与方程个数相同，本例中只有两个元素。本例方程组所需的函数定义如下：

```
def predator_prey_system(t, y):
    return np.array([5*y[0] - 0.1*y[0]*y[1],
        0.1*y[1]*y[0] - 6*y[1]])
```

2. 现在我们已经在 Python 中定义了方程组，我们可以使用 Matplotlib 中的 `quiver` 例程来生成图形，描述在有众多起始种群的情况下，种群是如何根据方程演化的。我们首先在网格上设置点，以便我们绘制这种演化图。我们最好选择相对较少的点来绘制 quiver 例程，否则就很难在图中看到细节。在本例中，我们绘制了 0 到 100 之间的种群值：

```
p = np.linspace(0, 100, 25)
w = np.linspace(0, 100, 25)
P, W = np.meshgrid(p, w)
```

3. 现在，我们计算系统在每一对点上的值。请注意，方程组中的两个方程都不依赖于时间（它们是独立的），时间变量 t 在计算中并不重要。我们提供的 t 参数值为 0：

```
dp, dw = predator_prey_system(0, np.array([P, W]))
```

4. 如果我们从网格中的每个点开始，dp 和 dw 变量现在分别表示 P 和 W 的种群演化方向。我们可以使用 matplotlib.pyplot 中的 quiver 例程将这些方向绘制在一起：

```
fig, ax = plt.subplots()
ax.quiver(P, W, dp, dw)
ax.set_title("Population dynamics for two competing species")
ax.set_xlabel("P")
ax.set_ylabel("W")
```

执行这些命令的结果如图 3.3 所示，它提供了方程解变化的全局图。

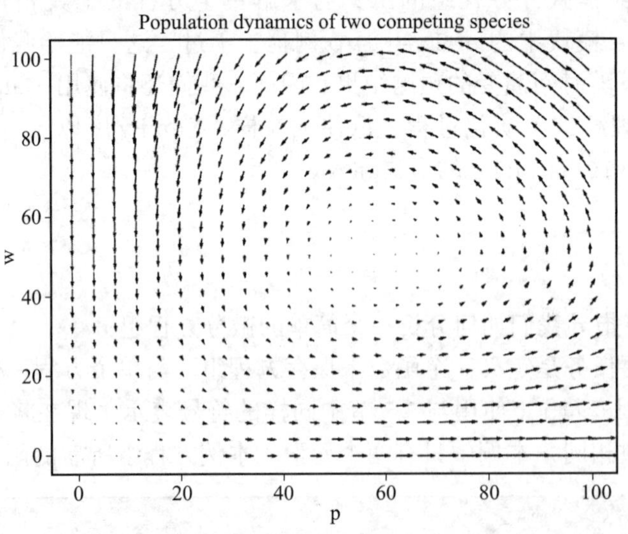

图 3.3　两个竞争物种种群动态的箭头图

为了更具体地理解求解过程，我们需要一些初始条件，这样才能使用前面例子中描述的 solve_ivp 例程。

5. 由于我们有两个方程，因此初始条件将有两个值。（回想一下在 3.7 节中，我们看到提供给 solve_ivp 例程的初始条件必须是 NumPy 数组）。让我们考虑将初始值定为$P(0)=85$和$W(0)=40$。我们在 NumPy 数组中定义这些值，并注意将它们按照正确的顺序排列：

```
initial_conditions = np.array([85, 40])
```

6. 现在，我们可以使用 scipy.integrate 模块中的 solve_ivp 例程。我们需要提供 max_step 关键字参数，以确保解中有足够多的点，从而能够得到平滑的解曲线：

```
from scipy import integrate
t_range = (0.0, 5.0)
sol = integrate.solve_ivp(predator_prey_system,
                          t_range,
                          initial_conditions,
                          max_step=0.01)
```

7. 让我们在现有图形上绘制这个解，以显示这一特定解与我们已经绘制的箭头图之间的关系。同时，我们还绘制了初始条件：

```
ax.plot(initial_conditions[0],
    initial_conditions[1], "ko")
ax.plot(sol.y[0, :], sol.y[1, :], "k", linewidth=0.5)
```

结果如图 3.4 所示。

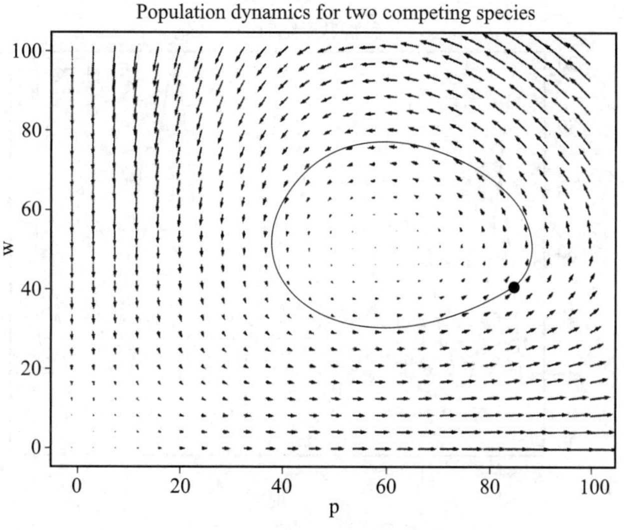

图 3.4　在箭头图上绘制的总体行为的解的轨迹

我们可以看到，绘制的轨迹是一个闭环，这意味着这两个种群之间存在稳定的周期关系。这是求解这类方程时的常见模式。

3.8.3 原理解析

处理常微分方程（ODE）组的方法与处理单个 ODE 的方法完全相同。我们首先将方程组写成一个单一的向量微分方程：

$$\frac{\mathrm{d}\boldsymbol{y}}{\mathrm{d}t}=f(t,\boldsymbol{y})$$

然后就可以使用时间步长法来求解，就好像 $\boldsymbol{y}$ 是一个简单的标量值一样。

使用 `quiver` 例程在平面上绘制带方向的箭头，是了解系统如何从给定状态进行演化的一种快速简便的方法。函数的导数表示曲线 $(x,u(x))$ 的梯度，因此微分方程描述了解函数在位置 $\boldsymbol{y}$ 和时间 t 处的梯度，方程组描述了在给定位置 $\boldsymbol{y}$ 和时间 t 上不同解函数的梯度。当然，现在的位置是一个二维点，因此当我们绘制某点的梯度图时，我们将其表示为一个从该点开始、指向梯度方向的箭头。箭头的长度代表梯度的大小，箭头越长，解曲线向该方向移动的速度越快。

当我们在这个方向场上绘制解的轨迹时，可以看到曲线沿着箭头所指的方向运行。解的轨迹所显示的行为是一个极限环，即随着两个物种种群的增长或减少，每个变量的解都是周期性的。如图 3.5 所示，如果我们绘制每个种群随时间变化的关系，这种行为的描述可能会更加清晰。从图 3.4 中并不能立即看出解的轨迹循环了几次，但这在图 3.5 中清楚地显示了出来。

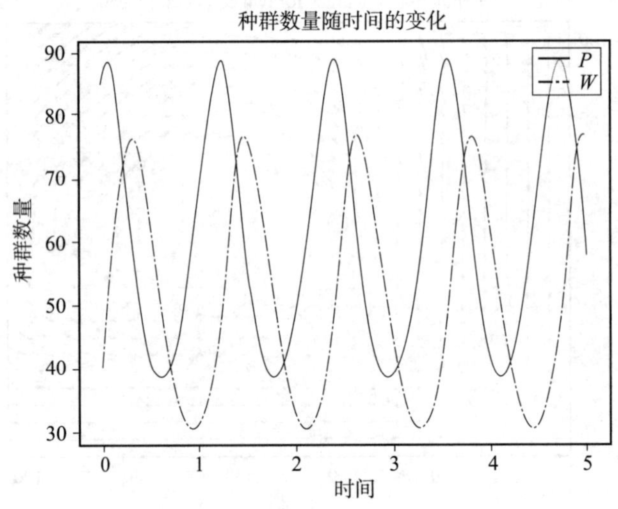

图 3.5　种群 P 和 W 随时间的变化图

图 3.5 清楚地显示了前文所述的周期关系。此外，我们还可以看到两个物种的种群数量峰值之间存在滞后现象。物种W在物种P之后约 0.3 个周期达到种群数量峰值。

3.8.4 更多内容

从不同的初始条件开始，通过绘制变量之间的相互关系图来分析微分方程组的技术称为相空间（平面）分析。在这个示例中，我们使用 `quiver` 绘图例程快速生成微分方程组的相平面近似值。通过分析微分方程组的相平面，我们可以识别解的不同局部和全局特征，例如极限环。

3.9 偏微分方程的数值求解

偏微分方程是指函数中涉及两个或两个以上变量偏导数的微分方程，与只涉及一个变量的普通导数不同。偏微分方程是一个庞大的课题，相关内容可以轻松写成一整套图书。偏微分方程的一个典型例子是一维热方程：

$$\frac{\partial u}{\partial t} = \alpha \frac{\partial^2 u}{\partial x^2} + f(t,x)$$

这里，α是一个正常数，$f(t,x)$是一个函数。这个偏微分方程的解是一个函数$u(t,x)$，它表示在给定时间$t>0$时，长度为 L 的金属棒在x（$0 \leqslant x \leqslant L$）处的温度。为简单起见，我们取$f(t,x)=0$，即系统不被加热或冷却，$\alpha=1$，$L=2$。实际上，我们可以调整问题的规模以固定常数$\alpha$，因此这不是一个限制性问题。在本例中，我们将使用边界条件进行求解：

$$u(t,0) = u(t,L) = 0 \quad (t>0)$$

这相当于说金属棒的两端保持在恒定的温度 0。我们还将使用初始温度曲线：

$$u(0,x) = 3\sin\left(\frac{\pi}{2}x\right) \quad (0 \leqslant x \leqslant 2)$$

这个初始温度曲线描述了一条介于 0 和 2 之间的平滑曲线，该曲线的峰值为 3，这可能是金属棒的中心被加热到温度 3 的结果。

我们将使用一种称为有限差分的方法进行求解，即把金属棒分成若干相等的段，把时间范围分成多个离散的时间步。然后，我们计算每个段和每个时间步的解的近似值。

在本节中，我们将使用有限差分法来求解一个简单的偏微分方程。

3.9.1 准备工作

在这个示例中，我们需要使用 NumPy 和 Matplotlib 软件包，像往常一样以 np 和 plt 的形式导入。我们还需要从 mpl_toolkits 中导入 mplot3d 模块，因为我们将生成三维图形：

```
from mpl_toolkits import mplot3d
```

我们还需要从 SciPy 软件包中导入一些模块。

3.9.2 实现方法

在下面的步骤中，我们将使用有限差分法求解热方程：

1. 首先，让我们创建表示系统物理约束条件的变量——金属棒的长度范围和常数 α 的值：

```
alpha = 1
x0 = 0 # Left hand x limit
xL = 2 # Right hand x limit
```

2. 我们首先使用 $N+1$ 个点将 x 的范围划分为 N 个等间隔的区间，本例中取 $N=10$。我们可以使用 NumPy 的 linspace 例程来生成这些点。我们还需要计算每个区间的共同长度 h：

```
N = 10
x = np.linspace(x0, xL, N+1)
h = (xL - x0) / N
```

3. 接下来，我们需要设置时间方向上的步长。在这里，我们采用了一种略有不同的方法，我们设置了时间步长 k 和步数（在隐含意义上，我们假设从时间 0 开始）：

```
k = 0.01
steps = 100
t = np.array([i*k for i in range(steps+1)])
```

4. 为了使该方法能够正确运行，我们必须满足以下公式：

$$\frac{\alpha k}{h^2}<\frac{1}{2}$$

否则，系统可能会变得不稳定。我们将公式左侧的值保存在一个变量中，供第 5 步使用，并使用一个断言来检查该不等式是否成立：

```
r = alpha*k / h**2
assert r < 0.5, f"Must have r < 0.5, currently r={r}"
```

5. 现在，我们可以构建一个矩阵来保存有限差分方案的系数。为此，我们使用 scipy.sparse 模块中的 diags 例程来创建一个稀疏的三对角矩阵：

```
from scipy import sparse
diag = [1, *(1-2*r for _ in range(N-1)), 1]
abv_diag = [0, *(r for _ in range(N-1))]
blw_diag = [*(r for _ in range(N-1)), 0]

A = sparse.diags([blw_diag, diag, abv_diag], (-1, 0, 1),
                 shape=(N+1, N+1), dtype=np.float64,
                 format="csr")
```

6. 接下来，我们创建一个空白矩阵来保存解：

```
u = np.zeros((steps+1, N+1), dtype=np.float64)
```

7. 我们需要将初始温度曲线添加到第一行。最好的方法是创建一个保存初始温度曲线的函数，并将该函数在 x 数组上的运算结果存储在我们刚刚创建的矩阵 u 中：

```
def initial_profile(x):
    return 3*np.sin(np.pi*x/2)

u[0, :] = initial_profile(x)
```

8. 现在，我们可以简单地循环执行每一步，通过将矩阵 A 与前一行相乘计算矩阵 u 的下一行：

```
for i in range(steps):
    u[i+1, :] = A @ u[i, :]
```

9. 最后，为了将刚刚计算出的解可视化，我们可以使用 Matplotlib 将解绘制成曲面：

```
X, T = np.meshgrid(x, t)
fig = plt.figure()
ax = fig.add_subplot(projection="3d")

ax.plot_surface(T, X, u, cmap="gray")
```

```
ax.set_title("Solution of the heat equation")
ax.set_xlabel("t")
ax.set_ylabel("x")
ax.set_zlabel("u")
```

结果就是图 3.6 所示的曲面图。

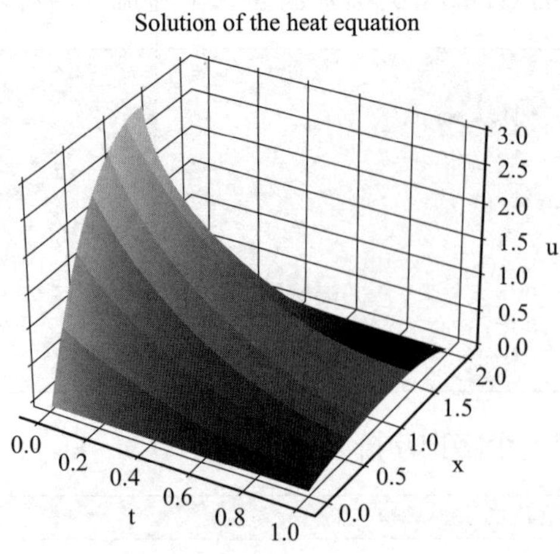

图 3.6　热方程在 $0 \leqslant x \leqslant 2$ 范围内的数值解

沿着 x 轴，我们可以看到它的整体形状与初始温度曲线的形状相似，但随着时间的推移，它变得更加扁平。沿着 t 轴，曲面呈现出冷却系统特有的指数衰减特性。

3.9.3　原理解析

有限差分法的工作原理是用一个简单的分数代替每个导数，这个分数只涉及函数的值。要实现这种方法，我们首先要将空间范围和时间范围分解成若干个离散区间，并用网格点隔开，这一过程称为离散化。然后，我们利用微分方程、初始条件和边界条件形成连续的近似值，其方式非常类似于 3.7 节“简单微分方程的数值求解”中 solve_ivp 例程使用的时间步长法。

为了求解像热方程这样的偏微分方程，我们至少需要三项信息。通常情况下，对于热方程来说，这些信息的形式包括空间维度的边界条件和时间维度的初始条件。空间维度的边界条件告诉我们金属棒两端的情况，而时间维度的初始条件则是金属棒上的初始温度曲线。

由于我们使用前向有限差分估计时间导数，使用中心有限差分估计二阶空间导数，因此前面描述的有限差分方案通常被称为**前向时间中心空间**（FTCS）方案。这里显示的是一阶有限差分近似公式：

$$\frac{\partial u}{\partial t} \approx \frac{u(t+k,x)-u(t,x)}{k}$$

同样，二阶近似值由以下公式给出：

$$\frac{\partial^2 u}{\partial x^2} \approx \frac{u(t,x+h)-2u(t,x)+u(t,x-h)}{h^2}$$

将这些近似值代入热方程，用近似值$u_{i,j}$来表示第 i 个空间点上 j 个时间步后的$u(t_j,x_i)$的值，我们可以得到以下结果：

$$\frac{u_i^{j+1}-u_i^j}{k} = \alpha\frac{u_{i+1}^j-2u_i^j+u_{i-1}^j}{h^2}$$

通过重新排列，可以得出以下公式：

$$u_i^{j+1} = \frac{\alpha k}{h^2}u_{i+1}^j + \left(1-2\frac{\alpha k}{h^2}\right)u_i^j + \frac{\alpha k}{h^2}u_{i-1}^j$$

粗略地说，这个方程表明，某一点的下一时刻的温度取决于前一个时刻它周围的温度。这也说明了为什么 `r` 值上的条件是必要的：如果条件不成立，等式右边的中间项将为负值。

我们可以用矩阵形式写出这个方程组：

$$\boldsymbol{u}^{j+1} = \boldsymbol{A}\boldsymbol{u}^j$$

这里，$\boldsymbol{u}^j$是一个包含$u_{i,j}$近似值的向量，矩阵$\boldsymbol{A}$的定义见步骤 5。这个矩阵是三对角矩阵，这意味着非零项出现在主对角线上或主对角线相邻的位置上。我们使用 SciPy 包 `sparse` 模块中的 `diag` 例程，它是定义此类矩阵的实用工具。这与 3.5 节中描述的过程非常相似。除左上角和右下角分别代表固定的边界条件外，该矩阵的第一行和最后一行均为零。其他行的系数由微分方程两边导数的有限差分近似给出。我们首先创建对角线上的项和对角线上下的项，然后使用 `diags` 例程创建稀疏矩阵。矩阵的行数和列数应为 N+1，以匹配网格点的数量，我们将数据类型设置为双精度浮点数和**压缩稀疏行**（CSR）格式。

初始温度曲线为我们提供了向量$\boldsymbol{u}$，从这一初始点出发，我们只需简单地执行矩阵乘法，就能计算出随后每个时间步长的数值，正如我们在步骤 8 中看到的。

3.9.4 更多内容

我们在此介绍的方法比较粗糙，因为如前所述，如果不仔细控制时间步长和空间步长的相对大小，近似值就会变得不稳定。这种方法是显式的，因为每个时间步长都是利用上一个时间步长的信息明确计算出来的。还有一种隐式方法，它给出了一个方程组，通过求解该方程组可以得到下一个时间步长。就解的稳定性而言，不同的方案具有不同的特点。

当函数$f(t,x)$的值不为 0 时，我们可以通过下面的赋值轻松地适应这一变化：

$$u^{j+1} = \boldsymbol{A}u^j + f(t_j, x)$$

这里，函数经过了适当的向量化，从而使这个公式有效。在解决问题的代码中，我们只需加入函数的定义，然后修改解的循环过程，如下所示：

```
for i in range(steps):
    u[i+1, :] = A @ u[i, :] + f(t[i], x)
```

从物理上讲，该函数表示金属棒上每个点的外部热源（或热汇）。这可能会随着时间的推移而发生变化，这就是为什么一般情况下，该函数的参数应为 t 和 x（尽管不需要同时使用这两个参数）。

我们在这个示例中给出的边界条件表示金属棒的两端保持恒定的温度 0。这类边界条件有时被称为狄利克雷（Dirichlet）边界条件。此外还有诺依曼（Neumann）边界条件，即在边界处给出函数u的导数。例如，我们可能会得到以下边界条件：

$$\frac{\partial u}{\partial x}(t,0) = \frac{\partial u}{\partial x}(t,L) = 0$$

这在物理上可以解释为金属棒的两端是绝缘的，因此热量无法从端点处散失。对于这种边界条件，我们需要对矩阵$\boldsymbol{A}$稍作修改，除此之外，方法保持不变。事实上，在边界左侧插入一个虚值 x，并在左侧边界 $(x=0)$ 使用后向有限差分，我们可以得到如下结果：

$$0 = \frac{\partial u}{\partial x}(t_j, 0) = \frac{u_{-1}^j - u_0^j}{h} \Rightarrow u_{-1}^j = u_0^j$$

将其用于二阶有限差分近似，我们可以得到以下结果：

$$\frac{\partial^2 u}{\partial x^2}(t_j, 0) \approx \frac{u_1^j - 2u_0^j + u_{-1}^j}{h^2} = \frac{u_1^j - u_0^j}{h^2}$$

这意味着矩阵的第一行应包含 $1-r$，然后是 r，接着是 0。对右侧边界进行类似计算，可得到矩阵的最后一行：

```
diag = [1-r, *(1-2*r for _ in range(N-1)), 1-r]
abv_diag = [*(r for _ in range(N))]
```

```
blw_diag = [*(r for _ in range(N))]

A = sparse.diags([blw_diag, diag, abv_diag], (-1, 0, 1),
                 shape=(N+1, N+1), dtype=np.float64,
                 format="csr")
```

对于涉及偏微分方程的更复杂的问题，使用有限元求解器可能更合适。有限元方法使用比偏微分方程更复杂的方法求解，通常比我们在这个示例中看到的有限差分法更灵活。不过，这样做的代价是需要依赖更先进的数学理论进行更多的设置。另一方面，有使用有限元方法求解偏微分方程的 Python 软件包，如 **FEniCS**（`fenicsproject.org`）。使用 FEniCS 等软件包的好处是，它们通常对性能进行了优化，这在解决高精度的复杂问题时非常重要。

3.9.5　另请参阅

FEniCS 文档很好地介绍了有限元方法，并举例说明了如何使用该软件包求解各种经典的偏微分方程。以下书籍对该方法和理论进行了更全面的介绍：Johnson, C. (2009). Numerical solution of partial differential equations by the finite element method. Mineola, N.Y.: Dover Publications.

有关如何使用 Matplotlib 绘制三维曲面图的详细信息，请参阅 2.6 节的内容。

3.10　利用离散傅里叶变换进行信号处理

微积分中最有用的工具之一是**傅里叶变换**（Fourier transform, FT）。粗略地说，傅里叶变换以可逆的方式改变了某些函数的表示形式。这种表示形式的改变在处理以时间函数表示的信号时尤其有用。在这种情况下，傅里叶变换将信号表示为频率函数：我们可以将其描述为从信号空间到频率空间的变换。这可用于识别信号中的频率，以便进行识别和其他处理。在实践中，我们通常会对信号进行离散采样，因此必须使用**离散傅里叶变换**（DFT）来进行此类分析。幸运的是，有一种计算效率很高的算法，称为**快速傅里叶变换**（FFT），可以将 DFT 应用于样本。

我们将遵循使用 FFT 对含噪信号进行滤波的常见流程。第一步是应用 FFT，利用数据计算信号的**功率谱密度**（PSD）。然后，我们识别峰值，滤除对信号贡献不大的频率。最后，进行逆 FFT 变换，得到滤波后的信号。

在本节中，我们使用 FFT 分析信号样本，识别信号中存在的频率，并清除信号中的噪声。

3.10.1 准备工作

在这个示例中，我们需要像往常一样以 np 和 plt 的形式导入 NumPy 和 Matplotlib 软件包。我们还需要一个默认随机数生成器实例，创建方法如下：

```
rng = np.random.default_rng(12345)
```

现在，让我们来看看如何使用 DFT。

3.10.2 实现方法

请按照以下说明使用 FFT 处理含噪信号：

1. 我们定义一个函数，用于生成底层信号：

```
def signal(t, freq_1=4.0, freq_2=7.0):
    return np.sin(freq_1 * 2 * np.pi * t) + np.sin(
        freq_2 * 2 * np.pi * t)
```

2. 接下来，我们通过在底层信号中添加一些高斯噪声来创建样本信号。我们还创建了一个数组，用于保存样本值的真实信号，以方便后续使用：

```
sample_size = 2**7 # 128
sample_t = np.linspace(0, 4, sample_size)
sample_y = signal(sample_t) + rng.standard_normal(
    sample_size)
sample_d = 4./(sample_size - 1) # Spacing for linspace array
true_signal = signal(sample_t)
```

3. 我们使用 NumPy 的 fft 模块来计算 DFT。在开始分析之前，我们从 NumPy 中导入该模块：

```
from numpy import fft
```

4. 为了观察含噪信号，我们可以绘制叠加了真实信号的采样信号点：

```
fig1, ax1 = plt.subplots()
fig1, ax1 = plt.subplots()
ax1.plot(sample_t, sample_y, "k.",
         label="Noisy signal")
ax1.plot(sample_t, true_signal, "k--",
         label="True signal")
```

```
ax1.set_title("Sample signal with noise")
ax1.set_xlabel("Time")
ax1.set_ylabel("Amplitude")
ax1.legend()
```

图 3.7 显示了在此处绘制的曲线图。我们可以看到，含噪信号与真实信号（用虚线表示）并不十分相似。

5. 现在，我们将使用 DFT 提取样本信号中的频率。使用 `fft` 模块中的 `fft` 例程执行 DFT：

```
spectrum = fft.fft(sample_y)
```

6. `fft` 模块提供了一个用于构建相应频率值的例程，名为 `fftfreq`。为了方便起见，我们还会生成一个数组，其中包含出现正频率位置的整数：

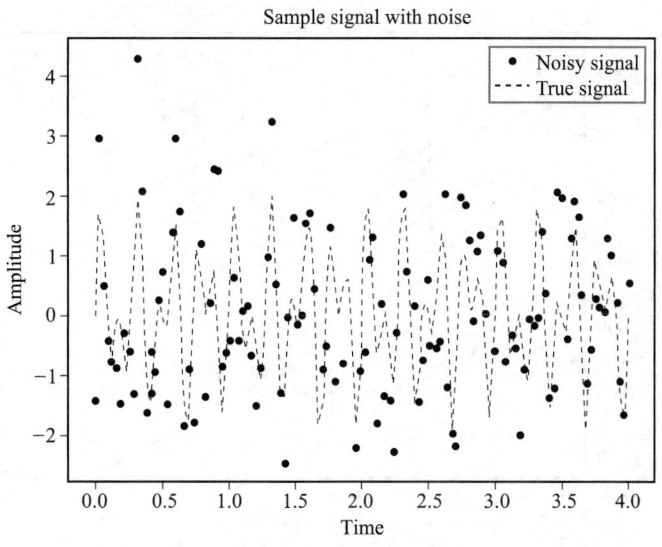

图 3.7　叠加了真实信号的含噪信号样本

```
freq = fft.fftfreq(sample_size, sample_d)
pos_freq_i = np.arange(1, sample_size//2, dtype=int)
```

7. 接下来，计算信号的功率谱密度（PSD），如下所示：

```
psd = np.abs(spectrum[pos_freq_i])**2 + np.abs(
    spectrum[-pos_freq_i])**2
```

8. 现在，我们可以绘制正频率信号的 PSD 图，并利用该图识别频率了：

```
fig2, ax2 = plt.subplots()
ax2.plot(freq[pos_freq_i], psd, "k")
ax2.set_title("PSD of the noisy signal")
ax2.set_xlabel("Frequency")
ax2.set_ylabel("Density")
```

结果如图 3.8 所示。从图中我们可以看到，大约在 4 和 7 处出现了峰值，这就是我们之前定义的信号的频率。

9. 我们可以识别这两个频率，尝试从含噪样本中重建真实信号。所有出现的小峰值都不大于 2000，因此我们可以将其作为滤波器的截止值。现在，让我们从所有正频率索引列表中提取与 PSD 中大于 2000 的峰值相对应的索引（希望是 2 个）：

```
filtered = pos_freq_i[psd > 2e3]
```

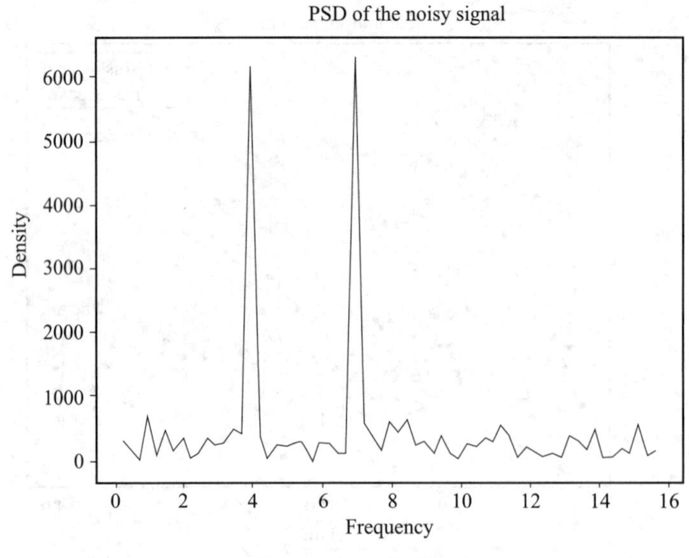

图 3.8　使用 FFT 生成的信号 PSD

10. 接下来，我们创建一个新的、干净的频谱，其中只包含从含噪信号中提取的频率。具体做法是：创建一个只包含 0 的数组，然后根据滤波后频率及负值对应的索引，复制 `spectrum` 变量中对应的值：

```
new_spec = np.zeros_like(spectrum)
new_spec[filtered] = spectrum[filtered]
new_spec[-filtered] = spectrum[-filtered]
```

11. 现在，我们使用逆 FFT（使用 `ifft` 例程）将干净的频谱转换回原始样本的时域。我们使用 NumPy 的 `real` 例程提取实部，以消除造成误差的虚部：

```
new_sample = np.real(fft.ifft(new_spec))
```

12. 最后，我们将滤波后的信号绘制到真实信号图形上，并对结果进行比较：

```
fig3, ax3 = plt.subplots()
ax3.plot(sample_t, true_signal, color="#8c8c8c",
        linewidth=1.5, label="True signal")
ax3.plot(sample_t, new_sample, "k--",
        label="Filtered signal")
ax3.legend()
ax3.set_title("Plot comparing filtered signal and true signal")
ax3.set_xlabel("Time")
ax3.set_ylabel("Amplitude")
```

执行步骤 12 的结果如图 3.9 所示。我们可以看到，滤波后的信号与真实信号非常吻合，只存在一些微小的差异。

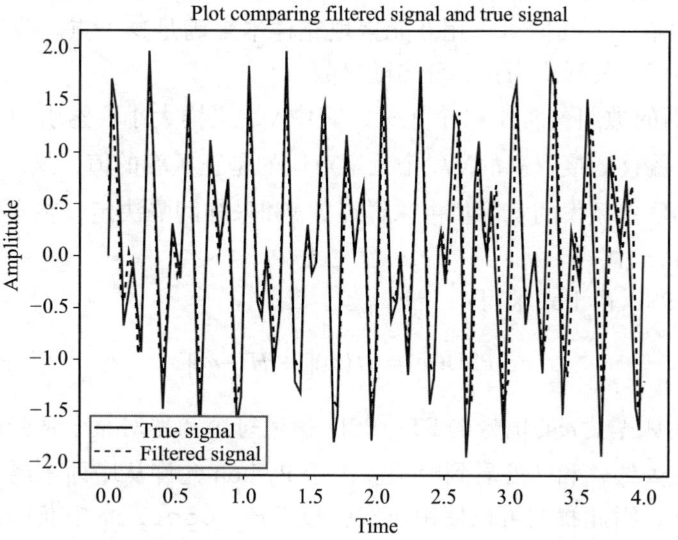

图 3.9　使用 FFT 生成的滤波信号与真实信号的叠加图

从图 3.9 中我们可以看到，滤波后的信号（虚线）与真实信号（浅色实线）非常接近。它捕捉到了真实信号的大部分（但不是全部）振荡。

3.10.3　原理解析

函数$f(t)$的 FT 由以下积分给出：

$$\hat{f}(x)=\int_{-\infty}^{\infty}f(t)\mathrm{e}^{-2\pi ixt}\mathrm{d}t$$

DFT 由以下积分给出：

$$\hat{f}_n=\sum_{k=0}^{N-1}f_k\mathrm{e}^{-2\pi ikn/N}\quad n=0,1,\cdots,N-1$$

这里，样本值 f_k 的值是复数。DFT 可以用前面的公式计算，但在实际应用中效率不高，使用该公式计算的复杂度为$O(N^2)$。FFT 算法将复杂度提高到$O(N\log N)$，效率明显要高得多。*Numerical Recipes* 一书（详细参考书目见 3.10.4 节）对 FFT 算法和 DFT 做了很好的介绍。

我们将 DFT 应用于从已知信号（具有已知频率模式）生成的样本，以便我们可以看到我们得到的结果和原始信号之间的联系。为了保持这个信号的简单性，我们创建了一个只有两个频率分量的信号，这两个分量的值分别为 4 和 7。从这个信号中，我们生成了一个样本进行分析。由于 FFT 的工作方式，样本的大小最好是 2 的幂次，如果样本数不是 2 的幂次，我们可以用 0 元素填充样本来满足这一点。我们在采样信号中加入一些高斯噪声，其形式为正态分布随机数。

`fft` 例程返回的数组包含$N+1$个元素，其中N是采样大小。索引为 0 的元素对应的是 0 频率或直流偏移。接下来的$N/2$个元素对应的是正频率的值，最后的$N/2$个元素对应的是负频率的值。频率的实际值由采样点数N和采样间隔决定，在本例中，采样间隔存储在 `sample_d` 中。

频率ω处的 PSD 由下式求得：

$$\mathrm{PSD}(\omega)=|H(\omega)|^2+|H(-\omega)|^2$$

这里，$H(\omega)$表示频率为ω的信号的 FT。PSD 衡量每个频率对整个信号的贡献，这就是为什么我们会在大约 4 和 7 处看到峰值。由于 Python 允许从序列末尾开始使用负索引对元素进行访问，因此我们可以使用正索引数组从 `spectrum` 中获取正频率和负频率元素。

在步骤 9 中，我们在图上确定了峰值大于 2000 的两个频率的索引。与这些索引相对应的频率分别为 3.984375 和 6.97265625，它们与 4 和 7 并不完全相等，但非常接近。造成这种差异的原因是，我们使用有限的点数对连续信号进行了采样（当然，使用更多的点会得到更好的近似值）。

在步骤 11 中，我们提取了逆 FFT 所返回数据的实部。这是因为，从技术上讲，FFT 处理的是复数数据。由于我们的数据只包含实数数据，因此我们期望新信号也应该只包含实数数据。不过，也会有一些小误差，这意味着结果并不完全是实数。我们可以通过取逆 FFT 的实部来解决这个问题。这样做是合适的，因为我们可以看到虚部非常小。

从图 3.9 中我们可以看到，滤波后的信号与真实信号非常接近，但并不完全一致。这是因为，如前所述，我们是在用一个相对较少的样本来近似连续信号。

3.10.4　更多内容

生产环境中的信号处理可能需要使用专门的软件包，例如 scipy 中的 `signal` 模块，或者使用一些低级代码或硬件来执行信号的滤波或清理。这个示例更多的是演示如何使用作为工具的 FFT，来处理从某种具有周期结构（信号）中采样得到的数据。FFT 可用于求解偏微分方程，如 3.9 节中的热方程。

3.10.5　另请参阅

有关随机数和正态分布（高斯分布）的更多信息，请参阅本书第 4 章。

3.11　使用 JAX 实现自动微分和微积分

JAX 是谷歌为机器学习（ML）开发的线性代数和自动微分框架。它结合了**自动微分**（Autograd）及其用于线性代数和 ML 的**加速线性代数**（XLA）优化编译器的功能。特别是，它允许我们轻松地构建复杂函数，并自动进行梯度计算，这些函数可以在**图形处理器**（GPU）或**张量处理器**（TPU）上运行。除此之外，它的使用也相对简单。在本节中，我们将了解如何使用 JAX **即时**（JIT）**编译器**、获取函数的梯度，以及使用不同的计算设备。

3.11.1　准备工作

本例中，我们需要安装 JAX 软件包。我们还将使用 Matplotlib 软件包，并像往常一样以 `plt` 的形式导入 `pyplot` 接口。由于我们要绘制一个二元函数的图像，因此还需要从 `mpl_toolkits` 包中导入 `mplot3d` 模块。

3.11.2　实现方法

以下步骤展示了如何使用 JAX 定义 JIT 编译器编译的函数、计算该函数的梯度，并使用 GPU 或 TPU 执行计算：

1. 首先，我们需要导入将要使用的 JAX 库的部分内容：

```
import jax.numpy as jnp
from jax import grad, jit, vmap
```

2. 现在，我们可以定义我们的函数，并使用 @jit 装饰器告诉 JAX 在必要时使用 JIT 编译器编译该函数：

```
@jit
def f(x, y):
    return jnp.exp(-(x**2 +y**2))
```

3. 接下来，我们定义网格并绘制函数的图形：

```
t = jnp.linspace(-1.0, 1.0)
x, y = jnp.meshgrid(t, t)
fig = plt.figure()
ax = fig.add_subplot(projection="3d")
ax.plot_surface(x, y, f(x, y), cmap="gray")
ax.set_title("Plot of the function f(x, y)")
ax.set_xlabel("x")
ax.set_ylabel("y")
ax.set_zlabel("z")
```

结果如图 3.10 所示。

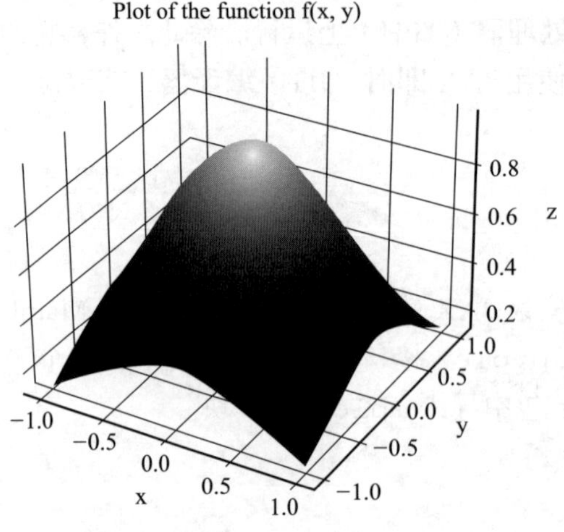

图 3.10　使用 JAX 计算的二元函数图

4. 现在，我们使用 grad 函数（和 jit 装饰器）来定义两个新函数，它们是相对于第一个和第二个参数的偏导数：

```
fx = jit(grad(f, 0)) # x partial derivative
fy = jit(grad(f, 1)) # y partial derivative
```

5. 为了快速检查这些函数是否有效，我们在（1,−1）处输出这些函数的值：

```
print(fx(1., -1.), fy(1., -1.))
# -0.27067056 0.27067056
```

6. 最后，我们来绘制关于 x 的偏导数：

```
zx = vmap(fx)(x.ravel(), y.ravel()).reshape(x.shape)
figpd = plt.figure()
axpd = figpd.add_subplot(projection="3d")
axpd.plot_surface(x, y, zx, cmap="gray")
axpd.set_title("Partial derivative with respect to x")
axpd.set_xlabel("x")
axpd.set_ylabel("y")
axpd.set_zlabel("z")
```

偏导数图如图 3.11 所示。

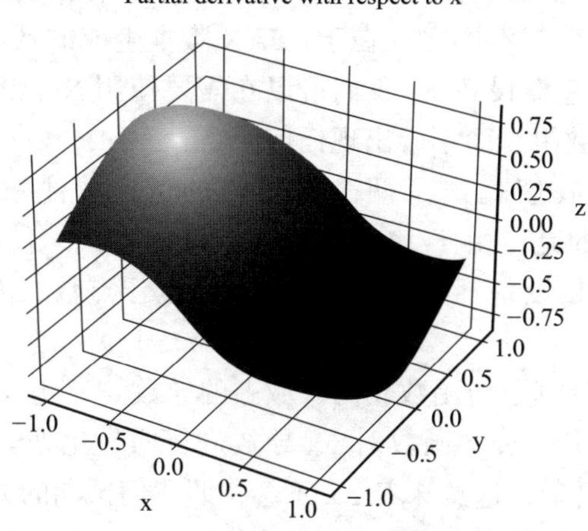

图 3.11　在 JAX 中使用 Autograd 计算的函数偏导数图

快速检查后可以确认，这确实是函数 $f(x,y)$ 关于 x 的偏导数图。

3.11.3　原理解析

JAX 是一个有趣的组合体，它结合了 JIT 编译器的特性，强调快速线性代数运算，同时融合了 Autograd 的强大功能，支持加速设备（以及其他一些我们在这里不使用的功能）。JIT 编译器的工作原理是跟踪在 NumPy 库的 JAX 版本上执行的线性代数运算，并以 XLA 编译器可以理解的形式构建函数的中间表示。要使所有这些功能都发挥作用，你需要确保只使用 JAX 的 NumPy 模块（`jax.numpy`），而不是真正的 NumPy。JAX 还提供了一个 SciPy 包的版本。

使用这种方法的一个注意事项是，函数必须是纯粹的：它们不应该有返回值之外的边界效应，也不应该依赖于任何未通过参数传递的数据。如果不是这样的话，它可能仍然能够运行，但你可能会得到意想不到的结果——请记住，Python 版本的函数可能只会被执行一次。你还需要考虑的一点是，与 NumPy 数组不同，JAX NumPy 数组不能使用索引符号和赋值进行原位更新。JAX 文档中列出了这一点，还有其他几个当前重要的注意事项（请参阅 3.11.5 节）。

`jit` 装饰器指示 JAX 在适当的地方构建函数的编译版本。实际上，它可能会根据所提供的参数类型生成多个编译版本（例如，标量值和数组值的编译函数就不同）。

`grad` 函数接收一个函数，并生成一个新函数，计算相对于输入变量的导数。如果函数有多个输入变量，则计算的是相对于第一个自变量的偏导数。第二个可选参数 `argnums` 用于指定要计算的导数。在本例中，我们使用 `grad(f,0)` 和 `grad(f,1)` 命令得到了表示 `f` 函数两个偏导数的函数。

`jax.numpy` 中的大多数函数与 `numpy` 中的函数具有相同的接口——我们在例子中看到了其中的一些函数。不同之处在于，JAX 版本生成的数组会正确存储在加速器设备上（如果使用了加速器设备）。我们可以在需要使用 NumPy 数组的上下文（例如绘图函数）中使用这些数组，而不会出现任何问题。

在例子的步骤 5，我们输出了两个偏导数的值。请注意，我们使用了浮点数 `1.` 和 `-1.`。需要注意的是，由于 JAX 处理浮点数的方式，使用整数 `1` 和 `-1` 将导致失败。（由于大多数 GPU 设备不能很好地处理双精度浮点数，因此 JAX 的默认浮点类型是 `float32`）。

在步骤 6 中，我们计算了与函数相同区域上的导数。为此，我们必须对 x 和 y 数组进行展平处理，然后使用 `vmap` 函数对 `fx` 导数进行向量化处理，再对结果进行重塑。`grad` 的工作方式比较复杂，这意味着 `fx` 不会按照我们预期的方式进行向量化。

3.11.4　更多内容

JAX 的设计可以根据需求的变化进行良好的扩展，因此设计人员在设计很多组件时都考虑到了并发性。例如，随机数模块提供的随机数生成器能进行有效的拆分，这样就能在不改变结果的情况下使计算并发运行。如果使用梅森孪生（Mersenne Twister）随机数生成器就不可能做到这一点，因为该生成器不会以统计学上合理的方式进行拆分，因此可能会根据使用的线程数量产生不同的答案。

3.11.5　另请参阅

更多信息请参见 JAX 文档：https://jax.readthedocs.io/en/latest/

3.12　使用 JAX 求解微分方程

JAX 提供了一系列用于解决各种问题的工具。求解微分方程，如 3.7 节中描述的初始值问题，完全在该库的能力范围之内。`diffrax` 软件包利用 JAX 的强大功能和便利性为微分方程提供了各种求解器。

在前面的示例中，我们求解了一个相对简单的一阶 ODE（常微分方程）。在本例中，我们将求解一个二阶 ODE 来说明该技术。二阶 ODE 是同时包含一阶导数和二阶导数的微分方程。为了简单起见，我们将求解如下形式的线性二阶 ODE：

$$\frac{\mathrm{d}^2 y}{\mathrm{d}x^2}+p(x)\frac{\mathrm{d}y}{\mathrm{d}x}+q(x)y=0$$

这里，$y=f(x)$是包含未知数 x 的函数。具体来说，我们要解以下方程：

$$\frac{\mathrm{d}^2 y}{\mathrm{d}x^2}-3x^2\frac{\mathrm{d}y}{\mathrm{d}x}+(1-x)y=0$$

初始条件为$y(0)=0$和$y'(0)=3$（注意，这是一个二阶微分方程，因此我们需要两个初始条件）。

3.12.1　准备工作

在开始求解这个方程之前，我们需要做一些手工计算，将二阶方程简化为可以数值求解的一阶微分方程组。为此，我们使用$u=y$和$v=y'$进行替换。这样就得到了如下方程组：

$$\frac{\mathrm{d}u}{\mathrm{d}x}=v$$

$$\frac{\mathrm{d}v}{\mathrm{d}x}=3x^2v-(1-x)u$$

我们还得到了初始条件$u(0)=0$和$v(0)=1$。

在这个示例中，我们需要安装 `diffrax` 软件包和 JAX。像往常一样，我们以 `plt`

为别名导入 Matplotlib 的 pyplot 接口，以 jnp 为别名导入 jax.numpy，同时导入 diffrax 软件包。

3.12.2 实现方法

以下步骤展示了如何使用 JAX 和 diffrax 库求解二阶线性微分方程：

1. 首先，我们需要定义表示 3.12.1 节构建的一阶 ODE 方程组的函数：

```
def f(x, y, args):
    u = y[...,0]
    v = y[...,1]
    return jnp.array([v, 3*x**2*v+(1.-x)*u])
```

2. 接下来，我们设置用于求解方程的 diffrax 环境。我们将使用 diffrax 快速入门指南中推荐的求解器——更多详情，请参阅 3.12.4 节。设置如下：

```
term = diffrax.ODETerm(f)
solver = diffrax.Dopri5()
save_at = diffrax.SaveAt(ts=jnp.linspace(0., 1.))
y0 = jnp.array([0., 1.]) # initial condition
```

3. 现在，我们使用 diffrax 中的 diffeqsolve 例程来求解 $0 \leqslant x \leqslant 1$ 范围内的微分方程：

```
solution = diffrax.diffeqsolve(term, solver, t0=0., t1=2.,
                               dt0=0.1, y0=y0, saveat=save_at)
```

4. 现在我们已经求解了方程，需要从 solution 对象中提取 y 的值：

```
x = solution.ts
y = solution.ys[:, 0] # first column is y = u
```

5. 最后，我们将结果绘制在一张新的图形上：

```
fig, ax = plt.subplots()
ax.plot(x, y, "k")
ax.set_title("Plot of the solution to the second order ODE")
ax.set_xlabel("x")
ax.set_ylabel("y")
```

结果如图 3.12 所示。

我们可以看到，当 x 接近 0 时，解是近似线性的，但随后，解变成了非线性的。（x

的范围可能太小，因此无法看到该方程组的有趣行为）。

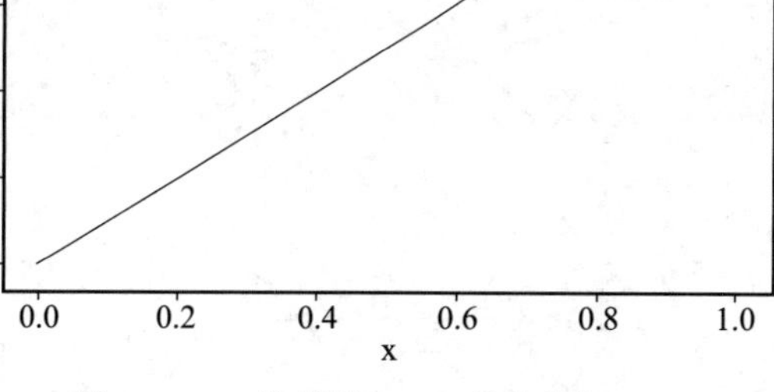

图 3.12　二阶线性 ODE 的数值解

3.12.3　原理解析

`diffrax` 基于 JAX 构建，提供各种微分方程求解器。在这个例子中，我们使用了 Dormand-Prince5(4) `Dopri5` 求解器类，它是龙格 – 库塔方法求解 ODE 的另一个例子，类似于我们在前面示例中看到的龙格 – 库塔 – 费尔贝格方法。

在后台，`diffrax` 会将 ODE 初始值问题转化为**受控微分方程**（CDE），然后进行求解。这使得 `diffrax` 除了能求解此处所示的简单 ODE 外，还能求解其他类型的微分方程：该库的目标之一是为**随机微分方程**（SDE）数值求解提供工具。由于该库是基于 JAX 的，因此很容易将其集成到其他 JAX 工作流中。它还支持通过各种邻接方法进行反向传播。

3.12.4　另请参阅

有关 `diffrax` 库及其方法的更多信息，请参阅文档：https://docs.kidger.site/diffrax

3.13　拓展阅读

微积分是每门本科数学课程中至关重要的组成部分。市面上有许多优秀的微积分教材，包括：

- Spivak, M. (2006). Calculus. 3rd ed. Cambridge: Cambridge University Press.

- Adams, R. and Essex, C. (2018). Calculus: A Complete Course. 9th ed. Don Mills, Ont: Pearson.

对数值微分和积分而言，下面这本书是很好的资源，它全面描述了如何用 C++ 解决许多计算问题，还包含相关的理论总结：

- Press, W., Teukolsky, S., Vetterling, W. and Flannery, B. (2007). Numerical Recipes: The Art of Scientific Computing. 3rd ed. Cambridge: Cambridge University Press.

CHAPTER 4

第4章

使用随机性和概率

在本章中，我们将讨论随机性和概率。我们将通过从一组数据中选择元素来简要地探索概率的基本原理。然后，我们将学习如何使用 Python 和 NumPy 生成随机数（伪随机数），以及如何根据特定的概率分布生成样本。我们将通过讨论一些高级主题来结束本章，这些主题涵盖随机过程和贝叶斯技术，以及使用**马尔可夫链蒙特卡罗**（MCMC）方法来估计简单模型的参数。

概率是对特定事件发生的可能性的量化。我们一直凭直觉来使用概率，尽管正规的理论有时可能会违反直觉。概率论旨在描述那些数值未知的随机变量的行为，但该随机变量取某个值或在某个范围取值的概率是已知的，这些概率通常符合几种概率分布形式中的一种。可以说，最著名的概率分布是正态分布，例如，正态分布可以描述某种特征在一个大群体中的分布情况。

我们将在第 6 章中再次看到概率在更实际的应用场景中的使用，在那里我们将讨论统计学。在这里，我们将运用概率论来量化误差，并建立分析数据的系统理论。

本章将介绍以下内容：

- 随机选择条目
- 生成随机数据
- 更改随机数生成器
- 生成服从正态分布的随机数
- 处理随机过程
- 利用贝叶斯技术分析转化率
- 使用蒙特卡罗模拟估计参数

4.1 技术要求

在本章中，我们需要使用标准的科学 Python 软件包：NumPy、Matplotlib 和 SciPy。在最后的例子中，我们还需要 PyMC 软件包。你可以使用自己喜欢的软件包管理器（如 pip）来安装：

```
python3.10 -m pip install pymc
```

该命令将安装最新版本的 PyMC，在编写本书时，PyMC 的版本为 4.0.1。该软件包为概率编程提供了便利，它涉及由随机生成的数据驱动的许多运算的执行（完成运算的目的是了解问题解决方案的可能分布情况）。

注意

在本书的上一版中，PyMC 当时的版本是 3.9.2，但之后 PyMC4.0 版本发布了，因此我们将 PyMC 的名称从 PyMC3 更换为 PyMC。

本章的代码可在 GitHub 代码库的“Chapter 04”文件夹中找到，网址为 https://github.com/PacktPublishing/Applying-Math-with-Python-2nd-Edition/tree/main/Chapter%2004。

4.2 随机选择条目

概率和随机性的核心思想是从某个集合中选择一个条目（由单个元素组成的事件）。众所周知，从集合中选择一个条目的概率量化了该条目被选中的可能性。随机性描述了在没有任何额外偏差的情况下，根据概率从集合中选择条目的情况。随机选择的反面可以描述为确定性选择。一般来说，用计算机重复一个纯粹的随机过程是非常困难的，因为计算机及其处理过程本质上是确定性的。然而，我们可以通过适当的构造来生成伪随机数序列，以表示随机性的合理近似。

在这个例子中，我们将从一个集合中选择条目，并学习一些本章中需要用到的与概率和随机性相关的关键术语。

4.2.1 准备工作

Python 标准库包含一个用于生成随机数（伪随机数）的模块，称为 random，但在这个示例和本章中，我们将使用 NumPy 的 random 模块代替。NumPy 的 random 模块中的例程可用于生成随机数数组，并且比标准库中的例程稍微灵活一些。像往常一样，我们以别名 np 导入 NumPy。

在继续讨论之前，我们需要先确定一些术语。**样本空间**（sample space）是一个没有重复元素的集合，**事件**（event）是样本空间的一个子集。事件 A 发生的**概率**（probability）表示为 $P(A)$，它是一个 0 和 1 之间的数字。概率为 0 表示事件永远不会发生，而概率为 1 表示事件肯定会发生。整个样本空间的概率必须为 1。

若样本空间是离散的，则概率是与每个元素相关的 0 到 1 之间的数字，所有这些数字的和为 1。这赋予了从集合中选择单个条目的概率意义。我们将在这里考虑从离散集合中选择条目的方法，并在 4.5 节中处理连续的情况。

4.2.2　实现方法

执行以下步骤从集合中随机选择条目：

1. 第一步是设置随机数生成器。目前，我们将使用 NumPy 的默认随机数生成器，在大多数情况下我们都推荐这种方法。我们可以通过从 NumPy 的 random 模块调用 default_rng 例程来实现这一点，它将返回随机数生成器的实例。通常，我们调用该函数时不需要使用种子函数，但在本例中，我们将添加 12345 作为种子，以便让结果是可重复的：

```
rng = np.random.default_rng(12345)
# changing seed for repeatability
```

2. 接下来，我们需要创建要选择的数据和概率。如果你已经存储了数据，或者你想以相同的概率选择元素，则可以跳过这一步：

```
data = np.arange(15)
probabilities = np.array(
    [0.3, 0.2, 0.1, 0.05, 0.05, 0.05, 0.05, 0.025,
    0.025, 0.025, 0.025, 0.025, 0.025, 0.025, 0.025]
)
```

3. 作为一个快速的合理性测试，我们可以使用一个断言来检查这些概率的总和是否为 1：

```
assert round(sum(probabilities), 10) == 1.0,
    "Probabilities must sum to 1"
```

4. 现在，我们可以使用随机数生成器 rng 上的 choice 方法，根据刚刚创建的概率从 data 中选择样本。在选择时，我们要打开放回功能，以便多次调用该方法时可以从整个 data 中进行选择：

```
selected = rng.choice(data,p=probabilities,replace=True)
# 0
```

要从数据中选择多个条目，我们还可以提供 size 参数，它可以指定要选择的数组的形状。这与许多其他 NumPy 数组创建例程中的 shape 关键字参数的作用相同。size 参数可以是整数或由整数组成的元组：

```
selected_array = rng.choice(data, p=probabilities, replace=True, size=(5, 5))
#array([[ 1, 6, 4, 1, 1],
#        [ 2, 0, 4, 12, 0],
#        [12, 4, 0, 1, 10],
#        [ 4, 1, 5, 0, 0],
#        [ 0, 1, 1, 0, 7]])
```

我们可以看到，在采样数据中似乎有更多的 0 和 1，我们分别为它们分配了 0.3 和 0.2 的概率。有趣的是，尽管 12 出现的概率是 2 的一半，但 2 只出现了一次，我们却有两个 12。这不是问题，概率较大也不能保证单个数字一定会出现在样本中，它只代表我们期望在大量样本中看到 2 的数量大约是 12 的两倍。

4.2.3　原理解析

default_rng 例程创建了一个新的可用于生成随机数的**伪随机数生成器**（PRNG）实例（可以选择带或不带种子），或者像我们在示例中看到的那样，从预定义的数据中随机选择条目。NumPy 还有一个**基于状态的隐式接口**，可直接使用 random 模块中的例程生成随机数。不过，通常建议使用 default_rng 显式创建生成器，或者自己创建一个 Generator 实例。这种更显式的方式更符合 Python 的风格，在某种意义上应该会带来更具可重复性的结果。

种子是为了生成数值而传递给随机数生成器的一个值。生成器仅基于种子以完全确定的方式生成数字序列。这意味着，具有相同种子的两个相同 PRNG 实例将生成相同的随机数序列。如果不提供种子，生成器通常会根据用户的系统生成一个种子。

来自 NumPy 的 Generator 类是对低级伪随机位生成器的包装，这是实际生成随机数的地方。在最新版本的 NumPy 中，默认的 PRNG 算法是 128 位的置换同余生成器。相比之下，Python 内置的 random 模块使用梅森孪生 PRNG。关于 PRNG 算法的不同选项的更多信息，请参阅 4.4 节。

Generator 实例上的 choice 方法根据底层 BitGenerator 生成的随机数执行

选择。可选的 p 关键字参数指定了与所提供数据中每个条目相关的概率。如果没有提供此参数，则假设为均匀概率，其中每个条目被选中的概率相等。replace 关键字参数指定是否有放回地进行选择。我们启用了放回，这样同一个元素就可以被多次选择。choice 方法使用生成器给出的随机数进行选择，这意味着使用相同种子的两个相同类型的 PRNG 将在使用 choice 方法时选择相同的条目。

这种从一堆可能的选择中选择点的过程是理解离散概率的好方法。在这种情况下，我们为有限个数的点中的每一个分配一定的权重，这些权重的总和为 1，例如，在有的点上分配点数的倒数。采样是根据概率分配的权重随机选择点的过程（我们也可以将离散概率分配给无穷集合，但这更复杂，因为权重之和必须为 1，这对于计算也是不切实际的）。

4.2.4　更多内容

choice 方法还可以通过传递 replace=False 作为参数来创建给定大小的随机样本。这保证了从数据中能够选出不同的条目，这有利于生成随机样本。例如，这可能用于从整个用户组中随机选择用户来测试新版本的界面，大多数样本统计技术依赖于随机选择的样本。

4.3　生成随机数据

许多任务都需要生成大量随机数，这些随机数最基本的形式是 $0 \leqslant x < 1$ 范围内的整数或浮点数（双精度）。理想情况下，对这些数字的选择应该是均匀的，这样的话，我们抽取大量数字时，它们就会大致均匀地分布在 $0 \leqslant x < 1$ 的范围内。

在本节中，我们将了解如何使用 NumPy 生成大量随机的整数和浮点数，并使用直方图显示这些数字的分布。

4.3.1　准备工作

在开始之前，我们需要从 NumPy 的 random 模块导入 default_rng 例程，并创建一个默认随机数生成器的实例，以便在下面的示例中使用：

```
from numpy.random import default_rng
rng = default_rng(12345) # changing seed for reproducibility
```

我们在 4.2 节中讨论过这一过程。

我们还通过 plt 别名导入了 Matplotlib 的 pyplot 模块。

4.3.2 实现方法

执行以下步骤生成均匀随机数据，并绘制直方图以了解其分布情况：

1. 为了生成 0 到 1 之间的随机浮点数（取值包括 0 但不包括 1），我们在 rng 对象上使用 random 方法：

```
random_floats = rng.random(size=(5, 5))
# array([[0.22733602, 0.31675834, 0.79736546, 0.67625467, 0.39110955],
#        [0.33281393, 0.59830875, 0.18673419, 0.67275604, 0.94180287],
#        [0.24824571, 0.94888115, 0.66723745, 0.09589794, 0.44183967],
#        [0.88647992, 0.6974535 , 0.32647286, 0.73392816, 0.22013496],
#        [0.08159457, 0.1598956 , 0.34010018, 0.46519315, 0.26642103]])
```

2. 为了生成随机整数，我们在 rng 对象上使用 integers 方法。这将返回指定范围内的随机整数：

```
random_ints = rng.integers(1, 20, endpoint=True, size=10)
# array([12, 17, 10, 4, 1, 3, 2, 2, 3, 12])
```

3. 为了检查随机浮点数的分布，我们首先需要生成一个大的随机数数组，就像我们在步骤 1 中所做的那样。虽然这不是绝对必要的，但更大的样本能够更清楚地显示分布情况。我们使用如下方法生成这些数字：

```
dist = rng.random(size=1000)
```

4. 为了显示我们生成的数字的分布情况，我们开始绘制数据直方图：

```
fig, ax = plt.subplots()
ax.hist(dist, color="k", alpha=0.6)
ax.set_title("Histogram of random numbers")
ax.set_xlabel("Value")
ax.set_ylabel("Density")
```

结果如图 4.1 所示。正如我们所看到的，数据在整个范围内大致均匀分布。

随着采样点数量的增加，我们发现这些条形图会越来越“均匀”，看起来越来越像我们期望从均匀分布中看到的平直线。将图 4.1 与图 4.2 中包含 10 000 个随机点的直方图进行比较。

在这里我们可以看到，图 4.2 虽然不是完全平坦，但随机数在整个范围内的分布要均匀得多。

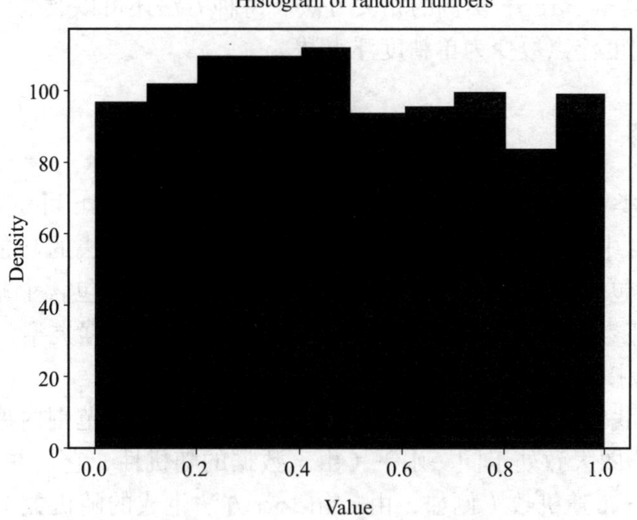

图 4.1　在 0 到 1 范围内生成的随机数直方图

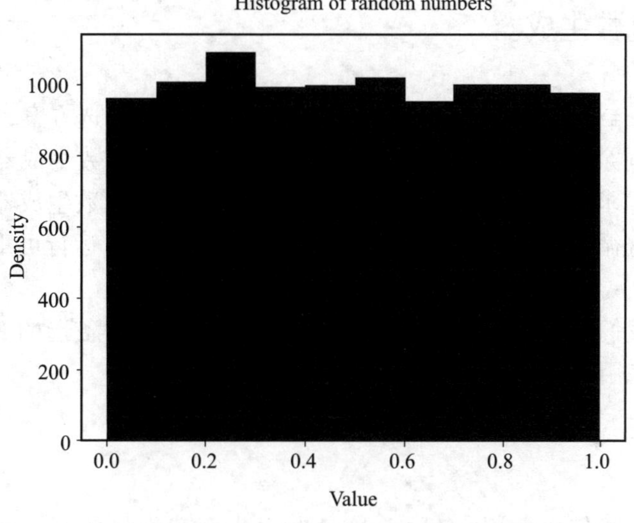

图 4.2　10 000 个均匀分布的随机数直方图

4.3.3　原理解析

Generator 接口提供了三种生成基本随机数的简单方法，其中不包括我们在 4.2 节中讨论的 choice 方法。除了用于生成随机浮点数的 random 方法和用于生成随机整数的 integers 方法外，还有用于生成原始随机字节的 bytes 方法。每种方法都会调用底层 BitGenerator 实例的相关方法。每种方法还可以改变生成数字的数据类型，例如，从双精度浮点数变为单精度浮点数。

4.3.4 更多内容

Generator 类中的 integers 方法通过添加 endpoint 可选参数，结合了旧版 RandomState 中的 randint 和 random_integers 方法的功能（在旧版本中，randint 方法不包含上端点，而 random_integers 方法包含上端点）。Generator 上的所有随机数据生成方法都允许自定义生成数据的数据类型，这在旧版本中是不可能实现的（该接口是在 NumPy 1.17 中才引入的）。

在图 4.1 中，我们可以看到生成的数据直方图在 $0 \leqslant x < 1$ 范围内近似均匀分布。也就是说，所有条形图大致处于同一水平（由于数据的随机性，它们并不完全水平）。这正是我们对均匀分布随机数（例如，由 random 方法生成的随机数）的期望。我们将在 4.5 节中更详细地解释随机数的分布。

4.4 更改随机数生成器

NumPy 中的 random 模块为默认的 PRNG 提供了几种备选方案，默认的 PRNG 使用 128 位的置换同余生成器。虽然这是一个很好的通用随机数生成器，但它可能不足以满足你的特定需求。例如，这个算法与 Python 内置的随机数生成器中使用的算法非常不同。我们将遵循 NumPy 文档中规定的最佳实践指南，以运行可重复但适当随机的模拟。

在本节中，我们将向你展示如何将默认的 PRNG 更改为备选的 PRNG，以及如何在程序中有效地使用种子。

4.4.1 准备工作

像往常一样，我们以 np 别名导入 NumPy。由于我们将使用 random 包中的多个条目，因此我们也从 NumPy 中导入该模块，代码如下：

```
from numpy import random
```

你需要从 NumPy 提供的备选随机数生成器中选择一个（或者参考 4.4.4 节自定义一个随机数生成器）。在本示例中，我们将使用 MT19937 随机数生成器，它使用梅森孪生算法，类似于 Python 内置的随机数生成器所使用的算法。

4.4.2　实现方法

下面的步骤展示了如何以可重复的方式生成种子和不同的随机数生成器：

1. 我们将生成一个 SeedSequence 对象，它可以从给定的熵源中可重复地生成新种子。我们既可以将自己的熵作为整数提供，就像我们为 default_rng 提供种子一样，也可以让 Python 从操作系统中收集熵。这里我们将选择后一种方法来演示它的使用方式。为此，我们在创建 SeedSequence 对象时不提供任何额外参数：

```
seed_seq = random.SeedSequence()
```

2. 现在，我们有了在接下来的会话中为随机数生成器生成种子的方法了，接下来我们记录熵，以便在必要时重现这个会话。以下是熵的示例，你的结果难免会有些不同：

```
print(seed_seq.entropy)
# 9219863422733683567749127389169034574
```

3. 现在，我们可以创建底层的 BitGenerator 实例，它将为包装的 Generator 对象提供随机数：

```
bit_gen = random.MT19937(seed_seq)
```

4. 接下来，我们围绕这个 BitGenerator 实例创建包装的 Generator 对象，以创建一个可用的随机数生成器：

```
rng = random.Generator(bit_gen)
```

创建完成后，你就可以使用这个随机数生成器了，正如我们在前面的示例中看到的那样。

4.4.3　原理解析

正如在 4.2 节中所述，Generator 类是实现特定伪随机数算法的底层 BitGenerator 的包装器。NumPy 通过 BitGenerator 类的各种子类提供了多种伪随机数算法的实现：PCG64（默认）、MT19937（如本示例所示）、Philox 和 SFC64。这些位生成器都是用 Cython 实现的。

PCG64 生成器应该能够提供具有良好统计质量的高性能随机数生成功能（在 32 位系统上可能不是这种情况）。MT19937 生成器比更现代的 PRNG 要慢，并且不能产生具有良好统计特性的随机数。然而，这是 Python 标准库 random 模块使用的随机数生成器算法。Philox 生成器相对较慢，但生成的随机数质量非常高。而 SFC64 生成器速度快且质量相当好，但不像其他生成器那样具有良好的统计特性。

在这个示例中创建的 `SeedSequence` 对象是一种以独立和可重复的方式为随机数生成器创建种子的方法。特别是，如果你需要为多个并行进程创建独立的随机数生成器，但仍然需要能够在以后重建每个会话以调试或检查结果，这将非常有用。存储在该对象上的熵是一个 128 位的整数，它是从操作系统中收集的，并作为随机种子的来源。

`SeedSequence` 对象允许我们为每个独立的进程或线程创建一个单独的随机数生成器，从而消除了可能导致结果不可预测的所有数据竞争问题。它还可以生成彼此非常不同的种子值，这有助于避免一些 PRNG（例如 `MT19937`，它可以生成两个非常相似的流，它们具有相似的 32 位整数种子值）的问题。显然，当我们依赖于这些值的独立性时，两个独立的随机数生成器产生相同或非常相似的值将会产生问题。

4.4.4 更多内容

`BitGenerator` 类可以充当原始随机整数生成器的公共接口。前面提到的类是在 NumPy 中使用 `BitGenerator` 接口实现的类。你也可以创建自己的 `BitGenerator` 子类，尽管这需要在 Cython 中实现。

注意

更多详细信息，请参阅 NumPy 文档：https://numpy.org/devdocs/reference/ random/extending.html # new-bit-generators

4.5 生成服从正态分布的随机数

在 4.3 节的示例中，我们生成的 0 到 1 之间（但不包括 1）随机浮点数遵循均匀分布。然而，在大多数需要随机数据的情况下，我们需要遵循某种不同的分布。粗略地说，分布函数是一个函数 $f(x)$，它描述了随机变量的值小于 x 的概率。在实际应用中，该分布描述了随机数据在一定范围内的散布情况。特别地，如果我们绘制一个遵循特定分布的数据直方图，那么它应该与分布函数的图形大致相同。这最好通过例子来说明。

正态分布是一种最常见的分布，在统计学中经常出现，也是许多统计方法的基础，我们将在第 6 章中介绍这些方法。在本示例中，我们将演示如何遵循正态分布生成数据，并绘制该数据的直方图以查看分布的形状。

4.5.1 准备工作

与 4.3 节中的示例一样，我们从 NumPy 的 random 模块导入 default_rng 例程，并创建一个带有种子生成器的 Generator 实例进行演示：

```
from numpy.random import default_rng
rng = default_rng(12345)
```

像往常一样，我们将 Matplotlib 的 pyplot 模块导入为 plt，将 NumPy 导入为 np。

4.5.2 实现方法

通过以下步骤，我们生成服从正态分布的随机数据：

1. 我们在 Generator 实例上使用 normal 方法来根据正态分布生成随机数据。normal 方法有两个参数：location（位置）和 scale（尺度）。还有一个可选的 size 参数，用于指定生成数据的形状（有关 size 参数的更多信息，请参阅 4.3 节）。我们生成一个包含 10 000 个值的数组来获得一个合理大小的样本：

```
mu = 5.0 # mean value
sigma = 3.0 # standard deviation
rands = rng.normal(loc=mu, scale=sigma, size=10000)
```

2. 接下来，我们绘制这些数据的直方图。我们增加了直方图的 bins（分箱）数。严格来说，这并不是必需的，因为默认值 10 已经完全足够了，但增大分箱值确实可以更好地显示数据分布：

```
fig, ax = plt.subplots()
ax.hist(rands, bins=20, color="k", alpha=0.6)
ax.set_title("Histogram of normally distributed data")
ax.set_xlabel("Value")
ax.set_ylabel("Density")
```

3. 接下来，我们创建一个函数，为一系列数值生成期望密度。将正态分布的概率密度函数乘以样本数（10 000）即可得到期望密度：

```
def normal_dist_curve(x):
    return 10000*np.exp(
        -0.5*((x-mu)/sigma)**2)/(sigma*np.sqrt(2*np.pi))
```

4. 最后，我们在数据直方图上绘制期望分布图：

```
x_range = np.linspace(-5, 15)
y = normal_dist_curve(x_range)
ax.plot(x_range, y, "k--")
```

结果如图 4.3 所示。我们可以在这里看到，采样数据的分布与正态分布曲线的期望分布非常接近。

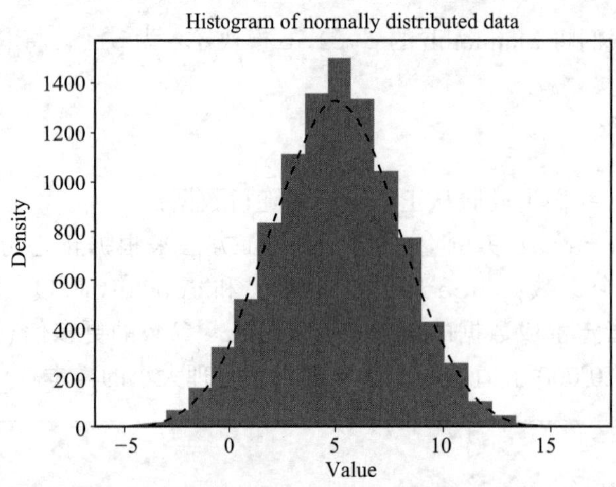

图 4.3　根据正态分布采样数据绘制的直方图，其中叠加了期望密度

同样，如果我们采集的样本越来越大，我们就会发现样本的粗糙度开始变得平滑，并接近期望密度（如图 4.3 中的虚线所示）。

4.5.3　原理解析

正态分布的概率密度函数由下式定义：

$$f(x)=\frac{1}{\sigma\sqrt{2\pi}}\exp\left(-\frac{1}{2}\left(\frac{x-\mu}{\sigma}\right)^2\right)$$

这与正态分布函数 $F(x)$ 有关，它的公式如下：

$$F(x)=\int_{-\infty}^{x}f(t)\mathrm{d}t$$

这个概率密度函数在均值处达到峰值，该均值与 `location` 参数一致，钟形曲线的宽度则由 `scale` 参数决定。我们可以从图 4.3 中看到，`Generator` 对象上的 `normal` 方法生成的数据直方图非常接近期望分布。

Generator 类使用 256 步的 ziggurat 方法来生成服从正态分布的随机数据，与 NumPy 中提供的 Box-Muller 方法或逆累积分布函数（inverse CDF）实现相比，这种方法速度更快。

4.5.4　更多内容

正态分布是连续概率分布的一个例子，因为它是为实数定义的，而且分布函数是由积分（而不是求和）定义的。正态分布（以及其他连续概率分布）的一个有趣特征是，选择任何给定实数的概率都是 0。这是有道理的，因为只有测量在该分布中选择的值位于给定范围内的概率才有意义。

正态分布在统计学中非常重要，这主要归功于中心极限定理。粗略地说，该定理指出，具有共同均值和方差的**独立同分布**（IID）随机变量之和，最终将趋近于具有共同均值和方差的正态分布。无论这些随机变量的实际分布如何，这个定理都是成立的。这样，即使变量的实际分布不一定是正态分布，我们也可以在很多情况下使用基于正态分布的统计检验（然而，在诉诸中心极限定理时，我们确实需要非常谨慎）。

除了正态分布，还有许多其他连续概率分布，我们已经遇到了 0 到 1 范围内的均匀分布。更一般地说，在 $a \leqslant x \leqslant b$ 范围内的均匀分布，其概率密度函数如下式所示：

$$f(x) = \frac{1}{b-a}$$

其他常见的连续概率密度函数包括指数分布，贝塔分布和伽马分布。这些分布中的每一种都在 Generator 类中有相应的方法，可以从该分布中生成随机数据。这些方法通常根据分布的名称命名，全部使用小写字母，因此对于上述分布，相应的方法是 exponential、beta 和 gamma。这些分布都有一个或多个参数，例如，正态分布的 location 和 scale，这些参数决定了分布的最终形状。你可能需要查阅 NumPy 文档（https://numpy.org/doc/1.18/reference/random/generator.html # numpy.random.Generator）或其他资料，以了解每种分布需要哪些参数。NumPy 文档还列出了可以生成随机数据的概率分布。

4.6　处理随机过程

在本节中，我们将研究一个简单的随机过程，该过程模拟了一段时间内到达车站的公交车数量。这个过程称为**泊松过程**（Poisson process）。泊松过程 $N(t)$ 有一个单一参数 λ。λ 通常称为强度或速率，而 $N(t)$ 在给定时间 t 取值 n 的概率由下式给出：

$$P(N(t)=n)=\frac{(\lambda t)^n}{n!}\exp(-\lambda t)$$

该式描述了在 t 时刻之前有 n 辆公交车到达的概率。从数学上讲，该式意味着 $N(t)$ 服从参数为 λt 的泊松分布。然而，有一种简单的方法可以通过计算服从指数分布的到达间隔时间之和来构建泊松过程。例如，假设 X_i 是第 $(i-1)$ 次到达与第 i 次到达之间的时间，它们都服从参数为 λ 的指数分布。现在，我们利用下面的方程：

$$T_n = X_1 + X_2 + \cdots + X_n$$

这里，数字 $N(t)$ 是使 $T_n \leqslant t$ 成立的最大值 n。这是我们将在本节中研究的结构。我们还将通过计算到达间隔时间的平均值来估计该过程的强度。

4.6.1 准备工作

在开始之前，我们从 NumPy 的 random 模块中导入 default_rng 例程，并创建一个带有种子的新随机数生成器以进行演示：

```
from numpy.random import default_rng
rng = default_rng(12345)
```

除了随机数生成器，我们还需要将 NumPy 导入为 np，将 Matplotlib 的 pyplot 模块导入为 plt。我们还需要使用 SciPy 软件包。

4.6.2 实现方法

下面的步骤展示了如何使用泊松过程对公交车的到达情况进行建模：

1. 我们的第一个任务是通过从指数分布中采样数据来创建到达间隔时间样本。NumPy 的 Generator 类上的 exponential 方法需要指定 scale 参数，即 $1/\lambda$，其中 λ 是速率。我们选择速率为 4，并创建 50 个到达间隔时间样本：

```
rate = 4.0
inter_arrival_times = rng.exponential(
    scale=1./rate, size=50)
```

2. 接下来，我们使用 NumPy 的 add 通用函数的 accumulate 方法来计算公交车的实际到达时间。我们还创建了一个包含整数 0 到 49 的数组，表示每个时间点的到达次数：

```
arrivals = np.add.accumulate(inter_arrival_times)
count = np.arange(50)
```

3. 接下来，我们使用 `step` 绘图方法绘制公交车随时间变化的到达次数：

```
fig1, ax1 = plt.subplots()
ax1.step(arrivals, count, where="post")
ax1.set_xlabel("Time")
ax1.set_ylabel("Number of arrivals")
ax1.set_title("Arrivals over time")
```

结果如图 4.4 所示，其中每条水平线的长度表示到达时间间隔。

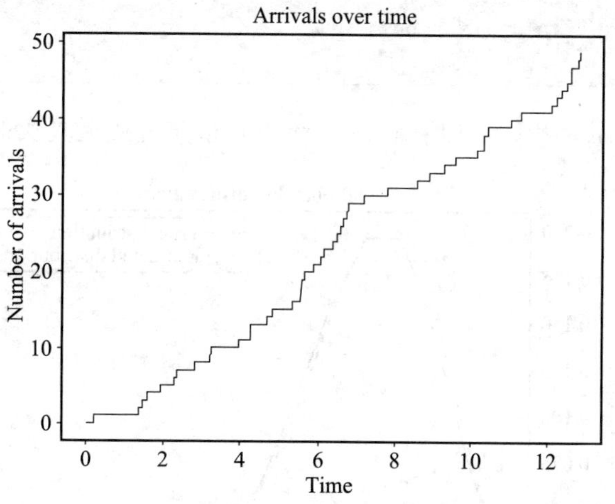

图 4.4　公交车到达次数随时间的变化，到达间隔时间呈指数分布

4. 接下来，我们定义一个函数，该函数将评估在某个时刻公交车到达次数的概率分布，这里我们将时刻设为 1。这使用了我们前文介绍的泊松分布公式：

```
def probability(events, time=1, param=rate):
    return ((param*time)**events/factorial(
        events))*np.exp(- param*time)
```

5. 现在，我们绘制单位时间内到达次数的概率分布图，因为我们在上一步中选择了 `time=1`。我们稍后将在此图中添加更多内容：

```
fig2, ax2 = plt.subplots()
ax2.plot(N, probability(N), "k", label="True distribution")
ax2.set_xlabel("Number of arrivals in 1 time unit")
ax2.set_ylabel("Probability")
ax2.set_title("Probability distribution")
```

6. 现在，我们继续根据样本数据估算速率。我们通过计算到达间隔时间的平均值来实现，对指数分布来说，该平均值是尺度 $1/\lambda$ 的估计值：

```
estimated_scale = np.mean(inter_arrival_times)
estimated_rate = 1.0/estimated_scale
```

7. 最后，我们绘制出单位时间到达次数估计速率的概率分布图。我们将其绘制在步骤 5 中得出的真实概率分布图上：

```
ax2.plot(N, probability(
    N, param=estimated_rate),
    "k--",label="Estimated distribution")
ax2.legend()
```

结果如图 4.5 所示。我们可以看到，估计的分布非常接近真实的分布：

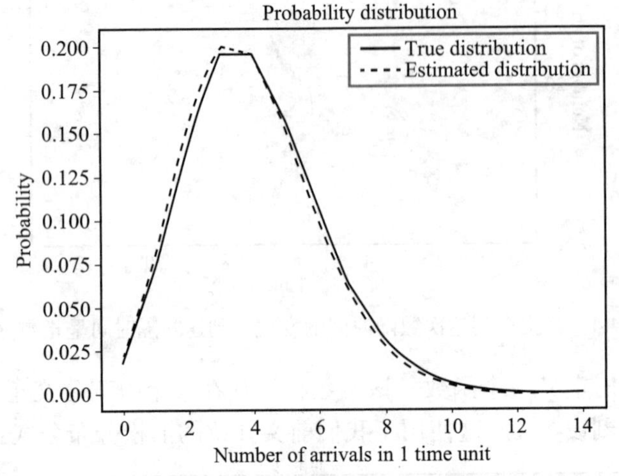

图 4.5　单位时间到达次数的分布：估计值和真实值

图 4.5 所示的分布遵循前文所述的泊松分布。可以看出，单位时间内中等规模的到达次数比大量的到达次数更有可能。最可能的到达次数由速率参数 λ 决定，本例中的速率参数为 4.0。

4.6.3　原理解析

随机过程无处不在。粗略地说，随机过程是一个由相关随机变量组成的系统，对于连续随机过程，通常以时间 $t \geqslant 0$ 为索引；对于离散随机过程，通常以自然数 $n=1, 2, \cdots$ 为索引。许多（离散）随机过程都满足**马尔可夫性质**，这使它们成为**马尔可夫链**。马尔可夫性质是一种声明，表明该过程是无记忆的，因为只有当前值对下一个值的概率有重要影响。

泊松过程是一个计数过程，如果事件在时间上以固定参数的指数分布随机间隔，则对一定时间内发生的事件（公交车到达）的数量进行计数。我们按照前文描述的构造过程，通过从指数分布中采样到达时间间隔来构建泊松过程。然而，事实证明，当泊松过程以概率的形式定义时，这一事实（到达间隔时间呈指数分布）就是所有泊松过程的属性。

在本示例中，我们从具有给定 `rate` 参数的指数分布中采样了 50 个点。由于从指数分布中采样的 NumPy `Generator` 方法使用的是相关的 `scale` 参数，即 1 与 `rate` 参数的比值，因此我们必须做一个小的转换。得到这些点后，我们创建一个数组，其中包含这些指数分布数的累积和，这就是我们的到达时间。实际的泊松过程如图 4.4 所示，是到达时间与当时发生的相应事件数量的组合。

指数分布的平均值（期望值）与 `scale` 参数一致，因此从指数分布中抽取样本的平均值是估计 `scale`（`rate`）参数的一种方法。由于我们的样本相对较小，因此估计值并不完美。这就是图 4.5 中的两个图形之间存在微小差异的原因。

4.6.4　更多内容

有许多类型的随机过程描述了各种各样现实世界的场景。在本例中，我们使用泊松过程来模拟到达次数。泊松过程是一个连续的随机过程，这意味着它的参数是一个连续变量 $t\geqslant 0$，而不是一个离散变量 $n=1, 2,\cdots$。根据马尔可夫链的适当广义定义，泊松过程实际上是马尔可夫链，也是更新过程的一个例子。更新过程（renewal process）是描述在一段时间内发生的事件数量的过程。这里描述的泊松过程就是一个更新过程的例子。

许多马尔可夫链除了定义马尔可夫性质外，还满足一些其他性质。例如，如果以下等式对所有 n，i 和 j 值都成立，则马尔可夫链是齐次的：

$$P(X_{n+1}=j\mid X_n=i)=P(X_1=j\mid X_0=i)$$

简单地说，这意味着在单个步骤中，从一个状态转移到另一个状态的概率不会随着步数的增加而改变。这对于研究马尔可夫链的长期行为非常有用。

构建齐次马尔可夫链的简单例子非常容易。假设我们有两个状态：A 和 B。在任何给定的步骤中，我们都可能处于状态 A 或状态 B。我们根据一定的概率在不同状态之间转移。例如，假设从状态 A 转移到状态 A 的概率是 0.4，而从状态 A 转移到状态 B 的概率是 0.6。同样，假设从状态 B 转移到状态 B 的概率是 0.2，而从状态 B 转移到状态 A 的概率是 0.8。请注意，在这两种情况下，转移的概率和保持不变的概率之和都是 1。在这种情况下，我们可以用矩阵形式表示每个状态的转移概率，公式如下：

$$\boldsymbol{T}=\begin{pmatrix}0.4 & 0.8\\ 0.6 & 0.2\end{pmatrix}$$

这个矩阵称为转移矩阵。这里的思想是，通过乘以包含处于状态 A 和 B（分别位于 0 和

1 位置）的概率向量，来得到 1 步后处于特定状态的概率。例如，如果我们从状态 A 开始，那么概率向量的索引 0 处将包含 1，索引 1 处将包含 0。那么，经过 1 步后处于状态 A 的概率为 0.4，处于状态 B 的概率为 0.6。根据我们之前概述的概率，这正是我们所期望的结果。不过，我们也可以用矩阵公式进行计算：

$$\begin{pmatrix} 0.4 & 0.8 \\ 0.6 & 0.2 \end{pmatrix}\begin{pmatrix} 1 \\ 0 \end{pmatrix} = \begin{pmatrix} 0.4 \\ 0.6 \end{pmatrix}$$

为了得到两步后处于任一状态的概率，我们将上式右侧的向量再次乘以转移矩阵 $\boldsymbol{T}$，得到以下结果：

$$\begin{pmatrix} 0.4 & 0.8 \\ 0.6 & 0.2 \end{pmatrix}\begin{pmatrix} 0.4 \\ 0.6 \end{pmatrix} = \begin{pmatrix} 0.64 \\ 0.36 \end{pmatrix}$$

我们可以无限地继续这一过程，从而获得一系列状态向量，这些向量构成了马尔可夫链。这种结构可以用于建模许多简单的现实问题，必要时还可以为其添加更多的状态。

4.7　利用贝叶斯技术分析转换率

贝叶斯概率允许我们通过考虑数据来系统地更新我们对情况的理解（在概率意义上）。用更专业的语言来说，我们利用数据更新先验（我们目前的理解）分布，从而获得后验（我们更新后的理解）分布。例如，当我们在研究浏览网站后继续购买产品的用户比例时，这一点尤其有用。我们从先验信念分布开始。为此，我们将使用贝塔分布，它基于观察到的成功（完成购买）次数与失败（未购买）次数模拟成功概率。在本节中，我们将假设我们的先验信念是，100 次浏览中会有 25 次成功购买（75 次失败）。这意味着我们的先验信念遵循 beta(25, 75) 分布。假设我们希望计算真实成功率至少为 33% 的概率。

我们的方法大致分为三步。首先，我们需要理解我们对转换率的先验信念，我们已经确定它遵循 beta(25, 75) 分布。通过将先验分布的概率密度函数从 0.33 积分到 1，我们计算出转换率至少为 33% 的概率。其次，应用贝叶斯推理，用新信息更新我们的先验信念。最后，我们可以对后验信念执行相同的积分，以检查给定此新信息的转换率至少为 33% 的概率。

在本节中，我们将了解如何使用贝叶斯技术根据假设网站的新信息来更新先验信念。

4.7.1　准备工作

像往常一样，我们需要将 NumPy 和 Matplotlib 软件包分别导入为 `np` 和 `plt`。我们还需要 SciPy 软件包，导入的别名为 sp。

4.7.2 实现方法

以下步骤展示了如何使用贝叶斯推理来估算和更新转换率：

1. 第一步是建立先验分布。为此，我们使用 SciPy 的 stats 模块中的 beta 分布对象，该模块具有用于处理 beta 分布的各种方法。我们以 beta_dist 别名从 stats 模块中导入 beta 分布对象，然后为概率密度函数创建一个便利函数：

```
from scipy.stats import beta as beta_dist
beta_pdf = beta_dist.pdf
```

2. 接下来，我们需要计算在先验信念分布下，成功率至少为 33% 的概率。为此，我们使用 SciPy 的 integrate 模块中的 quad 例程对函数进行数值积分。我们使用此函数将步骤 1 中导入的贝塔分布的概率密度函数与先验参数进行积分。我们将根据先验分布计算出的概率输出到控制台：

```
prior_alpha = 25
prior_beta = 75
args = (prior_alpha, prior_beta)
prior_over_33, err = sp.integrate.quad(
    beta_pdf, 0.33, 1, args=args)
print("Prior probability", prior_over_33)
# 0.037830787030165056
```

3. 现在，假设我们收到了一段新的时间内的成功和失败次数的信息。例如，在这段时间内，我们观察到 122 次成功和 257 次失败。我们创建新变量来反映这些值：

```
observed_successes = 122
observed_failures = 257
```

4. 为了获得具有贝塔分布的后验分布的参数值，我们只需将观察到的成功和失败次数分别添加到 prior_alpha 和 prior_beta 参数中：

```
posterior_alpha = prior_alpha + observed_successes
posterior_beta = prior_beta + observed_failures
```

5. 现在，我们重复数值积分，利用后验分布（及之前计算出的新参数）计算成功率超过 33% 的概率。我们再次将概率输出到终端：

```
args = (posterior_alpha, posterior_beta)
```

```
posterior_over_33, err2 = sp.integrate.quad(
    beta_pdf, 0.33, 1, args=args)
print("Posterior probability", posterior_over_33)
# 0.13686193416281017
```

6. 这里我们可以看到，根据更新后的后验分布，新概率为 14%，而不是之前的概率 4%。这是一个显著的差异，尽管从这些值来看，我们仍不能确信转换率超过了 33%。现在，我们绘制先验分布和后验分布图来直观地显示概率的增加。首先，我们创建一个值数组，并根据这些值评估我们的概率密度函数：

```
p = np.linspace(0, 1, 500)
prior_dist = beta_pdf(p, prior_alpha, prior_beta)
posterior_dist = beta_pdf(
    p, posterior_alpha, posterior_beta)
```

7. 最后，我们将步骤 6 中计算出的两个概率密度函数绘制在新的图上：

```
fig, ax = plt.subplots()
ax.plot(p, prior_dist, "k--", label="Prior")
ax.plot(p, posterior_dist, "k", label="Posterior")
ax.legend()
ax.set_xlabel("Success rate")
ax.set_ylabel("Density")
ax.set_title("Prior and posterior distributions for success rate")
```

结果如图 4.6 所示，我们可以看到后验分布更加窄，且集中在先验分布的右侧。

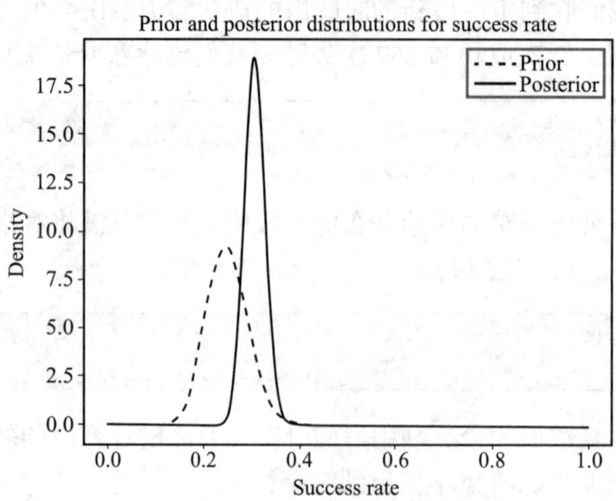

图 4.6　服从贝塔分布的成功率的先验分布和后验分布

我们可以看到，后验分布在 0.3 左右达到峰值，但分布的大部分质量都在这个峰值附近。

4.7.3　原理解析

贝叶斯技术的工作原理是先确定一个先验信念（概率分布），然后使用贝叶斯定理将先验信念与给定先验信念的数据的似然性结合起来，形成后验（更新）信念。这与我们在现实生活中理解事物的方式类似。例如，当你在某一天醒来时，你可能会相信（根据天气预报或其他信息）外面有 40% 的可能性下雨。打开百叶窗后，你看到外面乌云密布，这可能表明下雨的可能性更大，因此我们根据这个新数据更新我们的信念，即下雨的可能性是 70%。

要了解其原理，我们需要理解条件概率。条件概率是指在另一个事件已经发生的情况下，一个事件发生的概率。用符号表示，在事件 B 已经发生的情况下，事件 A 发生的概率为

$$P(A \mid B)$$

贝叶斯定理是一个强大的工具，其符号表达式如下：

$$P(A \mid B) = \frac{P(A)P(B \mid A)}{P(B)}$$

概率 $P(A)$ 代表我们的先验信念。事件 B 代表我们收集到的数据，因此 $P(B|A)$ 就是在我们的先验信念下数据产生的似然性。概率 $P(B)$ 表示我们的数据出现的概率，而 $P(A|B)$ 则表示在给定数据情况下的后验信念。在实践中，概率 $P(B)$ 可能难以计算或估计，因此用贝叶斯定理的比例形式来代替上述强等式是很常见的：

$$P(A \mid B) \propto P(B \mid A)P(A)$$

在此例中，我们假设先验信念是基于贝塔分布的。贝塔分布的概率密度函数由下式给出：

$$\mathrm{Beta}\left(p;\alpha,\beta\right) = \frac{\Gamma\left(\alpha+\beta\right)}{\Gamma\left(\alpha\right)\Gamma\left(\beta\right)} p^{\alpha-1}(1-p)^{\beta-1}$$

这里，$\Gamma(\alpha)$ 是伽马函数。似然值为二项分布，其概率密度函数由下式给出：

$$\mathrm{B}(p,k,j) = \binom{k}{j} p^{j}(1-p)^{k-j}$$

这里，k 是观测次数，j 是其中成功的观测次数。在本例中，我们观察到 m=122 次成功，n=257 次失败，因此 k=m+n=379，j=m=122。为了计算后验分布，我们可以利用贝

塔分布是二项分布的共轭先验这一事实，得出贝叶斯定理比例形式的右侧是贝塔分布，参数为 $\alpha+m$ 和 $\beta+n$。这就是我们在示例中使用的方法。贝塔分布是二项式随机变量的共轭先验，这一事实使它们在贝叶斯统计中非常有用。

我们在本例中演示的方法是使用贝叶斯方法的一个相当基本的例子，但是在系统性地获得新数据时，它仍然有助于更新我们的先验信念。

4.7.4 更多内容

贝叶斯方法是一个强大的工具，可以用于各种各样的任务。在这个示例中，我们使用贝叶斯方法，基于我们对网站表现的先验信念和从用户那里收集的额外数据来建模网站的成功率。这是一个相当复杂的例子，因为我们的先验信念是基于贝塔分布的。下面是另一个使用贝叶斯定理来检验两个相互竞争的假设的例子，它只使用了简单的概率（0 到 1 之间的数字）。

假设你每天回家时都把钥匙放在同一个地方，但你有一天早上醒来发现钥匙不在这个地方了。你找了一小会儿也没找到，于是你得出结论：钥匙一定是不翼而飞了。我们把这个假设叫作 H_1。现在，H_1 肯定能解释你找不到钥匙的数据 D，因此，似然 $P(D|H_1)=1$（如果你的钥匙消失了，那么你不可能找到它们）。另一个假设是你前一天晚上回家时把钥匙放在了其他地方。我们把这个假设称为 H_2。现在，这个假设也能解释数据 D，即$P(D|H_2)=1$。但实际上，H_2 要比 H_1 更可信。比方说，你的钥匙完全消失的概率是百万分之一，这是对它巨大的高估，但我们需要保持数字的合理性。而你估计前一天晚上你把钥匙放在其他地方的概率是百分之一。通过计算后验概率，我们得出以下结果：

$$P(H_1|D)\propto P(D|H_1)P(H_1)\propto\frac{1}{100},\quad P(H_2|D)\propto\frac{1}{1\,000\,000}$$

这凸显了一个事实，即钥匙放错地方的可能性是钥匙消失的可能性的 1 万倍。果然，你很快就发现钥匙已经在自己的口袋里了，因为你那天早上早些时候已经拿走了钥匙。

4.8 用蒙特卡罗模拟估计参数

蒙特卡罗方法广义地描述了使用随机抽样来解决问题的技术。当潜在问题涉及某种不确定性时，这些技术尤其强大。一般的方法涉及执行大量的模拟，每次根据给定的概率分布对不同的输入进行采样，然后将结果汇总起来，以给出比任何单个样本解更好的近似真实解。

MCMC 是一种特殊的蒙特卡罗模拟，在这种模拟中，我们构建了一个马尔可夫链，该链对我们所寻求的真实分布进行了一系列越来越好的近似。这是通过接受或拒绝一个随机抽样的提议状态来实现的，该状态基于每个阶段精心选择的接受概率，目的是构建一个马尔可夫链，其唯一的平稳分布正是我们希望找到的未知分布。

在本节中，我们将使用 PyMC 软件包和 MCMC 方法来估计一个简单模型的参数。该软件包将处理运行模拟的大部分技术细节，因此我们不需要进一步深入了解不同 MCMC 算法的实际工作原理。

4.8.1　准备工作

像往常一样，我们分别以 `np` 和 `plt` 的形式导入 NumPy 软件包和 Matplotlib 的 `pyplot` 模块。我们还导入并创建了一个默认的随机数生成器，并出于演示目的添加了一个种子，如下所示：

```
from numpy.random import default_rng
rng = default_rng(12345)
```

本示例还需要 SciPy 包中的一个模块以及 PyMC 包，PyMC 包是一个用于概率编程的包。我们以别名 `pm` 导入 PyMC 包：

```
import pymc as pm
```

让我们看看如何使用 PyMC 包来估计给定观察到的有噪声样本的模型参数。

4.8.2　实现方法

执行以下步骤，使用 MCMC 模拟来估计使用样本数据的简单模型的参数：

1. 我们的首要任务是创建一个函数，该函数表示我们希望识别的底层结构。在这种情况下，我们将估计二次多项式的系数。此函数接受两个参数，一个是某个范围内的固定点，另一个是我们希望估计的可变参数：

```
def underlying(x, params):
    return params[0]*x**2 + params[1]*x + params[2]
```

2. 接下来，我们设置 `true` 参数和 `size` 参数，`size` 决定了我们生成的样本中有多少个点：

```
size = 100
true_params = [2, -7, 6]
```

3. 我们生成用于估计参数的样本。这将包括由步骤 1 中定义的 underlying 函数生成的底层数据，以及一些遵循正态分布的随机噪声。我们首先生成一系列 x 值，这些值在整个示例中保持不变，然后使用随机数生成器上的 underlying 函数和 normal 方法生成样本数据：

```
x_vals = np.linspace(-5, 5, size)
raw_model = underlying(x_vals, true_params)
noise = rng.normal(loc=0.0, scale=10.0, size=size)
sample = raw_model + noise
```

4. 在开始分析之前，最好先绘制样本数据，并覆盖在底层数据上。我们使用 scatter（散点图）方法只绘制没有连接线的数据点，然后使用虚线绘制底层二次函数：

```
fig1, ax1 = plt.subplots()
ax1.scatter(x_vals, sample,
    label="Sampled data", color="k",
    alpha=0.6)
ax1.plot(x_vals, raw_model,
    "k--", label="Underlying model")
ax1.set_title("Sampled data")
ax1.set_xlabel("x")
ax1.set_ylabel("y")
```

结果如图 4.7 所示。我们可以看到，即使有噪声，底层模型的形状仍然可见，尽管该模型的确切参数已不再明显。

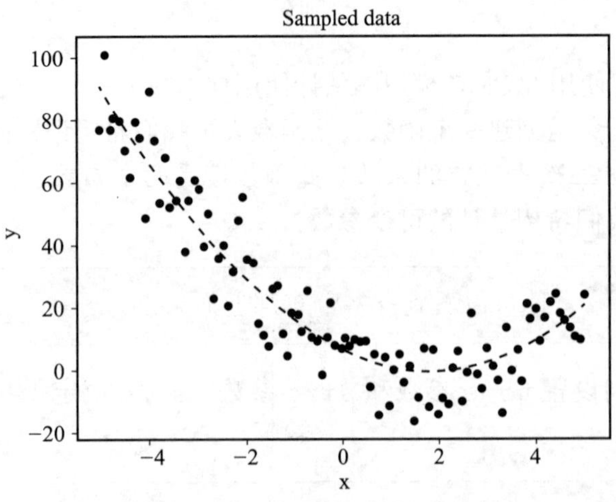

图 4.7　覆盖在底层模型上的采样数据

5. PyMC 编程的基本对象是 Model 类，通常使用上下文管理器接口创建。我们还要创建参数的先验分布。在本例中，我们假设先验参数遵循均值为 1、标准差为 1 的正态分布。我们需要 3 个参数，所以我们提供了 shape 参数。Normal 类创建了用于蒙特卡罗模拟的随机变量：

```
with pm.Model() as model:
    params = pm.Normal(
        "params", mu=1, sigma=1, shape=3)
```

6. 我们为底层数据创建一个模型，这可以通过将步骤 6 中创建的随机变量 param 传递给我们在步骤 1 中定义的 underlying 函数来实现。我们还创建了一个变量来处理我们的观察结果。为此，我们使用 Normal 类，因为我们知道噪声在底层数据 y 周围呈正态分布。我们设置标准差为 2，并将观察到的样本数据传递给 observed 关键字参数（这也在 Model 上下文中）：

```
y = underlying(x_vals, params)
y_obs = pm.Normal("y_obs",
    mu=y, sigma=2, observed=sample)
```

7. 要运行模拟，我们只需在 Model 上下文中调用 sample 例程。我们传递 cores 参数以加快计算速度，但将其他参数均保留为默认值：

```
trace = pm.sample(cores=4)
```

这些模拟应该很快就会执行完毕。

8. 接下来，我们使用 PyMC 的 plot_posterior 例程绘制后验分布图。该例程从执行模拟的采样步骤中获取 trace 结果。我们事先使用 plt.subplots 例程创建了自己的图形和坐标轴，但这并不是绝对必要的。我们将在一个图形上使用三个子图，并在 ax 关键字参数下将 Axes 对象的 axs2 元组传递给绘图例程：

```
fig2, axs2 = plt.subplots(1, 3, tight_layout=True)
pm.plot_posterior(trace, ax=axs2, color="k")
```

结果如图 4.8 所示，你可以看到这些分布都近似为正态分布，其平均值近似于真实参数值。

9. 现在，从 trace 结果中检索每个估计参数的平均值。我们通过 trace 上的 posterior 属性访问估计的参数，然后对 params 项使用 mean 方法（用 axes=(0,1) 对所有链和所有样本取平均），并将其转换为 NumPy 数组。我们在终端输出这些估计参数：

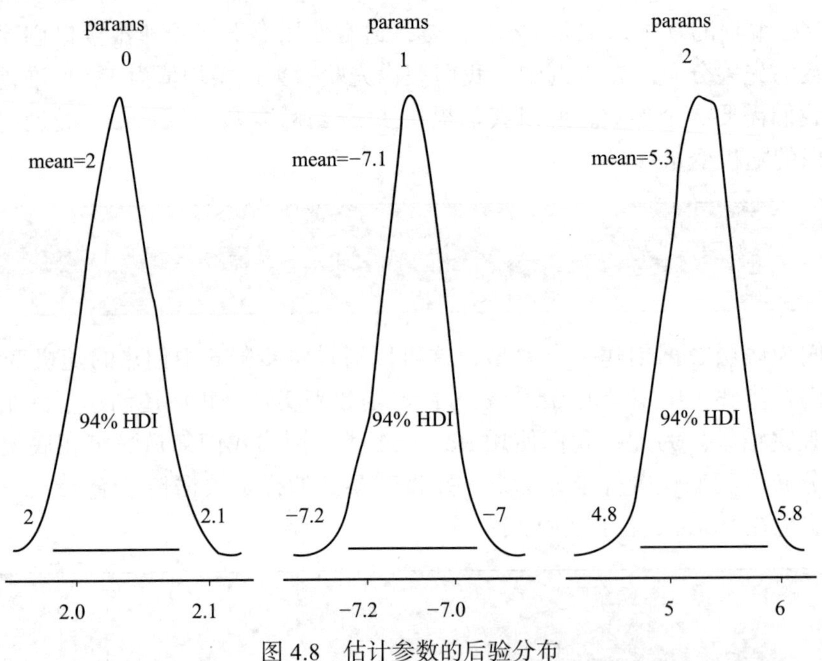

图 4.8　估计参数的后验分布

```
estimated_params = trace.posterior["params"].mean(
    axis=(0, 1)). to_numpy()
print("Estimated parameters", estimated_params)
# Estimated parameters [ 2.03220667 -7.09727509 5.27548983]
```

10. 最后，我们使用估计的参数来生成我们估计的底层数据，通过将 x 值和估计参数传递给步骤 1 中定义的 underlying 函数来实现。然后，我们将这些估计的底层数据与真实的底层数据一起绘制在同一个坐标轴上：

```
estimated = underlying(x_vals, estimated_params)
fig3, ax3 = plt.subplots()
ax3.plot(x_vals, raw_model, "k", label="True model")
ax3.plot(x_vals, estimated, "k--", label="Estimated model")
ax3.set_title("Plot of true and estimated models")
ax3.set_xlabel("x")
ax3.set_ylabel("y")
ax3.legend()
```

结果如图 4.9 所示，在该范围内，这两种模型之间的差异很小。

在图 4.9 中，我们可以看到真实模型与估计模型之间只存在微小的差异。

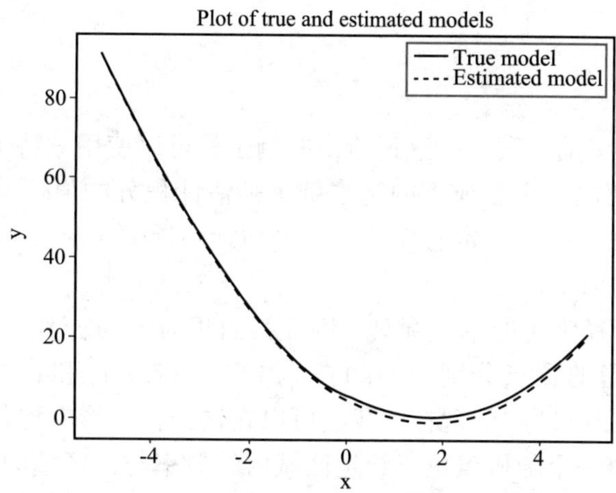

图 4.9　在同一轴域上绘制的真实模型和估计模型

4.8.3　原理解析

本示例代码中有趣的部分可以在 `Model` 上下文管理器中找到。该对象跟踪随机变量，协调模拟并跟踪状态。上下文管理器为我们提供了一种方便的方法，将概率变量与周围的代码分离开来。

首先，我们要为代表我们参数的三个随机变量分布提出一个先验分布。我们建议采用正态分布，因为我们知道参数值不能偏离数值 1 太远（例如，我们可以通过观察步骤 4 中生成的曲线图来判断）。使用正态分布将为接近当前值的值提供更高的概率。接下来，我们添加与观测数据相关的详细信息，用于计算接受或拒绝状态的接受概率。最后，我们使用 `sample` 例程启动采样器。这将构建马尔可夫链并生成步骤中的所有数据。

`sample` 例程根据要模拟的变量类型设置采样器。由于正态分布是连续变量，`sample` 例程选择了 **NUTS**（No U-turn Sampler）。这是一种适用于连续变量的合理通用采样器。NUTS 的常见替代方法是 Metropolis 采样器，它的可靠性较低，但在某些情况下比 NUTS 速度更快。PyMC 文档建议尽可能使用 NUTS。

采样完成后，我们绘制了迹（马尔科夫链给出的状态）的后验分布图，以查看我们生成的近似值的最终形状。我们可以看到，所有三个随机变量（参数）都是围绕近似准确值呈正态分布的。

从内部来看，PyMC 使用 Aesara（PyMC3 使用的 Theano 的继任者）来加快计算速度。这使得 PyMC 可以在**图形处理器**（GPU）上而不是**中央处理器**（CPU）上执行计算，从而大大提高了计算速度。

4.8.4 更多内容

蒙特卡罗法非常灵活，我们在这里给出的例子是可以使用蒙特卡罗法的一种特殊情况。蒙特卡罗法应用的一个更典型的基本例子是估计积分的值，通常称为蒙特卡罗积分。蒙特卡罗积分法的一个非常有趣的例子是估计圆周率（$\pi \approx 3.1415$）的值。让我们简单了解一下它是如何工作的。

首先，我们取半径为 1 的单位圆盘，因此其面积为π。我们可以把这个圆盘放在一个正方形内，正方形的顶点分别为 (1, 1)、(−1, 1)、(1, −1) 和 (−1, −1)。由于这个正方形边长为 2，所以面积为 4。现在，我们可以在这个正方形上均匀地生成随机点。当我们这样做时，任何一个随机点位于给定区域内的概率与该区域的面积成正比。因此，将随机生成的点位于该区域内的比例乘以正方形的总面积，就可以估算出该区域的面积。具体来说，我们只需将随机生成的位于圆盘内的点的数量乘以 4，再除以我们生成的点的总数，就可以估算出圆盘的面积（当圆盘半径为 1 时，$\pi \approx 3.1415$）。

我们可以很容易地用 Python 编写一个函数来执行此计算，该函数可能如下所示：

```
import numpy as np
from numpy.random import default_rng

def estimate_pi(n_points=10000):
    rng = default_rng()
    points = rng.uniform(-1, 1, size=(2, n_points))
    inside = np.less(points[0, :]**2 + points[1, :]**2, 1)
    return 4.0*inside.sum() / n_points
```

只需运行一次该函数，就能得到π的合理近似值：

```
estimate_pi() # 3.14224
```

我们可以通过使用更多的点来提高估算的准确性，但也可以多次运行该模拟并求取平均值。让我们运行 100 次模拟并求取平均值（我们可以使用进程并发来并行处理，这样就可以根据需要进行更多次的模拟采样）：

```
from statistics import mean
results = list(estimate_pi() for _ in range(100))
print(mean(results))
```

上述代码运行之后，输出的π的估计值为 3.141 575 2，这是真实值的一个较好估计。

4.8.5 另请参阅

PyMC 软件包有许多功能，这在文档中通过大量示例进行了记录（https://docs.pymc.io/）。另外，还有基于 TensorFlow 的概率编程库（https://www.tensorflow.org/probability）。

4.9 拓展阅读

下面这本书是关于概率和随机过程的很好、很全面的参考书：

Grimmett, G. and Stirzaker, D. (2009). Probability and random processes. 3rd ed. Oxford: Oxford Univ. Press.

下面这本书是对贝叶斯定理和贝叶斯统计的简单介绍：

Kurt, W . (2019). Bayesian statistics the fun way. San Francisco, CA: No Starch Press, Inc.

CHAPTER 5

第5章

使用树和网络

网络是包含节点和节点对之间的边的对象，它可以用来表示各种各样的实际情况，如分布和调度。从数学上讲，网络对组合问题的可视化很有用，并且可以形成丰富且引人入胜的理论。

当然，有几种不同类型的网络。我们将主要处理简单的网络，其中边连接两个不同的节点（因此没有自环），任意两个节点之间最多有一条边，并且所有的边都是双向的。树是一种特殊的网络，其中没有环。也就是说，不存在这样的节点列表，其中每个节点都通过一条边连接到下一个节点，最后一个节点连接到第一个节点。树在理论上特别简单，因为它用尽可能少的边连接多个节点。一个完整的网络是这样一种网络，其中每个节点都通过一条边与其他节点相连。

网络可以是有向的，其中每条边都有一个源节点和一个目标节点，或者可以携带额外的属性，比如权重。加权网络在某些应用中特别有用。在某些网络中，我们允许两个给定节点之间有多条边。

在本章中，我们将学习如何创建、操作和分析网络，然后应用网络算法来解决各种问题。

注意

在有些文献，特别是数学教材中，网络通常称为图（graph），节点有时称为顶点。我们倾向于使用“网络”一词，以避免其与更常见的函数绘图的用法混淆。

本章将介绍以下内容：

- 用 Python 创建网络

- 可视化网络
- 了解网络的基本特征
- 生成网络邻接矩阵
- 创建有向和加权网络
- 在网络中寻找最短路径
- 量化网络中的聚类
- 为网络着色
- 寻找最小生成树和支配集

让我们开始吧!

5.1 技术要求

在本章中，我们将主要使用 NetworkX 包来处理树和网络。可以使用你喜欢的包管理器（比如 pip）安装此软件包：

```
python3.10 -m pip install networkx
```

我们通常按照 NetworkX 官方文档（https://networkx.org/documentation/stable/）中建立的约定，以别名 nx 导入 NetworkX 包，使用以下 import 语句：

```
import networkx as nx
```

本章的代码可以在本书的 GitHub 代码库的“Chapter 05”文件夹中找到，网址为 https://github.com/PacktPublishing/Applying-Math-with-Python-2nd-Edition/tree/main/Chapter%2005。

5.2 在 Python 中创建网络

为了解决大量可以表示为网络问题的问题，我们需要一种在 Python 中创建网络的方法。为此，我们将利用 NetworkX 包及其提供的例程和类来创建、操作和分析网络。

在本节中，我们将用 Python 创建一个表示网络的对象，并向该对象添加节点和边。

5.2.1 准备工作

正如在 5.1 节中提到的，我们需要以别名 nx 导入 NetworkX 包。我们可以使用下面的 import 语句来完成此操作：

```
import networkx as nx
```

5.2.2 实现方法

按照以下步骤创建简单图的 Python 表示：

1. 我们需要创建一个新的 Graph 对象来存储构成图的节点和边：

```
G = nx.Graph()
```

2. 接下来，我们需要使用 add_node 方法为网络添加节点：

```
G.add_node(1)
G.add_node(2)
```

3. 为了避免重复调用此方法，可以使用 add_nodes_from 方法从可迭代对象（如列表）中添加节点：

```
G.add_nodes_from([3, 4, 5, 6])
```

4. 接下来，我们需要使用 add_edge 或 add_edges_from 方法在刚才添加的节点之间添加边，这两个方法分别添加一条边或一组边（以元组的形式）：

```
G.add_edge(1, 2) # edge from 1 to 2
G.add_edges_from([(2, 3),(3, 4)(3, 5),(3, 6),
    (4,5),(5,6)])
```

5. 最后，分别通过访问图的 nodes 和 edges 属性来检索图中当前节点和边的视图：

```
print(G.nodes)
print(G.edges)
# [1, 2, 3, 4, 5, 6]
# [(1, 2), (2, 3), (3, 4), (3, 5), (3, 6), (4, 5), (5, 6)]
```

5.2.3 原理解析

NetworkX 包中添加了几个类和例程，用于使用 Python 创建、操作和分析网络。Graph 类是最基本的类，用于表示在任意给定节点之间不包含多条边且其边是无向（双向）的网络。

一旦创建了一个空白的 Graph 对象，我们就可以使用本示例中描述的方法添加新的节点和边。在这个示例中，我们创建了包含整数值的节点。然而，一个节点可以保存除 None 以外的任何可哈希的 Python 对象。此外，可以通过传递给 add_node 方法的关键字参数将相关数据添加到节点中。在使用 add_nodes_from 方法时，还可以通过提供包含节点对象的元组列表和属性字典来添加属性。add_nodes_from 方法用于批量添加节点，而 add_node 则用于将单个节点附加到现有网络中。

网络中的边是包含两个（不同的）节点的元组。在一个简单的网络中（如由基本 Graph 类表示的网络），在任意两个给定节点之间最多有一条边。这些边是通过 add_edge 或 add_edges_from 方法添加的，它们分别向网络添加单个边或一个边列表。至于节点，边可以通过属性字典保存任意关联数据。特别是在添加边时，可以通过提供 weight 属性来添加权重。我们将在 5.6 节中提供更多关于加权图的信息。

nodes 和 edges 属性分别保存了组成网络的节点和边。nodes 属性返回一个 NodesView 对象，它是节点及其关联数据的类似字典的接口。类似地，edges 属性返回一个 EdgeView 对象，可以用来检查单个边及其相关数据。

5.2.4　更多内容

Graph 类表示简单网络，即节点之间最多由一条边连接、边没有方向的网络。我们将在 5.6 节中讨论有向网络。还有一个单独的类 MultiGraph，用于表示一对节点之间可以有多条边的网络。所有网络类型都允许自环，文献中的简单网络有时是不允许的，这样的简单网络通常是指没有自环的无向网络。

所有网络类型都提供了添加节点和边以及检查当前节点和边的各种方法。还有一些方法，能将网络复制到其他类型的网络中或从一个网络中提取子网络。NetworkX 包中还有几个实用的例程，用于生成标准网络和向现有网络中添加子网络。

NetworkX 还提供了各种例程，用于将网络读写为不同的文件格式，如 GraphML、JSON 和 YAML。例如，我们可以使用 nx.write_graphml 例程将网络写入 GraphML 文件，并使用 nx.read_graphml 例程读取它。

5.3　可视化网络

分析网络的第一步通常是绘制网络，这可以帮助我们识别网络的一些突出特征（当然，绘图形可能会误导人，所以我们不应该在分析中过于依赖它们）。

在本节中，我们将描述如何使用 NetworkX 包中的网络绘图工具来可视化网络。

5.3.1 准备工作

对于本例，如 5.1 节所述，我们需要利用别名 `nx` 导入 NetworkX 包，当然，还需要导入 Matplotlib 包。像往常一样，我们必须使用以下 `import` 语句将 `pyplot` 模块导入为 `plt`：

```
import matplotlib.pyplot as plt
```

5.3.2 实现方法

以下步骤概述了如何使用 NetworkX 的绘图例程来绘制简单的网络对象：

1. 首先，我们将创建一个简单的示例网络用于绘制：

```
G = nx.Graph()
G.add_nodes_from(range(1, 7))
G.add_edges_from([
    (1, 2), (2, 3), (3, 4), (3, 5),
    (3, 6), (4, 5), (5, 6)
])
```

2. 接下来，我们将为它创建新的 Matplotlib `Figure` 和 `Axes` 对象，准备使用 `plt` 中的 `subplots` 例程绘制网络：

```
fig, ax = plt.subplots()
```

3. 现在，我们可以创建一个布局，用于在图中定位节点。在这个图中，我们将使用 `shell_layout` 例程来实现 shell 布局：

```
layout = nx.shell_layout(G)
```

4. 我们可以使用 `draw` 例程在图形上绘制网络。因为已经创建了 Matplotlib `Figure` 和 `Axes`，所以我们可以提供 `ax` 关键字参数。我们还将使用 `with_labels` 关键字参数为节点添加标签，并使用 `pos` 参数指定我们刚刚创建的布局：

```
nx.draw(G, ax=ax, pos=layout, with_labels=True)
ax.set_title("Simple network drawing")
```

结果图如图 5.1 所示。

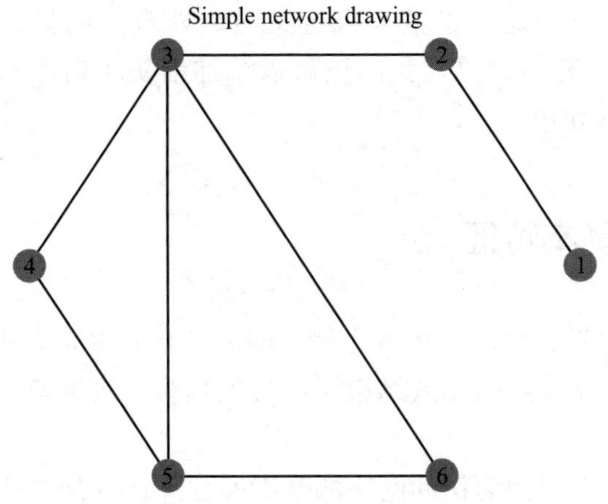

图 5.1　使用 shell 布局排列的简单网络图

由于本例中的节点数量相对较少，因此它们被排列在单层圆环结构中，节点之间的边用直线表示。

5.3.3　原理解析

draw 例程是一个专门用于绘制网络的绘图例程。我们创建的布局指定了每个节点放置的坐标。我们使用了 shell 布局，将节点按同心圆结构排列（本例中只使用了单层圆环），这是由网络的节点和边决定的。默认情况下，draw 例程会创建一个随机的布局。

draw 例程有许多关键字参数，用于自定义绘制网络的外观。在本示例中，我们添加了 with_labels 关键字参数，用于根据节点所持有的对象对图中节点进行标记。这些节点保存的是整数，这就是前面图中节点被标记为整数的原因。

我们还使用 plt.subplots 函数单独创建了一组坐标轴（axes）。这不是严格必要的，因为如果没有提供坐标轴，draw 例程会自动创建新的 figure 和 Axes 对象。

5.3.4　更多内容

NetworkX 包提供了几种布局生成例程，类似于在本例中使用的 shell_layout 例程。这种布局只是一个以节点为索引的字典，元素是节点应绘制位置的 x 和 y 坐标。用于创建布局的 NetworkX 例程表示在大多数情况下都会用到的常见排列，但如果需要，你也可以创建自定义布局。NetworkX 文档中提供了不同布局创建例程的完整列表。还有一些快捷绘图例程，它们将使用特定的布局，无须单独创建布局。例如，draw_shell 例程将使用与此例中给出的 draw 调用等效的 shell 布局绘制网络。

draw 例程采用几个关键字参数来自定义图形外观。例如，有控制节点大小、颜色、形状和透明度的关键字参数。我们还可以添加箭头（对于有向边）或者只绘制网络中的一组特定的节点和边。

5.4 了解网络的基本特征

除了用于分析图的节点和边的数量之外，网络还具有多种基本特征。例如，节点的度（degree）是指从该节点开始（或结束）的边的数量。度越高，该节点与网络其他部分的连接越好。

在本节中，我们将学习如何访问网络的基本属性并计算与之相关的多种基本指标。

5.4.1 准备工作

像往常一样，我们需要利用别名 nx 导入 NetworkX 包。我们还需要将 Matplotlib 的 pyplot 模块导入为 plt。

5.4.2 实现方法

按照以下步骤访问网络的多种基本特征：

1. 创建我们将在本示例中分析的样本网络，如下所示：

```
G = nx.Graph()
G.add_nodes_from(range(10))
G.add_edges_from([
    (0, 1), (1, 2), (2, 3), (2, 4),
    (2, 5), (3, 4), (4, 5), (6, 7),
    (6, 8), (6, 9), (7, 8), (8, 9)
])
```

2. 接下来，绘制网络并将节点排列成圆环结构：

```
fig, ax = plt.subplots()
nx.draw_circular(G, ax=ax, with_labels=True)
ax.set_title("Simple network")
```

结果如图 5.2 所示。正如我们所看到的，网络被分成两个不同的部分。

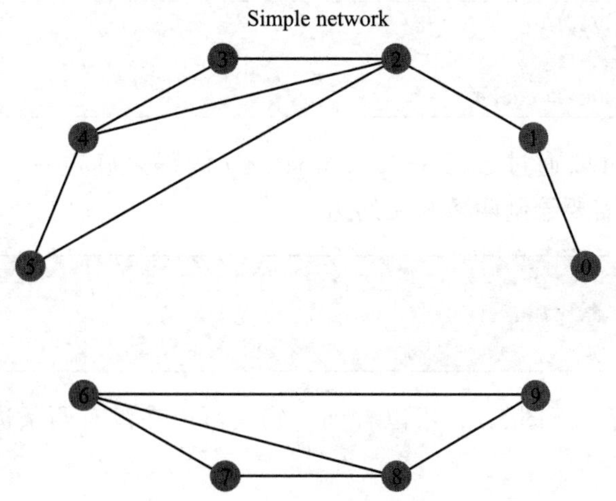

图 5.2　由两个不同部分组成的以圆环结构排列的简单网络

3. 接下来，我们需要输出 Graph 对象来显示网络的一些基本信息：

```
print(G)
# Name:
# Type: Graph
# Number of nodes: 10
# Number of edges: 12
# Average degree: 2.4000
```

4. 现在，我们可以使用 Graph 对象的 degree 属性来检索特定节点的度：

```
for i in [0, 2, 7]:
    degree = G.degree[i]
    print(f"Degree of {i}: {degree}")
# Degree of 0: 1
# Degree of 2: 4
# Degree of 7: 2
```

5. 可以使用 connected_components 例程获得网络中的连通分量，它返回一个生成器，我们再将其转换为列表：

```
components = list(nx.connected_components(G))
print(components)
# [{0, 1, 2, 3, 4, 5}, {8, 9, 6, 7}]
```

6. 我们可以使用 density 例程计算网络的**密度**，它返回一个介于 0 到 1 之间的浮点数。这表示该节点实际存在的边占该节点可能边总数的比例：

```
density = nx.density(G)
print("Density", density)
# Density 0.26666666666666666
```

7. 最后，我们可以通过 check_planarity 例程来确定一个网络是否是平面的（这意味着该网络不需要绘制两条交叉的边）：

```
is_planar, _ = nx.check_planarity(G)
print("Is planar", is_planar)
# Is planar True
```

如果我们回头看一下图 5.2，可以看到，确实可以在没有两条边交叉的情况下绘制这样的图。

5.4.3　原理解析

info 例程会生成网络的简单总结，内容包括网络的类型（在本例中为简单的 Graph 类型）、节点数量和边的数量，以及网络中节点的平均度数。可以使用 degree 属性访问网络中节点的实际度数，该属性提供了一个类似字典的接口来查找每个节点的度数。

如果一组节点中的每个节点都通过一条边或一系列边与其他节点相连，则称该组节点是连通的。网络的连通分量（connected component）是指最大的、互相连通的节点集合。任意两个不同的连通分量是不相交的。每个网络都可以被分解为一个或多个连通分量。本例中定义的网络有两个连通分量，即 {0, 1, 2, 3, 4, 5} 和 {8, 9, 6, 7}。在前面的图中可以看到这些连通分量，其中第一个连通分量画在第二个连通分量的上面。在该图中，我们可以沿着网络中的边从任意分量中的一个节点追踪到另一个节点。如从 0 追踪到 5。

网络密度（density）是网络中的边数与给定节点数下可能有的总边数的比值。完全网络的密度为 1，但一般来说，网络的密度会小于 1。

如果网络可以在平面上绘制且没有出现交叉边，则称网络是平面的（planar）。最简单的非平面网络的例子是具有五个节点的完全网络。一个平面的完全网络最多有四个节点。如果你在纸上画出这些网络，稍微试验一下就会发现没有交叉的边。此外，任何包含至少五个节点的完全网络都不是平面的。平面网络因其相对简单而在理论具有重要意义，但在实际应用产生的网络中却不常见。

5.4.4　更多内容

除了 network 类上的方法外，NetworkX 包中还有其他几个例程可用于访问网络中节点和边的属性。例如，nx.get_node_attributes 可以从网络中的每个节点获取一个命名属性。

5.5　生成网络邻接矩阵

分析图的一个有效工具是邻接矩阵。如果存在从节点 i 到节点 j 的边，则邻接矩阵的项 $a_{i,j}=1$，否则 $a_{i,j}=0$。对大多数网络来说，邻接矩阵通常是稀疏的（大多数元素都是 0）。对于无向网络，该矩阵也是对称的（$a_{i,j}=a_{j,i}$）。许多其他矩阵也可以与网络相关联，5.5.4 节将简要介绍与网络有关的其他矩阵。

在本节中，我们将为一个网络生成邻接矩阵，并学习如何从这个矩阵中得到网络的一些基本属性。

5.5.1　准备工作

对于本示例，我们需要以别名 nx 导入 NetworkX 包，并将 NumPy 模块导入为 np。

5.5.2　实现方法

下面的步骤概述了如何为网络生成邻接矩阵，并从这个矩阵推导出网络的一些简单属性：

1. 首先，我们将生成一个网络，以便在整个示例中使用。我们将生成一个具有 5 个节点和 5 条边的随机网络，同时设置种子来实现可重复性：

```
G = nx.dense_gnm_random_graph(5, 5, seed=12345)
```

2. 为了生成邻接矩阵，我们可以使用 NetworkX 中的 adjacency_matrix 函数。默认情况下，它将返回一个稀疏矩阵，因此我们也将使用 todense 方法将其转换为一个完全的（full）NumPy 数组：

```
matrix = nx.adjacency_matrix(G).todense()
print(matrix)
# [[0 0 1 0 0]
#  [0 0 1 1 0]
#  [1 1 0 0 1]
#  [0 1 0 0 1]
#  [0 0 1 1 0]]
```

3. 取邻接矩阵的 n 次幂，得到从一个节点到另一个节点长度为 n 的路径数量：

```
paths_len_4 = np.linalg.matrix_power(matrix, 4)
print(paths_len_4)
# [[ 3 5  0  0 5]
#  [ 5 9  0  0 9]
#  [ 0 0 13 10 0]
#  [ 0 0 10  8 0]
#  [ 5 9  0  0 9]]
```

步骤 2 中的邻接矩阵和步骤 3 中矩阵的四次幂都是对称矩阵。另外，请注意，paths_len_4 的非 0 条目位于邻接矩阵中出现 0 的位置。这是因为有两组不同的节点，奇数长度的路径在这两组之间交换，而偶数长度的路径会返回到起始组。

5.5.3 原理解析

dense_gnm_random_graph 例程生成一个（密集的）随机网络，该网络是从所有具有 n 个节点和 m 条边的网络集合中均匀选择的。在此示例中，n=5 且 m=5。对边数比节点数多得多的密集网络来说，dense 前缀表示该例程使用的算法比可选的 gnm_random_graph 算法速度更快。

当图相对较小时，网络的邻接矩阵很容易生成，特别是以稀疏的形式生成。对于较大的网络，这可能是一项昂贵的操作，因此可能不切实际，特别是在这个示例中所看到的将其转换为完全矩阵的情况下。一般来说，你不需要这样做，因为我们可以简单地使用 adjacency_matrix 例程生成的稀疏矩阵，也可以使用 SciPy 的 sparse 模块中的稀疏线性代数工具。

矩阵的幂提供了关于给定长度的路径数量的信息。通过跟踪矩阵乘法的定义，可以很容易地看到这一点。请记住，在两个给定节点之间存在边（路径长度为 1）时，邻接矩阵的项为 1。

5.5.4 更多内容

网络邻接矩阵的特征值提供了一些关于网络结构的额外信息，如网络色数的边界（有关网络着色的更多信息，请参阅 5.9 节）。有一个单独的例程用于计算邻接矩阵的特征值，例如，用于生成网络邻接矩阵特征值的 adjacency_spectrum 例程。涉及与网络相关的矩阵特征值的方法通常称为谱（spectral）方法。

还有其他与网络相关的矩阵，如关联矩阵（incidence matrix）和拉普拉斯矩阵（Laplacian matrix）。网络的关联矩阵是一个 $M \times N$ 矩阵，其中 M 为节点数，N 为边数。如果节点 i 出现在边 j 上，则矩阵的第 i, j 项为 1，否则为 0。网络的拉普拉斯矩阵的定义为 $\boldsymbol{L}=\boldsymbol{D}-\boldsymbol{A}$，其中 $\boldsymbol{D}$ 为包含网络中各节点的度的对角矩阵，$\boldsymbol{A}$ 为网络的邻接矩阵。这两个矩阵对于分析网络都很有用。

5.6 创建有向加权网络

简单的网络，比如在前面示例中描述的网络，可用于描述边的方向不重要且边的权重相等的网络。然而，在实践中，大多数网络都携带额外的信息，如方向或权重。

在本节中，我们将创建一个有向加权网络，并探索这种网络的一些基本性质。

5.6.1 准备工作

对于这个示例，像往常一样，我们需要将 NetworkX 包导入为 `nx`，将 Matplotlib 的 `pyplot` 模块导入为 `plt`，将 NumPy 包导入为 `np`。

5.6.2 实现方法

以下步骤概述了如何创建具有权重的有向网络，以及如何探索我们在前面示例中讨论的一些属性和技术：

1. 要创建有向网络，我们可以使用 NetworkX 中的 `DiGraph` 类，而不是简单的 `Graph` 类：

```
G = nx.DiGraph()
```

2. 像往常一样，我们必须使用 `add_node` 或 `add_nodes_from` 方法向网络中添加节点：

```
G.add_nodes_from(range(5))
```

3. 要添加加权边，我们可以使用 `add_edge` 方法并提供 `weight` 关键字参数，也可以使用 `add_weighted_edges_from` 方法：

```
G.add_edge(0, 1, weight=1.0)
G.add_weighted_edges_from([
    (1, 2, 0.5), (1, 3, 2.0), (2, 3, 0.3), (3, 2, 0.3),
    (2, 4, 1.2), (3, 4, 0.8)
])
```

4. 接下来，我们必须用箭头绘制网络，以指示每条边的方向。我们还必须为图形提供位置参数：

```
fig, ax = plt.subplots()
pos = {0: (-1, 0), 1: (0, 0), 2: (1, 1), 3: (1, -1),
    4:(2, 0)}
nx.draw(G, ax=ax, pos=pos, with_labels=True)
ax.set_title("Weighted, directed network")
```

结果如图 5.3 所示。

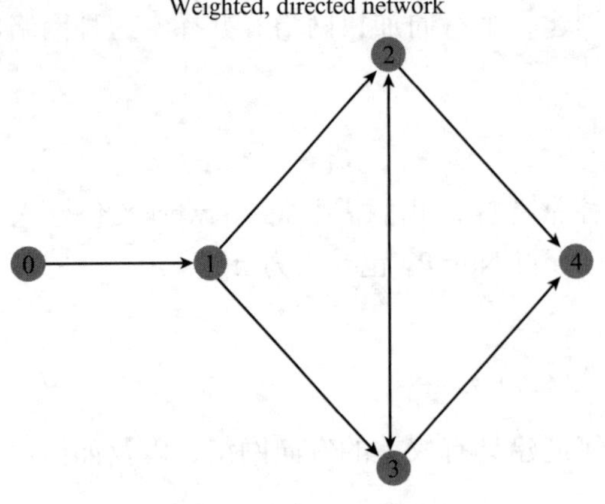

图 5.3　有向加权网络

5. 有向网络邻接矩阵的创建方式与简单网络相同，但生成的矩阵不是对称矩阵：

```
adj_mat = nx.adjacency_matrix(G).todense()
print(adj_mat)
# [[0. 1. 0.  0. 0. ]
#  [0. 0. 0.5 2. 0. ]
#  [0. 0. 0. 0.3 1.2]
#  [0. 0. 0.3 0. 0.8]
#  [0. 0. 0. 0. 0. ]]
```

邻接矩阵包含的并不是两个给定节点之间的边数，而是这些节点之间所有边的权重之和。

5.6.3　原理解析

DiGraph 类表示有向网络，在其中添加边时，节点的顺序很重要。在这个示例中，我们添加了两条边来连接节点 2 和 3，每个方向各一条。在简单网络（Graph 类）中，添加第二条边的操作并不会真的增加一条边。然而，对于有向网络（DiGraph 类），添加边时给出的节点顺序决定了边的方向。

除了附加在边上的 weight 属性之外，加权边没有什么特别之处（任何数据都可以通过关键字参数附加到网络中的边或节点上）。add_weighted_edges_from 方法只是将相应的权重（元组中的第三个值）添加到相应的边上。权重可以被添加到任何网络中的任何边上，而不仅仅是本示例所示的有向网络。

draw 例程在绘制有向网络时会自动为边添加箭头。可以通过传递 arrows=False 关键字参数来关闭此行为。有向或加权网络的邻接矩阵也不同于简单网络的邻接矩阵。在有向网络中，矩阵通常不是对称的，因为边可能在一个方向上存在而在另一个方向上不存在。对于加权网络，邻接矩阵的项可以不是 1 或 0，而是对应边的权重。

5.6.4 更多内容

加权网络会出现在许多应用（比如描述包含距离或速度的交通网络）中。你还可以通过为网络中的边提供容量（作为权重或其他属性）来检查网络中的流量。NetworkX 有几个工具可以用于分析网络中的流量，例如可以通过 nx.maximum_flow 例程找到网络中的最大流量。

有向网络为网络增添了方向信息。许多现实应用会产生具有单向边的网络，比如工业流程或供应链网络中的网络。正如我们将在本章中看到的那样，这些额外的方向信息对许多使用网络的算法都有影响。

5.7 在网络中寻找最短路径

网络出现的一个常见问题是，在网络中的两个节点之间找到最短的（或者更确切地说，是最高回报的）路线。例如，这可能是两个城市之间的最短距离，其中节点代表城市，边是连接成对城市的道路。在这种情况下，边的权重就是城市道路的长度。

在本节中，我们将找到具有权重的网络中两个节点之间的最短路径。

5.7.1 准备工作

对于本示例，我们需要像往常一样以别名 nx 导入 NetworkX 包，将 Matplotlib 的 pyplot 模块导入为 plt，并从 NumPy 中导入随机数生成器对象：

```
from numpy.random import default_rng
rng = default_rng(12345) # seed for reproducibility
```

5.7.2　实现方法

按照以下步骤，查找网络中两个节点之间的最短路径：

1. 首先，我们将使用 gnm_random_graph 和 seed 来创建随机网络：

```
G = nx.gnm_random_graph(10, 17, seed=12345)
```

2. 接下来，我们将以圆形布局绘制网络，以查看节点如何连接：

```
fig, ax = plt.subplots()
nx.draw_circular(G, ax=ax, with_labels=True)
ax.set_title("Random network for shortest path finding")
```

结果如图 5.4 所示。在这里，我们可以看到从节点 7 到节点 9 没有直接相连的边。

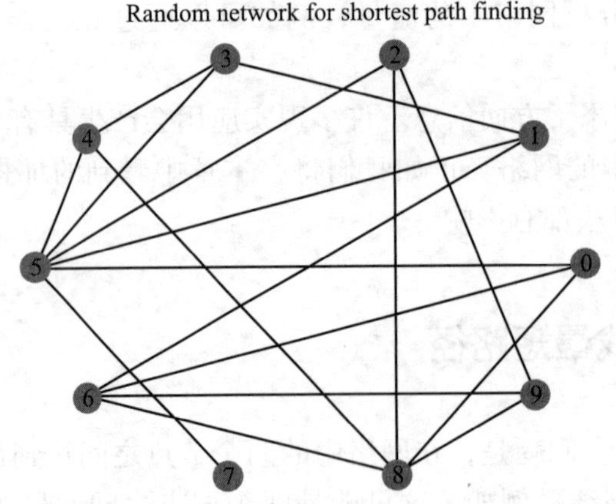

图 5.4　随机生成的带有 10 个节点和 17 条边的网络

3. 现在，我们需要为每条边添加一个权重，使得就最短路径而言，一些路径比其他路径更可取：

```
for u, v in G.edges:
    G.edges[u, v]["weight"] = rng.integers(5, 15)
```

4. 接下来，我们将使用 nx.shortest_ path 例程计算从节点 7 到节点 9 的最短路径：

```
path = nx.shortest_path(G, 7, 9, weight="weight")
print(path)
# [7, 5, 2, 9]
```

5. 我们可以使用 nx.shortest_path_length 例程得到这个最短路径的长度：

```
length = nx.shortest_path_length(G, 7, 9,
    weight="weight")
print("Length", length)
# Length 32
```

这里的路径的长度是最短路径上所有边的权重之和。如果网络不是加权网络，那么这将等于沿着这条路径穿过的边的数量。

5.7.3 原理解析

shortest_path 例程用于计算每对节点之间的最短路径。或者，当提供源节点和目标节点时（就像我们在这个示例中所做的一样），它计算两个指定节点之间的最短路径。我们提供了可选的 weight 关键字参数，使算法根据边的权重属性找到最短路径。这个参数改变了“最短”的含义，因为默认情况下是指经过的边数最少。

寻找两个节点之间最短路径的默认算法是 Dijkstra 算法，它是计算机科学和数学课程的主要内容。它是一种很好的通用算法，但效率不是特别高。其他寻找路径的算法包括 A* 算法。采用带启发式信息的 A* 算法来指导节点选择，可以获得更高的效率。

5.7.4 更多内容

在网络中，有许多算法可以用于寻找两个节点之间的最短路径。也有用于寻找最大加权路径的算法变体。

在网络中寻找路径有几个相关的问题，如旅行商问题（Traveling Salesperson Problem）和邮递员问题（Route Inspection Problem）。在旅行商问题中，我们需要找到一个循环（在同一节点开始和结束的路径），它访问网络中的每个节点，总权重最小（或最大）。在邮递员问题中，我们寻求遍历网络中每条边并返回到起点的最短循环（按权重计算）。众所周知，旅行商问题是 NP 难题，但邮递员问题可以在多项式时间内解决。

图论中一个著名的问题是柯尼斯堡七桥问题（the bridges at Königsberg），它要求在网络中找到一条路径，该路径恰好穿过网络中的每条边一次。事实证明，正如欧拉所证明的那样，在柯尼斯堡七桥问题中找到这样一条路径是不可能的。每条边只经过一次的路径叫作欧拉回路（Eulerian circuit），具有欧拉回路的网络称为欧拉网络。当且仅当网络中每个节点的度都为偶数时，一个网络才是欧拉网络。柯尼斯堡七桥问题的网络表示如图 5.5 所示。图中的边表示不同陆地块之间的不同桥梁，而节点表示不同的陆地。我们可以看到，所

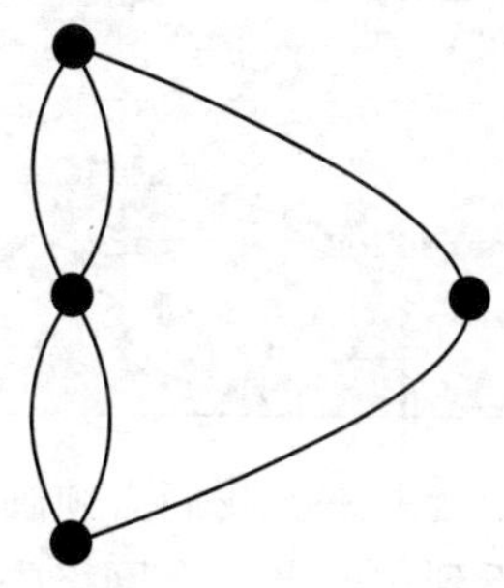

图 5.5 表示柯尼斯堡七桥问题的网络

有四个节点都是奇度节点，这意味着不可能有一条路径正好穿过每条边一次。

5.8 量化网络中的聚类

有各种与网络相关的量来衡量网络的特征。例如，节点的聚类系数（clustering coefficient）衡量附近节点之间的连通性（这里的“附近”表示通过边连接）。实际上，它衡量的是相邻节点距离形成一个完整的网络或团（clique）有多近。

节点的聚类系数衡量该节点由边连接的相邻节点占所有相邻节点的比例。也就是说，两个相邻节点与给定节点形成三角形。给定节点的度后，我们计算三角形的数量，并将其除以可能形成的三角形的总数。从数值上讲，在一个简单的无加权网络中，节点 u 处的聚类系数由以下方程给出：

$$C_u = \frac{2T_u}{\deg(u)(\deg(u)-1)}$$

这里，T_u 是节点 u 处三角形的个数，分母是节点 u 处可能形成的三角形总数。如果节点 u 的度（u 节点的边数）为 0 或 1，则设置 C_u 为 0。

在本节中，我们将学习如何计算网络中节点的聚类系数。

5.8.1 准备工作

对于本示例，我们需要将 NetworkX 包导入为 `nx`，将 Matplotlib 的 `pyplot` 模块导入为 `plt`。

5.8.2 实现方法

下面的步骤向你展示如何计算网络中节点的聚类系数：

1. 首先，我们需要创建一个样本网络便于后续操作：

```
G = nx.Graph()
complete_part = nx.complete_graph(4)
cycle_part = nx.cycle_graph(range(4, 9))
G.update(complete_part)
G.update(cycle_part)
G.add_edges_from([(0, 8), (3, 4)])
```

2. 接下来，我们必须画出网络，以便我们比较我们将要计算的聚类系数。这将允许我们看到这些节点在网络中是如何出现的：

```
fig, ax = plt.subplots()
nx.draw_circular(G, ax=ax, with_labels=True)
ax.set_title("Network with different clustering behavior")
```

结果如图 5.6 所示。

3. 现在，我们可以使用 `nx.clustering` 例程计算网络中节点的聚类系数：

```
cluster_coeffs = nx.clustering(G)
```

4. `nx.clustering` 例程的输出结果是网络中节点上的字典。因此，我们可以输出一些选定的节点，如下所示：

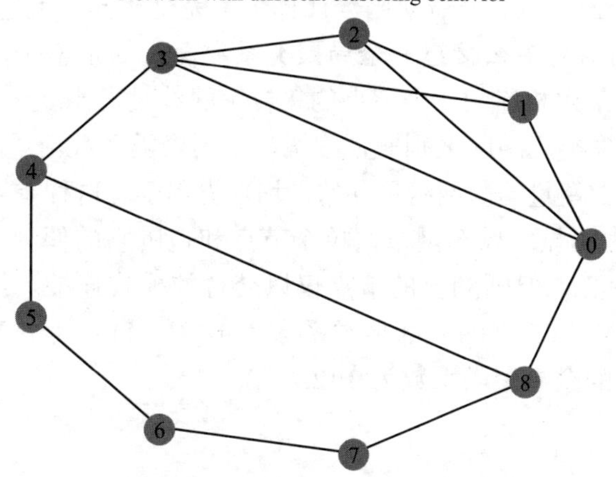

图 5.6　用于测试聚类的样本网络

```
for i in [0, 2, 6]:
    print(f"Node {i}, clustering {cluster_coeffs[i]}")
# Node 0, clustering 0.5
# Node 2, clustering 1.0
# Node 6, clustering 0
```

5. 网络中所有节点的平均聚类系数可以使用 `nx.average_clustering` 例程计算：

```
av_clustering = nx.average_clustering(G)
print(av_clustering)
# 0.3333333333333333
```

这个平均聚类系数表明，平均而言，节点拥有大约 1/3 的可能连接。

5.8.3 原理解析

节点的聚类系数衡量该节点的邻域距离完整网络（所有节点都是连通的网络）有多近。在这个示例中，我们有三个不同的计算值：节点 0 的聚类系数为 0.5，节点 2 的聚类系数为 1.0，节点 6 的聚类系数为 0。这意味着连接到节点 2 的节点组成了一个完整网络，这是因为我们是这样设计我们的网络的（0～4 号节点按照设计形成一个完整网络）。节点 6 的邻域是非常不完整的，因为它的相邻节点之间没有相互连接的边。

平均聚类值是网络中所有节点的聚类系数的简单平均值。它与全局聚类系数（使用 NetworkX 中的 `nx.transitivity` 函数计算）不完全相同，但它确实让我们了解到，网络整体上与完整网络有多么接近。全局聚类系数衡量的是整个网络中三角形的数量与三元组（由至少两条边相连的三个节点的集合）的数量之比。

全局聚类和平均聚类之间的区别非常细微。全局聚类系数衡量的是网络整体的聚类程度，而平均聚类系数衡量的是网络局部的平均聚类程度。这种差异在风车网络（windmill network）中最为明显。风车网络由单个节点和包围它的偶数个节点圆圈组成，所有的节点都连接到中心，但圆圈上的节点仅以交替的模式连接。风车网络外围节点的局部聚类系数为 1，中心节点的局部聚类系数为 $1/(2N-1)$，其中 N 表示连接中心节点的三角形数量。而它的全局聚类系数为 $3/(2N-1)$。

5.8.4 更多内容

聚类系数与网络中的团有关。团（clique）是一个完整的子网络（所有节点都通过边连接）。网络理论中的一个重要问题是寻找网络中的最大团，一般情况下这是一个非常困难的问题（在这里，“最大”意味着团不能再大了）。

5.9 为网络着色

网络在调度问题中也很有用，在调度问题中，你需要将活动安排到不同的时段，以避免时间冲突。例如，我们可以利用网络来安排课程，以确保选修不同课程的学生不必同时上两门课。在这个场景中，节点将表示不同的课程，而边将表示学生同时选修两门课程。我们用来解决这类问题的过程称为对网络着色（network coloring）。这个过程包括为网络中的节点分配尽可能少的颜色，这样相邻的两个节点就不会有相同的颜色。

在这个示例中，我们将学习如何通过为网络着色来解决一个简单的调度问题。

5.9.1 准备工作

对于本示例，我们需要以别名 nx 导入 NetworkX 包，并将 Matplotlib 的 pyplot 模块导入为 plt。

5.9.2 实现方法

按照以下步骤解决网络着色问题：

1. 首先，我们将创建一个样本网络：

```
G = nx.complete_graph(3)
G.add_nodes_from(range(3, 7))
G.add_edges_from([
    (2, 3), (2, 4), (2, 6), (0, 3), (0, 6), (1, 6),
    (1, 5), (2, 5), (4, 5) ])
```

2. 接下来，我们将绘制网络，以便在生成网络时了解着色情况。为此，我们将使用 draw_circular 例程：

```
fig, ax = plt.subplots()
nx.draw_circular(G, ax=ax, with_labels=True)
ax.set_title("Scheduling network")
```

结果如图 5.7 所示。

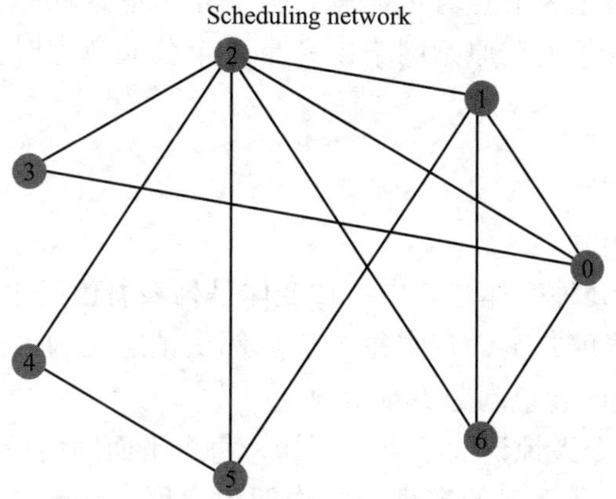

图 5.7 一个简单调度问题的样本网络

3. 我们将使用 nx.greedy_color 例程生成着色：

```
coloring = nx.greedy_color(G)
print("Coloring", coloring)
# Coloring {2: 0, 0: 1, 1: 2, 5: 1, 6: 3, 3: 2, 4: 2}
```

4. 为了查看在此着色中使用的实际颜色，我们将从 `coloring` 字典中生成一组值：

```
different_colors = set(coloring.values())
print("Different colors", different_colors)
# Different colors {0, 1, 2, 3}
```

注意，`coloring` 中的颜色数量不能再少了，因为节点 0、1、2 和 6 构成了一个完整网络，每个节点都与其他节点相连，因此每个节点都需要一个单独的颜色。

5.9.3 原理解析

`nx.greedy_color` 例程使用几种可能的策略之一对网络进行着色。默认情况下，它是按节点度从大到小的顺序着色的。在我们的例子中，它首先将颜色 0 分配给度数为 6 的节点 2，然后将颜色 1 分配给度数为 4 的节点 0，以此类推，为序列中的每个节点选择第一种可用的颜色。这不一定是网络着色的最有效算法。

任何网络都可以通过为每个节点分配不同的颜色来着色，但在大多数情况下，需要的颜色都比较少。在本例中，网络有 7 个节点，但只需要 4 种颜色。所需的最小颜色数称为**网络的色数**（chromatic number）。

我们在这里描述的问题是节点着色问题，还有一个相关的问题称为边着色问题。我们可以将边着色问题转化为节点着色问题，方法是考虑这样一个网络，该网络的节点是原始网络的边，当两条边在原始网络中共享一个公共节点时，在两个节点之间添加一条边。

5.9.4 更多内容

网络的着色问题有几种变体。其中一种变体是**列表着色问题**，在这个问题中，我们为一个网络寻找一种着色方案，其中每个节点都从预定义的可能颜色列表中获得一种颜色。这个问题比一般的着色问题更难解决。

一般的着色问题有令人惊讶的结果。例如，每个平面网络最多可以由 4 种不同的颜色着色。这是图论中一个著名的定理，叫作**四色定理**（four-color theorem），由 Appel 和 Haken 在 1977 年证明。这个定理指出，每个平面图都有一个不大于 4 的色数。

5.10 寻找最小生成树和支配集

网络在各种各样的问题上都有应用，有两个明显的应用领域是通信和分配。例如，我们可能希望找到一种方法，将货物分配到道路网络中的几个城市（节点），使货物送到特定地点的总距离最小。对于这样的问题，我们需要研究最小生成树和支配集。

在本节中，我们将在网络中找到最小生成树和支配集。

5.10.1 准备工作

对于本示例，我们需要以别名 nx 导入 NetworkX 包，并将 Matplotlib 的 pyplot 模块导入为 plt。

5.10.2 实现方法

按照以下步骤，可以求出网络的最小生成树和支配集：

1. 首先，我们将创建一个样本网络进行分析：

```
G = nx.gnm_random_graph(15, 22, seed=12345)
```

2. 接下来，像往常一样，我们将在进行任何分析之前绘制网络：

```
fig, ax = plt.subplots()
pos = nx.circular_layout(G)
nx.draw(G, pos=pos, ax=ax, with_labels=True, style="--")
ax.set_title("Network with minimum spanning tree overlaid")
```

3. 可以使用 nx.minimum_spanning_tree 例程计算最小生成树：

```
min_span_tree = nx.minimum_spanning_tree(G)
print(list(min_span_tree.edges))
# [(0, 13), (0, 7), (0, 5), (1, 13), (1, 11),
#   (2, 5), (2, 9), (2, 8), (2, 3), (2, 12),
#   (3, 4), (4, 6), (5, 14), (8, 10)]
```

4. 接下来，我们将最小生成树的边叠加到图上：

```
nx.draw_networkx_edges(min_span_tree, pos=pos, ax=ax,width=2.)
```

5. 最后，我们将使用 nx.dominating_set 例程为网络找到一个支配集，支配集是一个集合，网络中的每个节点都至少与该集合中的一个节点相邻：

```
dominating_set = nx.dominating_set(G)
print("Dominating set", dominating_set)
# Dominating set {0, 1, 2, 4, 10, 14}
```

叠加最小生成树后的网络如图 5.8 所示。

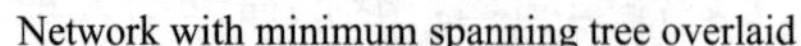

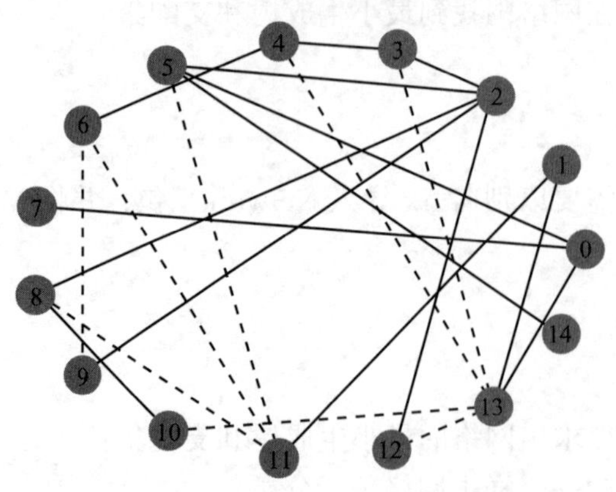

图 5.8　叠加最小生成树后的网络

最小生成树中使用的边为粗体的不间断实线，原始网络中的边为虚线。最小生成树确实是树的事实被布局稍微掩盖了一些，但是我们可以很容易地跟踪并看到，没有连接到单个父节点的两个节点是相连的。

5.10.3　原理解析

网络的生成树（spanning tree）是包含网络中所有节点的树。最小生成树是包含尽可能少的边的生成树，或者具有最低的总权重的树。最小生成树对于网络上的分配问题非常有用。寻找最小生成树的一个简单算法是选择那些不形成环的边（如果是加权网络，则首先选择权重最小的边），直到没有可能的选择为止。

网络的支配集（dominating set）是一组顶点，其中网络中的每个节点都与支配集中的至少一个节点相邻。支配集在通信网络中有着广泛的应用。我们经常对寻找最小支配集感兴趣，但这在计算上很困难。测试是否存在小于给定大小的支配集是一个 NP 完全问题。然而，对于某些类型的图，有一些有效的算法可以找到最小支配集。通俗地说，问题是一旦你确定了最小支配集的候选集，你就必须验证没有比它更小的支配集了。如果你事先不知道所有可能的支配集，这是非常困难的。

5.11 拓展阅读

有几本关于图论的经典著作，包括 Bollobás 和 Diestel 的书：

- Diestel, R., 2010. Graph Theory. 3rd ed. Berlin: Springer.
- Bollobás, B., 2010. Modern Graph Theory. New York, NY: Springer.

CHAPTER 6

第6章

使用数据和统计学

Python 对于需要进行数据分析的人来说，最吸引人的特点之一是其具有庞大的数据处理和分析软件包生态系统，以及与 Python 合作的活跃的数据科学家社群。Python 易于使用，同时还提供非常强大且高效的库，使得即使是相对初级的程序员也能够迅速轻松地处理大量的数据。许多数据科学软件包和工具的核心是 pandas 库。pandas 提供了两种构建在 NumPy 数组基础上的数据容器类型，它们对标签（而不仅仅是简单的整数）有很好的支持。这些数据容器使得处理大量数据变得非常容易。

数据和统计在现代世界中无处不在。Python 在试图理解每天产生的大量数据方面处于领先地位，通常，所有这一切都始于 pandas——Python 处理数据的基本库。在本章中，首先，我们将看到使用 pandas 处理数据的一些基本技术。然后，我们将讨论统计学的基础知识，这将为我们提供一种通过观察小样本来了解整个群体的系统方法。

在这一章中，我们将学习如何利用 Python 和 pandas 处理大量数据，并进行统计检验。

本章涵盖了以下内容：

- 创建 `Series` 和 `DataFrame` 对象
- 从 DataFrame 中加载数据和向 DataFrame 存储数据
- 在 DataFrame 中操作数据
- 从 DataFrame 中绘制数据
- 从 DataFrame 中获取描述性统计信息
- 通过抽样了解总体
- 对 DataFrame 中的分组数据执行操作
- 使用 t 检验进行假设检验

- 使用 ANOVA 进行假设检验
- 非参数数据的假设检验
- 使用 Bokeh 创建交互式图形

6.1 什么是统计学

统计学是使用数学（特别是概率论）对数据进行系统研究的学科。统计学有两个主要方面，第一个方面是**数据汇总**。我们可以找到描述一组数据的数值，包括数据的中心（均值或中位数）和离散程度（标准差或方差）等特征，这些数值称为**描述性统计**。我们在这里做的是拟合一个概率分布，描述特定特征在总体中出现的可能性。在这里，总体（population）简单来说是指某一特定特征测量值的完整集合，例如，目前地球上每个人的身高。

统计学的第二个方面，也可以说是更重要的方面是**推断**（inference）。这里，我们尝试通过对总体的相对较小的样本进行数值计算，来估计描述总体的数据分布。我们不仅试图估计总体的分布，还试图量化我们的近似值有多好，这通常采用置信区间的形式进行。置信区间是一个数值范围，对于所观察到的数据，我们有信心认为真实值就在这个范围内。通常我们为估计值提供 95% 或 99% 的置信区间。

推断还包括检验两组或更多组抽样数据是否来自同一总体的测试，这属于**假设检验**的领域。在这里，我们比较两组数据的可能分布，以确定它们是否可能相同。许多假设检验要求数据呈正态分布，或者更可能的是我们可以应用中心极限定理。这些检验有时被描述为参数检验，包括 t 检验和 ANOVA（方差分析）。然而，如果你的数据不够理想，以至于中心极限定理无法提供帮助，那么一些检验就不需要正态性的假设，这些称为非参数检验。

6.2 技术要求

在本章中，我们将主要使用 pandas 库进行数据操作，该库提供了类似于 R 语言的数据结构，如 `Series` 和 `DataFrame` 对象，用于存储、组织和操作数据。在本章的最后一个示例中，我们还将使用 Bokeh 数据可视化库。你可以使用自己喜欢的软件包管理器（如 `pip`）安装这些库：

```
python3.10 -m pip install pandas bokeh
```

我们还将使用 NumPy 和 SciPy 包。

本章的代码可以在本书的 GitHub 代码库的“Chapter 06”文件夹中找到，地址为

https://github.com/PacktPublishing/Applying-Math-with-Python-2nd-Edition/tree/main/Chapter%2006。

6.3 创建 Series 和 DataFrame 对象

在 Python 中，大多数数据处理工作都是使用 pandas 库完成的，该库在 NumPy 的基础上提供了类似于 R 语言的数据结构来存储数据。这些结构允许通过字符串或其他 Python 对象而不仅仅是整数进行轻松的行和列索引。一旦数据被加载到 pandas 的 `DataFrame` 或 `Series` 中，pandas 就可以像在电子表格中一样轻松地对其进行操作。这使得 Python 在与 pandas 结合使用时，成为处理和分析数据的强大工具。

在本节中，我们将看到如何创建新的 pandas `Series` 和 `DataFrame` 对象以及如何从中访问数据项。

6.3.1 准备工作

在本示例中，我们将使用以下命令将 pandas 库导入为 `pd`：

```
import pandas as pd
```

将 NumPy 包导入为 `np`。我们还需要使用 NumPy 创建一个包含种子的随机数生成器，如下所示：

```
from numpy.random import default_rng
rng = default_rng(12345)
```

6.3.2 实现方法

以下步骤概述了如何创建包含数据的 `Series` 和 `DataFrame` 对象：

1. 首先，创建我们将存储在 `Series` 和 `DataFrame` 对象中的随机数据：

```
diff_data = rng.normal(0, 1, size=100)
cumulative = diff_data.cumsum()
```

2. 接下来，创建一个包含 `diff_data` 的 `Series` 对象。我们将输出该 `Series` 对象，以生成数据视图：

```
data_series = pd.Series(diff_data)
print(data_series)
```

3. 现在，创建一个包含两列的 DataFrame 对象：

```
data_frame = pd.DataFrame({
    "diffs": data_series,
    "cumulative": cumulative
})
```

4. 输出 DataFrame 对象以产生它所包含的数据视图：

```
print(data_frame)
```

输出出来的对象如下，左边是 Series 对象，右边是 DataFrame 对象：

```
                                         diffs  cumulative
0       -1.423825                  0  -1.423825   -1.423825
1        1.263728                  1   1.263728   -0.160097
2       -0.870662                  2  -0.870662   -1.030758
3       -0.259173                  3  -0.259173   -1.289932
4       -0.075343                  4  -0.075343   -1.365275
           ...                    ..        ...         ...
95      -0.061905                 95  -0.061905   -1.107210
96      -0.359480                 96  -0.359480   -1.466690
97      -0.748644                 97  -0.748644   -2.215334
98      -0.965479                 98  -0.965479   -3.180813
99       0.360035                 99   0.360035   -2.820778
Length: 100, dtype: float64       [100 rows x 2 columns]
```

如预期的那样，Series 和 DataFrame 都包含 100 行。由于 Series 中的数据是单一类型的（由于它只是一个 NumPy 数组），数据类型显示为 float64。DataFrame 有两列，通常可能具有不同的数据类型（尽管这里它们都是 float64）。

6.3.3　原理解析

pandas 库提供了 Series 和 DataFrame 类，它们反映了 R 语言中对应类的功能。Series 用于存储一维数据，如时间序列数据，而 DataFrame 用于存储多维数据，你可以将 DataFrame 对象视为“电子表格”。

Series 与简单的 NumPy ndarray 的区别在于 Series 对其数据项的索引方式。NumPy 数组由整数索引，这也是 Series 对象的默认索引方式。然而，Series 可以由任何可哈希的 Python 对象进行索引，包括字符串和 datetime 对象。这使得 Series 非常适合于存储时间序列数据。Series 可以通过多种方式创建。在本示例中，我们使用了 NumPy 数组，但也可以使用任何 Python 可迭代对象，如列表。

DataFrame 对象中的每一列都是包含行的序列，就像在传统数据库或电子表格中一样。在本示例中，当通过字典的键构建 DataFrame 对象时，就为列指定了标签。

DataFrame 和 Series 对象在输出时会生成它们包含的数据摘要。这包括列名、行数和列数，以及数据框（序列）的前五行和后五行。这对于快速获取对象及其包含数据的概览非常有用。

6.3.4 更多内容

通过提供相应的索引，可以使用通常的索引表示法访问 Series 对象的各个行（记录）。我们还可以使用特殊的 iloc 属性对象通过行的数值位置来访问行。这允许我们通过它们的数值（整数）索引访问行，就像使用 Python 列表或 NumPy 数组一样。

在 DataFrame 对象中，可以使用常规的索引符号，并提供列名来访问列，这将返回一个包含所选列数据的 Series 对象。DataFrame 还提供了两个属性，可用于访问数据。loc 属性通过它们的索引提供对单个行的访问，不管该对象是什么类型。iloc 属性按照数值索引提供对行的访问，这与 Series 对象类似。

你可以向 loc 提供选择条件（或仅对对象使用索引符号）来选择数据。这包括单个标签、标签列表、标签切片或布尔数组（适当大小的数组）。iloc 选择方法接受类似的条件。

除了我们在这里描述的简单方法之外，还有其他从 Series 或 DataFrame 对象中选择数据的方法。例如，我们可以使用 at 属性访问对象中指定行（和列）的单个值。

有时，pandas 的 Series 或 DataFrame 由于固有的低维性质而无法充分描述数据。xarray 包建立在 pandas 接口之上，提供对带标签的多维数组（即 NumPy 数组）的支持。我们将在 10.4 节的示例中了解有关 xarray 的更多信息。关于 xarray 的更多信息可以在文档（https://docs.xarray.dev/en/stable/index.html）中找到。

6.3.5 另请参阅

pandas 文档中详细描述了创建和索引 DataFrame 或 Series 对象的不同方法，网址如下：https://pandas.pydata.org/docs/user_guide/indexing.html。

6.4 从 DataFrame 中加载数据和向 DataFrame 存储数据

在 Python 会话中直接从原始数据创建 DataFrame 对象相对较为少见。在实践中，数据通常来自外部源，如现有的电子表格或 CSV 文件、数据库或 API 端点。因此，pandas 提供了许多用于将数据加载和存储到文件的实用工具。pandas 支持从 CSV、Excel（xls 或 xlsx）、JSON、SQL、Parquet 和 Google BigQuery 文件中加载数据和向其存储数据。这使得将数据导入 pandas，然后使用 Python 进行操作和分析变得非常容易。

在本节中，我们将学习如何加载和存储 CSV 文件中的数据。对于其他文件格式的数据加载和存储，操作步骤类似。

6.4.1 准备工作

在本示例中，我们需要将 pandas 包导入为 pd，导入 NumPy 库为 np。我们还需要使用以下命令创建默认的 NumPy 随机数生成器：

```
from numpy.random import default_rng
rng = default_rng(12345) # seed for example
```

让我们学习如何通过 DataFrame 存储和加载数据。

6.4.2 实现方法

按照以下步骤将数据存储到文件中，然后再加载数据到 Python：

1. 首先，我们使用随机数据创建一个 DataFrame 对象样本。然后，我们将输出此 DataFrame 对象，以便与我们稍后将读取的数据进行比较：

```
diffs = rng.normal(0, 1, size=100)
cumulative = diffs.cumsum()

data_frame = pd.DataFrame({
    "diffs": diffs,
    "cumulative": cumulative
})
print(data_frame)
```

2. 使用 DataFrame 对象上的 to_csv 方法将此 DataFrame 对象中的数据存储在 sample.csv 文件中。我们将使用 index=False 关键字参数，以便不将索引存储在 CSV 文件中：

```
data_frame.to_csv("sample.csv", index=False)
```

3. 现在，可以使用 pandas 的 read_csv 例程将 sample.csv 文件读取到一个新的 DataFrame 对象中。我们将输出此对象以显示结果：

```
df = pd.read_csv("sample.csv", index_col=False)
print(df)
```

两个输出的 DataFrame 对象并排显示。步骤 1 中的 DataFrame 对象在左侧，步骤 3 中的 DataFrame 对象在右侧：

```
        diffs          cumulative           diffs          cumulative
0     -1.423825     -1.423825      0      -1.423825      -1.423825
1      1.263728     -0.160097      1       1.263728      -0.160097
2     -0.870662     -1.030758      2      -0.870662      -1.030758
3     -0.259173     -1.289932      3      -0.259173      -1.289932
4     -0.075343     -1.365275      4      -0.075343      -1.365275
...         ...           ...      ...          ...            ...
95    -0.061905     -1.107210      95     -0.061905      -1.107210
96    -0.359480     -1.466690      96     -0.359480      -1.466690
97    -0.748644     -2.215334      97     -0.748644      -2.215334
98    -0.965479     -3.180813      98     -0.965479      -3.180813
99     0.360035     -2.820778      99      0.360035      -2.820778

[100 rows x 2 columns]             [100 rows x 2 columns]
```

从各行数据可以看出，这两个 DataFrame 是相同的。

6.4.3　原理解析

这个示例的核心是 pandas 中的 read_csv 函数。这个函数以路径或类文件对象作为参数，并将文件内容读取为 CSV 数据。我们可以使用 sep 关键字参数自定义分隔符，默认分隔符为逗号（,）。还有选项可以自定义列标题和每列的数据类型。

DataFrame 或 Series 的 to_csv 方法将内容存储在 CSV 文件中。在这里，我们使用了 index 关键字参数，以便不将索引输出到文件中。这意味着 pandas 将从 CSV 文件中的行号推断出索引。如果数据是由整数索引的，这种行为是可取的，但如果数据是由时间或日期索引的，情况可能就不同了。我们也可以使用这个关键字参数指定 CSV 文件中的哪一列是索引列。

6.4.4　另请参阅

请查阅 pandas 文档：https://pandas.pydata.org/docs/reference/io.html，以获取支持的文件格式列表。

6.5　在 DataFrame 中操作数据

一旦我们有了 DataFrame 格式的数据，在进行任何分析之前，我们通常都需要对数据进行一些简单的转换或过滤。例如，这可能包括过滤有缺失数据的行或对单独的列应用函数等操作。

在本节中，我们将学习如何对 DataFrame 对象执行一些基本的操作，以准备需要进行分析的数据。

6.5.1　准备工作

在本示例中，我们需要以别名 pd 导入 Pandas 包，以别名 np 导入 NumPy 包，并使用以下命令创建默认的 NumPy 随机数生成器对象：

```
from numpy.random import default_rng
rng = default_rng(12345)
```

让我们学习如何对 DataFrame 中的数据执行一些简单的操作。

6.5.2　实现方法

以下步骤说明了如何在 Pandas DataFrame 上执行一些基本的过滤和操作：

1. 首先，我们将使用随机数据创建一个 DataFrame 样本：

```
three = rng.uniform(-0.2, 1.0, size=100)
three[three < 0] = np.nan
data_frame = pd.DataFrame({
    "one": rng.random(size=100),
    "two": rng.normal(0, 1, size=100).cumsum(),
    "three": three
})
```

2. 接下来，我们将利用现有列生成一个新列。如果“one”列的相应条目大于 0.5，则新列中的数据为 True，否则为 False：

```
data_frame["four"] = data_frame["one"] > 0.5
```

3. 现在，让我们创建一个将应用于 DataFrame 的新函数。此函数将行“two”的值乘以行“one”和 0.5 之中的较大值（有更简洁的方法来编写此函数）：

```
def transform_function(row):
    if row["four"]:
        return 0.5*row["two"]
    return row["one"]*row["two"]
```

4. 现在，我们将上面定义的函数应用于 DataFrame 中的每一行，生成一个新的列。我们还将输出更新后的 DataFrame，以便稍后进行比较：

```
data_frame["five"] = data_frame.apply(
    transform_function, axis=1)
print(data_frame)
```

5. 最后，我们需要过滤掉 DataFrame 中包含**非数字**（NaN）值的行。我们将输出结果 DataFrame：

```
df = data_frame.dropna()
print(df)
```

步骤 4 中 print 命令的输出结果如下：

```
         one        two     three   four       five
0   0.168629   1.215005  0.072803  False   0.204885
1   0.240144   1.431064  0.180110  False   0.343662
2   0.780008   0.466240  0.756839   True   0.233120
3   0.203768  -0.090367  0.611506  False  -0.018414
4   0.552051  -2.388755  0.269331   True  -1.194377
..       ...        ...       ...    ...        ...
95  0.437305   2.262327  0.254499  False   0.989326
96  0.143115   1.624691  0.131136  False   0.232517
97  0.422742   2.769187  0.959325  False   1.170652
98  0.764412   1.128285       NaN   True   0.564142
99  0.413983  -0.185719  0.290481  False  -0.076885

[100 rows x 5 columns]
```

第 98 行中有一个 NaN 值。正如预期的那样，我们总共有 100 行、5 列的数据。现在，我们可以将其与步骤 4 中 print 命令的输出结果进行比较：

```
         one        two     three   four       five
0   0.168629   1.215005  0.072803  False   0.204885
1   0.240144   1.431064  0.180110  False   0.343662
2   0.780008   0.466240  0.756839   True   0.233120
3   0.203768  -0.090367  0.611506  False  -0.018414
```

```
4      0.552051    -2.388755    0.269331     True    -1.194377
...         ...          ...         ...      ...          ...
94     0.475131     3.065343    0.330151    False     1.456440
95     0.437305     2.262327    0.254499    False     0.989326
96     0.143115     1.624691    0.131136    False     0.232517
97     0.422742     2.769187    0.959325    False     1.170652
99     0.413983    -0.185719    0.290481    False    -0.076885

[88 rows x 5 columns]
```

如预期的那样，由于我们删除了包含 NaN 值的所有行，行数减少了 12 行（请注意，第 98 行的第 3 列不再包含 NaN 值）。

6.5.3　原理解析

只需将新列分配给新的列索引，即可将新列添加到现有的 DataFrame 中。然而，在这里需要注意一些事项。在某些情况下，pandas 会创建 DataFrame 对象的“视图”，而不是复制相应数据，此时，将其分配给新列可能不会达到预期的效果。这在 pandas 文档（https://pandas.pydata.org/pandas-docs/stable/user_guide/indexing.html #returning-a-view-versus-a-copy）中有详细讨论。

pandas 的 Series 对象（DataFrame 中的列）支持丰富的比较运算符，例如等于、小于或大于（在这个示例中，我们使用了大于运算符）。这些比较运算符返回一个 Series，在比较结果为真和为假的位置包含相应的布尔值。反过来，这可用于对原始 Series 进行索引，并仅获取比较结果为真的行。在这个示例中，我们只是将这个布尔值的 Series 添加到原始的 DataFrame 中。

apply 方法接受一个函数（或其他可调用函数），并将其应用于 DataFrame 对象中的每一列。在这个示例中，我们希望将函数应用于每一行，因此我们使用了 axis=1 关键字参数，将函数应用于 DataFrame 对象中的每一行。在任何情况下，函数都会被提供一个按行（列）索引的 Series 对象。我们还对每一行应用了一个函数，该函数返回使用每一行数据计算的值。在实践中，如果 DataFrame 对象包含大量行，这种应用可能会很慢。如果可能的话，你应该将列作为一个整体进行操作，使用专为 NumPy 数组操作而设计的函数，以提高效率。对 DataFrame 列中的值执行简单的算术运算时尤其应该如此。与 NumPy 数组一样，Series 对象实现了标准的算术运算，这可以大大缩短大型 DataFrame 的运算时间。

在这个示例的最后一步中，我们使用 dropna 方法快速选择 DataFrame 中不包含 NaN 值的行。pandas 使用 NaN 来表示 DataFrame 中的缺失数据，因此该方法选择不包含缺失值的行。此方法返回原始 DataFrame 对象的视图，但它也可以通过传递

input=True 关键字参数来修改原始 DataFrame。就像在这个示例中一样，这大致相当于使用索引符号，通过使用包含布尔值的索引数组选择行。

注意

在直接修改原始数据时，你应始终保持谨慎，因为以后可能无法返回到原始数据，不能重复进行数据分析。如果你确实需要直接修改数据，应确保它已经备份，或者该修改不会删除你以后可能需要的数据。

6.5.4 更多内容

大多数 pandas 例程都能合理处理缺失数据（NaN）。然而，如果你确实需要在 DataFrame 中删除或替换缺失数据，那么有几种方法可以实现。在这个示例中，我们使用了 dropna 方法来简单地删除缺失数据的行。相反，我们可以使用 fillna 方法用特定值填充所有缺失值，或者使用 interpolate 方法用周围值的插值代替缺失值。

更一般地，我们可以使用 replace 方法将特定的（非 NaN）值替换为其他值。这个方法可以处理数字值和字符串值，包括使用正则表达式的模式匹配。

DataFrame 类有许多有用的方法。我们只在这里介绍了非常基础的方法，但还有两个其他方法也值得一提。它们是 agg 方法和 merge 方法。

agg 方法聚合 DataFrame 对象的给定轴上的一个或多个操作的结果。这使我们能够通过应用聚合函数快速生成每列（或每行）的汇总信息。其输出是一个 DataFrame，其中包含应用到各行的函数名称，以及所选列的轴标签（如列标签）。

merge 方法在两个 DataFrame 上执行类似 SQL 的连接操作。这将生成一个包含连接结果的新 DataFrame。可以传递各种参数到 how 关键字参数以指定要执行的连接类型，默认类型为 inner。执行连接的列或索引的名称应传递给 on 关键字参数（如果两个 DataFrame 对象都包含相同的键），或者传递给 left_on 和 right_on。以下是一个在 DataFrame 上执行 merge 方法的非常简单的例子：

```
rng = default_rng(12345)
df1 = pd.DataFrame({
    "label": rng.choice(["A", "B", "C"], size=5),
    "data1": rng.standard_normal(size=5)
})
df2 = pd.DataFrame({
    "label": rng.choice(["A", "B", "C", "D"], size=4),
```

```
    "data2": rng.standard_normal(size=4)
})
df3 = df1.merge(df2, how="inner", on="label")
```

这将生成一个 DataFrame，其中包含标题为 label、data1 和 data2 的行，这些行对应于具有相同标签的 df1 和 df2 中的行。让我们输出这三个 DataFrame 来查看结果：

```
>>> print(df1)                              >>> print(df2)
  label     data1                             label     data2
0     C -0.259173                           0     D  2.347410
1     A -0.075343                           1     A  0.968497
2     C -0.740885                           2     C -0.759387
3     A -1.367793                           3     C  0.902198
4     A  0.648893
>>> df3
  label     data1     data2
0     C -0.259173 -0.759387
1     C -0.259173  0.902198
2     C -0.740885 -0.759387
3     C -0.740885  0.902198
4     A -0.075343  0.968497
5     A -1.367793  0.968497
6     A  0.648893  0.968497
```

在这里，你可以看到，df1 和 df2 中分别具有匹配标签的 data1 和 data2 值的每个组合在 df3 中都有一行。此外，由于 df1 中没有标签为 D 的行，因此 df2 中标签 D 的行未被使用。

6.6　从 DataFrame 中绘制数据

与许多数学问题一样，找到某种方法来可视化问题和所有信息的第一步是制定一个策略。对于基于数据的问题，这通常意味着绘制数据图并直观地检查其趋势、模式和底层结构。由于这是一个非常常见的操作，pandas 提供了一个快速简便的界面，可以直接从 Series 或 DataFrame 中绘制各种形式的数据，默认情况下是使用 Matplotlib 作为绘图工具。

在本节中，我们将学习如何直接从 DataFrame 或 Series 中绘制数据，以了解潜在的趋势和结构。

6.6.1 准备工作

在这个示例中，我们需要将 pandas 库导入为 pd，将 NumPy 库导入为 np，将 Matplotlib 的 pyplot 模块导入为 plt，使用以下命令创建默认的随机数生成器实例：

```
from numpy.random import default_rng
rng = default_rng(12345)
```

6.6.2 实现方法

按照以下步骤使用随机数据创建一个简单的 DataFrame，并绘制其中包含的数据：

1. 使用随机数据创建一个 DataFrame 样本：

```
diffs = rng.standard_normal(size=100)
walk = diffs.cumsum()
df = pd.DataFrame({
    "diffs": diffs,
    "walk": walk
})
```

2. 接下来，我们需要创建一个包含两个子图的空白图，以准备绘图：

```
fig, (ax1, ax2) = plt.subplots(1, 2, tight_layout=True)
```

3. 我们需要将 walk 列绘制为标准的折线图。这可以通过在 Series（列）对象上使用 plot 方法来完成，而不需要额外的参数。我们将通过传递 ax=ax1 关键字参数来强制在 ax1 上绘图：

```
df["walk"].plot(ax=ax1, title="Random walk", color="k")
ax1.set_xlabel("Index")
ax1.set_ylabel("Value")
```

4. 现在，我们需要通过将 kind="hist" 关键字参数传递给 plot 方法来绘制 diffs 列的直方图：

```
df["diffs"].plot(kind="hist", ax=ax2,
    title="Histogram of diffs", color="k", alpha=0.6)
ax2.set_xlabel("Difference")
```

生成的图形如图 6.1 所示。

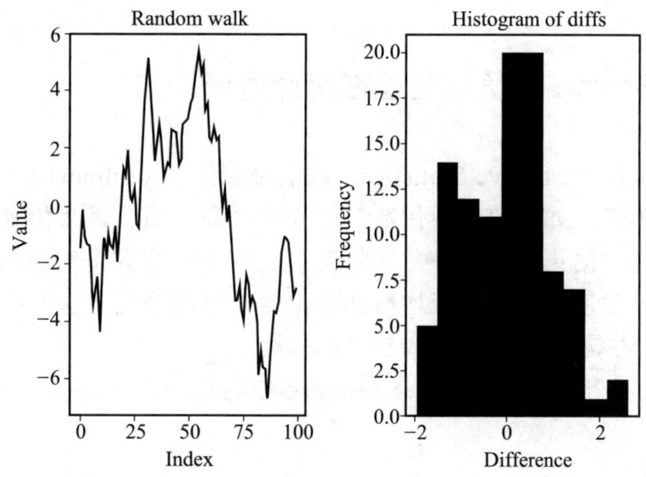

图 6.1　来自 DataFrame 的 walk 值图形和差异的直方图

在这里，我们可以看到差异的直方图近似于标准正态分布（均值为 0，方差为 1）。随机漫步图显示了差异的累积和，并在 0 上下摆动（相当对称）。

6.6.3　原理解析

`Series`（或 `DataFrame`）上的 `plot` 方法是根据行索引绘制其包含的数据的快速方法。`kind` 关键字参数用于控制生成的图形类型，默认为折线图。图形类型有很多选项，其中 `bar` 用于垂直条形图、`barh` 用于水平条形图、`hist` 用于直方图（本例中也提到了）、`box` 用于箱线图、`scatter` 用于散点图。还有其他几个关键字参数可以自定义它生成的图形。在这个示例中，我们还提供了 `title` 关键字参数，为每个子图添加标题。

由于我们希望将两个图形放在已经创建的子图上并排显示，我们使用 `ax` 关键字参数将相应的坐标轴句柄传递给绘图例程。即使你用 `plot` 方法构建图形，你可能仍然需要使用 `plt.show` 例程以显示具有某些设置的图形。

6.6.4　更多内容

我们可以使用 pandas 界面生成几种常见类型的图形。除了本例中提到的那些，还包括散点图、条形图（水平条形图和垂直条形图）、面积图、饼图和箱线图。`plot` 方法还接受各种关键字参数来自定义绘图的外观。

6.7 从 DataFrame 中获取描述性统计信息

描述性统计值（Descriptive Statistics）或汇总统计值（Summary Statistics）是与一组数据相关的简单值，如均值、中位数、标准差、最小值、最大值和四分位数。这些值以各种方式描述数据集的位置和分散情况。均值和中位数是对数据中心（位置）的度量，而其他值则度量数据相对于均值和中位数的分散情况。这些统计数据对于理解数据集至关重要，并构成了许多分析技术的基础。

在本节中，我们将学习如何为 `DataFrame` 中的每一列生成描述性统计值。

6.7.1 准备工作

在这个示例中，我们需要将 pandas 库导入为 `pd`，将 NumPy 库导入为 `np`，将 Matplotlib `pyplot` 模块导入为 `plt`，使用以下命令创建默认的随机数生成器：

```
from numpy.random import default_rng
rng = default_rng(12345)
```

6.7.2 实现方法

以下步骤展示了如何为 `DataFrame` 中的每一列生成描述性统计值：

1. 首先，我们将创建一些样本数据，以便进行分析：

```
uniform = rng.uniform(1, 5, size=100)
normal = rng.normal(1, 2.5, size=100)
bimodal = np.concatenate([rng.normal(0, 1, size=50),
    rng.normal(6, 1, size=50)])
df = pd.DataFrame({
    "uniform": uniform,
    "normal": normal,
    "bimodal": bimodal
})
```

2. 接下来，我们将绘制数据的直方图，以便了解 `DataFrame` 对象中数据的分布情况：

```
fig, (ax1, ax2, ax3) = plt.subplots(1, 3,
                                    tight_layout=True)
```

```
df["uniform"].plot(kind="hist",
    title="Uniform", ax=ax1, color="k", alpha=0.6)
df["normal"].plot(kind="hist",
    title="Normal", ax=ax2, color="k", alpha=0.6)
```

3. 为了获得 `bimodal` 数据分布情况的正确视图，我们将直方图中的 `bins`（箱数）更改为 `20`：

```
df["bimodal"].plot(kind="hist", title="Bimodal",
    ax=ax3, bins=20, color="k", alpha=0.6)
```

4. pandas 的 `DataFrame` 对象有一个用于获取每列几个常见描述性统计值的方法。`describe` 方法创建一个新的 `DataFrame`，其中列标题与原始对象相同，每行包含一个不同的描述性统计值：

```
descriptive = df.describe()
```

5. 我们还必须计算峰度并将其添加到我们刚刚获取的新 `DataFrame` 对象中，同时将描述性统计值输出到控制台，以查看这些值：

```
descriptive.loc["kurtosis"] = df.kurtosis()
print(descriptive)
#              uniform        normal       bimodal
# count     100.000000    100.000000    100.000000
# mean        2.813878      1.087146      2.977682
# std         1.093795      2.435806      3.102760
# min         1.020089     -5.806040     -2.298388
# 25%         1.966120     -0.498995      0.069838
# 50%         2.599687      1.162897      3.100215
# 75%         3.674468      2.904759      5.877905
# max         4.891319      6.375775      8.471313
# kurtosis   -1.055983    0.061679    -1.604305
```

6. 最后，我们需要向直方图添加垂直线，以说明每种情况下的平均值：

```
uniform_mean = descriptive.loc["mean", "uniform"]
normal_mean = descriptive.loc["mean", "normal"]
bimodal_mean = descriptive.loc["mean", "bimodal"]
ax1.vlines(uniform_mean, 0, 20, "k")
ax2.vlines(normal_mean, 0, 25, "k")
ax3.vlines(bimodal_mean, 0, 20, "k")
```

生成的直方图如图 6.2 所示。

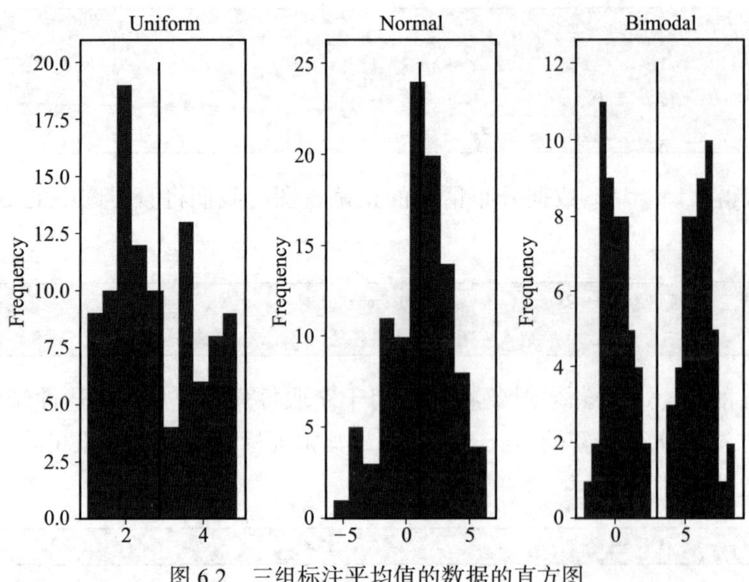

图 6.2　三组标注平均值的数据的直方图

在这里，我们可以看到均值是正态分布的数据的中心（如图 6.2 的中图所示），但对于均匀分布的数据（如图 6.2 的左图所示），分布的“质量”稍微偏向均值左侧的较低值。对于双峰分布的数据（如图 6.2 的右图所示），均值线正好位于两个质量组成部分之间。

6.7.3　原理解析

describe 方法返回一个 DataFrame，其中包含以下数据描述性统计量的行：计数、均值、标准差、最小值、25% 四分位数、中位数（50% 四分位数）、75% 四分位数和最大值。计数、最大值、最小值就无需过多解释了。均值和中位数是数据的两种不同的平均值，大致表示数据的中心值。均值的定义你应该很熟悉，即所有值的总和除以值的数量。我们可以用以下公式表示这个量：

$$\bar{x} = \frac{1}{N}\sum_{i=1}^{N} x_i$$

这里，x_i 表示数据值，N 是值的数量（计数）。在这里，我们采用常用的横杠符号表示均值。中位数是所有数据排序后的“中间值”（如果值的数量是偶数，则取两个中间值的平均值）。25% 和 75% 处的分位数的定义类似，但取排序值的 25% 或 75% 处的值。你也可以将最小值视为 0% 分位数，将最大值视为 100% 分位数。

标准差（standard deviation）是衡量数据相对于均值的离散程度的指标，与统计学中经常提到的另一个量——**方差**（variance）相关。方差是标准差的平方，定义如下：

$$s^2 = \frac{1}{N}\sum_{i=1}^{N}(x_i - \overline{x})^2$$

在这个分数中，你可能还会看到 $N-1$，这是对从样本估计总体参数时产生的**偏差**进行校正。我们将在下一个示例中讨论总体参数及其估计方法。标准差、方差、四分位数以及最大值和最小值描述了数据的离散程度。例如，如果最大值为 5，最小值为 0，25% 四分位数为 2，75% 四分位数为 4，则这表明大部分（实际上至少有 50% 的值）数据集中在 2 到 4 之间。

峰度（kurtosis）是衡量数据集中在分布的“尾部”（即远离均值的部分）程度的指标。它并不像我们在这个例子中讨论的其他量那么常见，但它在一些分析中确实出现了。我们在这里介绍它，主要是为了演示如何使用适当命名的方法（这里是 `kurtosis`）计算 `describe` 方法返回的 `DataFrame` 对象中没有出现的汇总统计值。当然，对于计算均值（`mean`）、标准差（`std`）和 `describe` 方法中的其他量，都有单独的方法。

注意

当 pandas 计算本示例中描述的量时，它将自动忽略任何由 NaN 表示的“缺失值”。这也会反映在描述性统计中报告的数量上。

6.7.4　更多内容

我们在统计数据中包含的第三个数据集说明了查看数据以确保我们计算出的值有意义的重要性。事实上，我们计算出的均值约为 2.9，但从直方图可以明显看出大多数数据与此值相距较远。我们应该始终检查我们计算的汇总统计值是否准确反映了样本中的数据。仅仅引用样本的平均值可能会表示得不准确。

6.8　通过抽样了解总体

统计学中的一个核心问题是，在给定一个小（随机）样本的情况下，如何对整体的分布进行估计，并量化这些估计值的准确程度。一个经典的例子是，通过测量随机选择的人群样本的身高来估计一个国家所有人的平均身高。当真实的总体分布（通常指的是整个总体的均值）无法实际测量时，这类问题尤其有趣。在这种情况下，我们必须依靠我们的统计学知识和随机选择的样本（通常要小得多）来估计真实的总体均值和标准差，并量化我们估计值的准确程度。后者是导致在更广泛的世界中对统计数据产生混淆、误解和错误解释的根源。

在本节中，我们将学习如何估计总体的均值，并为这些估计值提供置信区间。

6.8.1　准备工作

对于这个示例，我们需要将 pandas 包导入为 pd，从 Python 标准库中导入 math 模块，并使用以下命令导入 SciPy 的 stats 模块：

```
from scipy import stats
```

让我们学习如何使用 SciPy 中的统计例程构建置信区间。

6.8.2　实现方法

在接下来的步骤中，我们将根据随机选择的 20 人样本，对英国男性的平均身高进行估计。

1. 首先，我们需要将样本数据加载到 pandas 的 Series 中：

```
sample_data = pd.Series(
    [172.3, 171.3, 164.7, 162.9, 172.5, 176.3, 174.8,
    171.9,176.8, 167.8, 164.5, 179.7, 157.8, 170.6,
    189.9, 185., 172.7, 165.5, 174.5, 171.5]
)
```

2. 接下来，我们需要计算样本的均值和标准差：

```
sample_mean = sample_data.mean()
sample_std = sample_data.std()
print(f"Mean {sample_mean}, st. dev {sample_std}")
# Mean 172.15, st. dev 7.473778724383846
```

3. 接着，我们需要计算**标准误差**，计算方法如下：

```
N = sample_data.count()
std_err = sample_std/math.sqrt(N)
```

4. 我们必须从学生 t 分布中计算出我们想要的置信水平的**临界值**：

```
cv_95, cv_99 = stats.t.ppf([0.975, 0.995], df=N-1)
```

5. 现在，我们可以使用以下代码计算真实总体均值的 95% 和 99% 置信区间：

```
pm_95 = cv_95*std_err
conf_interval_95 = [sample_mean - pm_95,
```

```
    sample_mean + pm_95]
pm_99 = cv_99*std_err
conf_interval_99 = [sample_mean - pm_99,
    sample_mean + pm_99]

print("95% confidence", conf_interval_95)
# 95% confidence [168.65216388659374, 175.64783611340627]
print("99% confidence", conf_interval_99)
# 99% confidence [167.36884119608774, 176.93115880391227]
```

6.8.3 原理解析

参数估计的关键是正态分布，我们在第 4 章中对此进行了讨论。如果我们找到一个临界值 z，使得一个标准正态分布的随机数落在 z 以下的概率为 97.5%，那么这样一个数落在值为 $-z$ 和 z 之间的概率就是 95%（每个尾部为 2.5%）。这个 z 的临界值为 1.96，四舍五入到小数点后两位。也就是说，我们有 95% 的把握认为一个标准正态分布的随机数的值在 $-z$ 和 z 之间。同样，99% 置信度的临界值为 2.58（四舍五入到小数点后两位）。

如果我们的样本很大，我们可以引用**中心极限定理**，该定理告诉我们，即使总体不服从正态分布，从该总体抽取的随机样本的均值也将服从正态分布，且与整个总体的均值相同。然而，这仅在我们的样本量很大时才有效。在这个示例中，样本不算大——它只有 20 个值，与英国男性总体相比绝对不算大。这意味着，我们不能使用正态分布，而必须使用自由度为 $N-1$ 的学生 t 分布来找到我们的临界值，其中 N 是我们样本的大小。为此，我们必须使用 SciPy `stats` 模块中的 `stats.t.ppf` 例程。

学生 t 分布与正态分布有关，但它具有一个参数——自由度——可以改变分布的形状。随着自由度的增加，学生 t 分布将越来越像正态分布。判断分布是否足够相似的标准取决于你的应用和数据。一般的经验法则认为，样本大小为 30 就足以引用中心极限定理，且可以简单地使用正态分布，但这绝不是一个好的法则。在基于样本进行推断时，特别是在样本与总体相比非常小的情况下，你应该非常小心。

一旦我们有了临界值，就可以通过将临界值乘以样本的标准误差，并从样本均值中加减这个乘积来计算真实总体均值的置信区间。标准误差是给定样本大小的样本均值分布与真实总体均值之间差异的近似值。这就是我们使用标准误差来给出总体均值估计的置信区间的原因。在这种情况下，当我们将标准误差乘以从学生 t 分布中得出的临界值时，我们就会得到在给定置信水平下观察到的样本均值和真实总体均值之间的最大差异的估计。

在这个示例中，这意味着我们有 95% 的把握认为英国男性的平均身高在 168.7 厘米到 175.6 厘米之间，我们有 99% 的把握认为英国男性的平均身高在 167.4 厘米到 176.9

厘米之间。我们的样本来自一个平均身高为 175.3 厘米、标准差为 7.2 厘米的总体。这个真实均值（175.3 厘米）确实落在我们的两个置信区间内，但仅仅是刚好。

6.8.4 另请参阅

有一个很有用的软件包叫作 uncertainties，用于进行涉及带有一定不确定性的值的计算。有关的更多信息，请参阅 10.3 节中的示例。

6.9 对 DataFrame 中的分组数据进行操作

pandas 的 DataFrame 的一个重要特性是能够根据特定列中的值对数据进行分组。例如，我们可能会根据生产线编号（ID）和班次编号（ID）对装配线数据进行分组。对这种分组数据进行操作的便捷性非常重要，因为数据通常会被汇总起来以进行分析，但需要分组对其进行预处理。

在本节中，我们将学习如何对 DataFrame 中的分组数据执行操作。我们还将借此机会展示如何对分组数据的滚动窗口进行操作。

6.9.1 准备工作

对于本示例，我们需要将 NumPy 库导入为 np，将 Matplotlib 的 pyplot 接口导入为 plt，并将 pandas 库导入为 pd。我们还需要创建一个默认随机数生成器的实例，方法如下：

```
rng = np.random.default_rng(12345)
```

在开始之前，我们还需要进行 Matplotlib 绘图设置，以更改此示例中的绘图样式。我们将更改在同一坐标轴上生成多个图形时循环使用绘图样式的机制，这通常会导致产生不同的颜色。为此，我们将更改此设置为生成黑色线条，但采用不同的线条样式生成：

```
from matplotlib.rcsetup import cycler
plt.rc("axes", prop_cycle=cycler(
    c=["k"]*3, ls=["-", "--", "-."]))
```

现在，让我们学习如何使用 Pandas DataFrame 的分组功能。

6.9.2 实现方法

按照以下步骤学习如何在 Pandas DataFrame 中对分组数据执行操作：

1. 首先，我们需要在 DataFrame 中生成一些样本数据。对于本示例，我们将生成两列标签和一列数值数据：

```
labels1 = rng.choice(["A", "B", "C"], size=50)
labels2 = rng.choice([1, 2], size=50)
data = rng.normal(0.0, 2.0, size=50)
df = pd.DataFrame({"label1": labels1, "label2": labels2, "data": data})
```

2. 接下来，让我们添加一列新数据，该列由“data”列的累积和组成，按第一个标签“label1”进行分组：

```
df["first_group"] = df.groupby("label1")["data"].cumsum()
print(df.head())
```

现在，df 的前五行数据如下：

```
  label1   label2      data   first_group
0      C        2  0.867309      0.867309
1      A        2  0.554967      0.554967
2      C        1  1.060505      1.927814
3      A        1  1.073442      1.628409
4      A        1  1.236700      2.865109
```

在这里，我们可以看到“first_group”列包含了“label1”列中每个标签的累积和。例如，第 0 行和第 1 行的和就是“data”列中的值。第 2 行中的新条目是第 0 行和第 2 行数据的总和，因为这些是具有标签“C”的前两行。

3. 现在让我们同时对“label1”和“label2”列进行分组：

```
grouped = df.groupby(["label1", "label2"])
```

4. 现在，我们可以使用分组数据的 transform（转换）方法和 rolling（滚动）方法计算每个组内连续条目的滚动平均值：

```
df["second_group"] = grouped["data"].transform(lambda d:
    d.rolling(2, min_periods=1).mean())
print(df.head())
print(df[df["label1"]=="C"].head())
```

输出的前 5 行数据如下：

```
  label1  label2      data  first_group   second_group
0      C       2  0.867309     0.867309       0.867309
1      A       2  0.554967     0.554967       0.554967
```

```
2      C      1    1.060505      1.927814       1.060505
3      A      1    1.073442      1.628409       1.073442
4      A      1    1.236700      2.865109       1.155071
```

与之前类似，前几行表示不同的分组，因此“second_group”列中的值与“data”列中的相应值相同。第 4 行的值是第 3 行和第 4 行数据值的均值。接下来输出的 5 行是具有标签 C 的行：

```
   label1  label2       data   first_group   second_group
0       C       2   0.867309      0.867309       0.867309
2       C       1   1.060505      1.927814       1.060505
5       C       1  -1.590035      0.337779      -0.264765
7       C       1  -3.205403     -2.867624      -2.397719
8       C       1   0.533598     -2.334027      -1.335903
```

这里，我们可以更清楚地看到滚动平均值和累积总和。除了第 1 行外，所有行都具有相同的标签。

5. 最后，让我们绘制按“label1”列分组的“first_group”列的值。

```
fig, ax = plt.subplots()
df.groupby("label1")["first_group"].plot(ax=ax)
ax.set(title="Grouped data cumulative sums", xlabel="Index", ylabel="value")
ax.legend()
```

结果如图 6.3 所示。

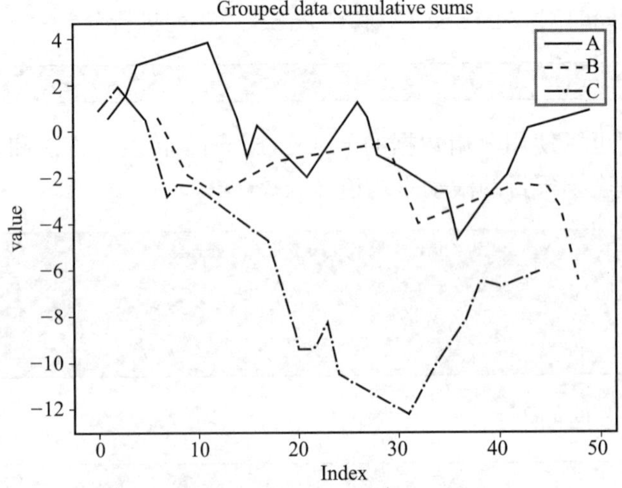

图 6.3　根据 label1 分组的数据累积和图

在这里，我们可以看到每个组在图形上都产生了不同的线条。这是一种从 DataFrame 中生成分组数据图的快速简便的方法。（请记住，我们在 6.9.1 节更改了默认的循环样式，以使图形样式在页面上更加醒目。）

6.9.3　原理解析

groupby 方法使用从请求的列生成的索引为 DataFrame 创建代理对象。然后，我们可以对这个代理对象执行操作。在这种情况下，我们使用 cumsum 方法生成每个组内“data”列中数值的累积和。我们可以使用这种方法以相同的方式生成分组数据的汇总统计信息，这对数据探索非常有用。

在这个示例的第二部分中，我们按两个不同的标签列进行分组，并计算每个组的滚动平均值（窗口长度为 2）。请注意，我们将使用 transform 方法“包裹”这个计算，而不是直接在分组的 DataFrame 上调用 rolling 方法。这是为了确保结果具有正确的索引以便能够放回到 df 中。否则，mean 的输出将继承分组的索引，我们就无法将结果放回到 df 中。我们在 rolling 上使用了 min_periods 可选参数，以确保所有行都有值。否则，出现在窗口大小之前的行将被赋值为 NaN。

这个示例的最后部分使用 plot 例程绘制了按“label1”分组的数据。这是一种快速简便的方法，可以从同一个 DataFrame 对象中绘制多个数据流。不幸的是，在这种情况下自定义绘图有点困难，尽管可以使用 Matplotlib 中的 rcparams 设置来完成。

6.10　使用 *t* 检验进行假设检验

统计学中最常见的任务之一是检验关于正态分布总体均值的假设的有效性，前提是你已经从该总体中收集了样本数据。例如，在质量控制中，我们可能希望测试工厂生产的纸板厚度是否为 2 毫米。为了测试这一点，我们可以随机选择样本纸板并测量厚度以获得我们的样本数据。然后，我们可以使用 t 检验来检验我们的零假设 H_0，即纸板平均厚度是 2 毫米，替代假设为 H_1，即纸板平均厚度不是 2 毫米。我们可以使用 SciPy 的 stats 模块来计算 t 统计量和 p 值。如果 p 值低于 0.05，则我们以 5% 的显著性水平（95% 的置信水平）接受零假设。如果 p 值大于 0.05，则我们必须拒绝零假设，转而支持我们的备择假设。

在本节中，我们将学习如何使用 t 检验来检验给定样本的假设总体均值是否有效。

6.10.1　准备工作

对于这个示例，我们需要将 pandas 包导入为 pd，并使用以下命令导入 SciPy 的

stats 模块：

```
from scipy import stats
```

让我们学习如何使用 SciPy 的 stats 模块执行 t 检验。

6.10.2 实现方法

请按照以下步骤使用 t 检验来检验给定样本数据的假设总体均值的有效性：

1. 首先，我们必须将数据加载到 pandas 的 Series 中：

```
sample = pd.Series([
    2.4, 2.4, 2.9, 2.6, 1.8, 2.7, 2.6, 2.4, 2.8,
    2.4, 2.4, 2.4, 2.7, 2.7, 2.3, 2.4, 2.4, 3.2,
    2.9, 2.5, 2.5, 3.2, 2. , 2.3, 3. , 1.5, 3.1,
    2.5, 2.2, 2.5, 2.1,1.8, 3.1, 2.4, 3. , 2.5,
    2.7, 2.1, 2.3, 2.2, 2.5, 2.6, 2.5, 2.8, 2.5,
    2.9, 2.1, 2.8, 2.1, 2.3
])
```

2. 现在，让我们设置假设的总体均值和我们将进行检验的显著性水平：

```
mu0 = 2.0
significance = 0.05
```

3. 接下来，我们将使用 SciPy 的 stats 模块中的 ttest_1samp 函数生成 t 统计量和 p 值：

```
t_statistic, p_value = stats.ttest_1samp(sample, mu0)
print(f"t stat: {t_statistic}, p value: {p_value}")
# t stat: 9.752368720068665, p value: 4.596949515944238e- 13
```

4. 最后，让我们测试 p 值是否小于我们选择的显著性水平：

```
if p_value <= significance:
    print("Reject H0 in favour of H1: mu != 2.0")
else:
    print("Accept H0: mu = 2.0")
# Reject H0 in favour of H1: mu != 2.0
```

我们可以用 95% 的置信度得出结论，数据总体的平均值不等于 2。（鉴于样本中显示的大多数数字都大于 2，这并不奇怪。）考虑到这里的 p 值很小，得出这样的结论我们非常有信心。

6.10.3　原理解析

t 统计量的计算公式如下所示：

$$t=\frac{\bar{x}-\mu_0}{s/\sqrt{N}}$$

这里，μ_0 是假设的均值（来自零假设），$\bar{x}$ 是样本均值，s 是样本标准差，N 是样本大小。t 统计量是对观察到的样本均值与假设的总体均值 μ_0 之间差异的估计，通过标准误差进行归一化。假设总体是呈正态分布的，t 统计量将遵循自由度为 $N-1$ 的 t 分布。观察 t 统计量在相应的学生 t 分布中的位置，可以让我们了解观察到的样本均值来自假设的总体均值 μ_0 的可能性有多大，这一可能性以 p 值的形式给出。

假设总体均值等于 μ_0，则 p 值是观察到比我们已经观察到的样本均值更极端的值的概率。如果 p 值小于我们选择的显著性水平，那么我们就不能期望真实的总体均值是我们假设的值 μ_0。在这种情况下，我们接受另一种假设，即真实的总体均值不等于 μ_0。

6.10.4　更多内容

我们在这个示例中演示的检验是 t 检验最基本的用法。在这里，我们将样本均值与假设的总体均值进行了比较，以确定整个总体的均值等于这个假设值是否合理。更一般地说，我们可以使用 t 检验来比较两个独立的总体，使用**双样本 *t* 检验**（two-sample t-test）从每个总体中提取样本，或者使用**配对 *t* 检验**（paired t-test）来对数据配对的总体进行比较。这使得 t 检验成为统计学家的重要工具。

显著性和置信度是统计学中经常出现的两个概念。统计上显著的结果具有高的正确性概率。在许多情况下，我们认为任何错误的结果，如果其概率低于某个阈值（通常是 5% 或 1%），则该结果在统计上是显著的。置信度是对结果的确定程度的量化。结果的置信度等于 1 减去显著性。

不幸的是，结果的显著性经常被误用或误解。说一个结果在统计上具有 5% 的显著性，意味着我们错误地接受零假设的概率为 5%。也就是说，如果我们对来自总体的其他 20 个样本进行相同的测试，我们预计至少有一个样本会给出相反的结果。然而，这并不意味着其中一个样本肯定会这样。

高显著性表明，我们更确信我们得出的结论是正确的，但这当然不能保证情况确实如此。这个示例中的结果证明了这一点，我们使用的样本是从均值为 2.5、标准差为 0.35 的总体中抽取的。（我们在创建样本后进行了一些四舍五入，这可能会稍微改变分布情况。）这并不是说我们的分析是错误的，也不是说我们从样本中得出的结论是不正确的。

重要的是要记住，t 检验只有在总体遵循正态分布或者至少近似遵循正态分布时才有效。如果不是这样，那么你可能需要使用非参数检验。我们将在 6.12 节的示例中讨论这一点。

6.11 使用 ANOVA 进行假设检验

假设我们设计了一个实验，用于测试两种新工艺与当前工艺，我们想要测试这些新工艺的效果是否与当前工艺不同。在这种情况下，我们可以使用**方差分析**（Analysis of Variance, ANOVA）来帮助我们确定三组结果的均值之间是否存在差异（为此，我们需要假设每个样本都来自具有共同方差的正态分布）。

在本节中，我们将学习如何使用 ANOVA 来比较多个样本之间的差异。

6.11.1 准备工作

对于这个示例，我们需要使用 SciPy 的 `stats` 模块。我们还需要使用以下命令创建默认的随机数生成器实例：

```
from numpy.random import default_rng
rng = default_rng(12345)
```

6.11.2 实现方法

按照以下步骤执行（单因素）ANOVA 检验，以测试三个不同工艺之间的差异：

1. 首先，我们将创建一些样本数据，然后对其进行分析：

```
current = rng.normal(4.0, 2.0, size=40)
process_a = rng.normal(6.2, 2.0, size=25)
process_b = rng.normal(4.5, 2.0, size=64)
```

2. 接下来，为我们的检验设置显著性水平：

```
significance = 0.05
```

3. 然后，我们将使用 SciPy 的 `stats` 模块中的 `f_oneway` 函数生成 F 统计量和 p 值：

```
F_stat, p_value = stats.f_oneway(
    current, process_a, process_b)
print(f"F stat: {F_stat}, p value: {p_value}")
# F stat: 9.949052026027028, p value: 9.732322721019206e-05
```

4. 现在，我们必须检验 p 值是否足够小，以决定我们应该接受还是拒绝零假设（即所有均值都相等）：

```
if p_value <= significance:
    print("Reject H0: there is a difference between means")
else:
    print("Accept H0: all means equal")
# Reject H0: there is a difference between means
```

在这种情况下，p 值非常小（数量级为 10^{-5}），意味着这些差异不仅在 95% 的置信度下是显著的（即 $p<0.05$），而且在 99% 的置信度下也是显著的（$p<0.01$）。

6.11.3　原理解析

方差分析（ANOVA）是一种可以同时比较多个样本的强大技术。它的工作原理是将样本的变异与总体变异进行比较。它在比较三个或更多样本时特别强大，因为运行多个测试不会产生累积误差。不幸的是，如果 ANOVA 检测到并非所有均值都相等，那么就无法从测试信息中确定哪些样本与其他样本存在显著差异。为此，你需要使用额外的测试来找出差异。

SciPy 的 `stats` 模块中的 `f_oneway` 例程执行单因素 ANOVA 检验，生成的检验统计量遵循 F 分布。同样，p 值是来自检验的关键信息。如果 p 值小于我们预先定义的显著性水平（在这个示例中是 5%），我们接受零假设，否则拒绝零假设。

6.11.4　更多内容

ANOVA 方法非常灵活。我们在这里展示的单因素 ANOVA 检验适用于最简单的情况，因为只有一个因素需要检验。双因素 ANOVA 检验可用于测试两个不同因素之间的差异。例如，在药物临床试验中，我们不仅要针对控制措施进行测试，还要测试性别对结果的影响。不幸的是，SciPy 的 `stats` 模块中没有用于执行双因素方差分析的例程。你需要使用其他软件包，如 `statsmodels` 软件包。

如前所述，方差分析只能检测是否存在差异。如果存在显著差异，它无法检测到这些差异发生在哪里。例如，我们可以使用 Durnett 检验来测试另一个样本的均值是否与对照样本不同，或者使用 Tukey 极差检验来测试每组的均值与其他组均值的差异。

6.12　非参数数据的假设检验

t 检验和方差分析（ANOVA）都有一个主要缺点：被抽样的总体必须服从正态分

布。在许多应用中，这一要求并不太严格，因为许多现实世界的总体值都服从正态分布或者一些规则（如中心极限定理），允许我们分析一些相关数据。然而，并非所有可能的总体值都以合理的方式服从正态分布。对于这些情况（幸运的是，这些情况很少见），我们需要一些备选的检验统计来代替 t 检验和方差分析。

在下面的示例中，我们将使用 Wilcoxon 秩和检验和 Kruskal-Wallis 检验来测试两个或更多总体之间的差异。

6.12.1　准备工作

对于这个示例，我们需要将 pandas 库导入为 pd，导入 SciPy 的 stats 模块，并使用以下命令创建默认的随机数生成器实例：

```
from numpy.random import default_rng
rng = default_rng(12345)
```

让我们学习如何使用 SciPy stats 中的非参数假设检验工具。

6.12.2　实现方法

请按照以下步骤比较两个或多个不服从正态分布的总体：

1. 首先，我们将生成一些样本数据用于分析：

```
sample_A = rng.uniform(2.5, 3.5, size=25)
sample_B = rng.uniform(3.0, 4.4, size=25)
sample_C = rng.uniform(3.1, 4.5, size=25)
```

2. 接下来，我们将设置在此分析中要使用的显著性水平：

```
significance = 0.05
```

3. 现在，我们将使用 stats.kruskal 方法生成零假设的检验统计量和 p 值，该假设是，这些总体具有相同的中位数值：

```
statistic, p_value = stats.kruskal(sample_A, sample_B,
    sample_C)
print(f"Statistic: {statistic}, p value: {p_value}")
# Statistic: 40.22214736842102, p value:
1.8444703308682906e-09
```

4. 我们将使用条件语句输出关于检验结果的声明：

```
if p_value <= significance:
    print("There are differences between
population medians")
else:
    print("Accept H0: all medians equal")
# There are differences between population medians
```

5. 现在，我们将使用 Wilcoxon 秩和检验来获取每对样本之间比较的 p 值。这些检验的零假设是，它们来自相同的分布：

```
_, p_A_B = stats.ranksums(sample_A, sample_B)
_, p_A_C = stats.ranksums(sample_A, sample_C)
_, p_B_C = stats.ranksums(sample_B, sample_C)
```

6. 接下来，我们将使用条件语句输出那些表示显著差异的比较消息：

```
if p_A_B <= significance:
    print("Significant differences between A and B,
        p value", p_A_B)
# Significant differences between A and B, p value
1.0035366080480683e-07
if p_A_C <= significance:
    print("Significant differences between A and C,
        p value", p_A_C)
# Significant differences between A and C, p value
2.428534673701913e-08
if p_B_C <= significance:
    print("Significant differences between B and C,
        p value", p_B_C)
else:
    print("No significant differences between B and C,
        p value", p_B_C)
# No significant differences between B and C, p value
0.3271631660572756
```

这些输出的行表明，我们的检验已经检测到了总体 A 和 B 以及总体 A 和 C 之间的显著差异，但是在总体 B 和 C 之间没有检测到显著差异。

6.12.3 原理解析

如果采样数据的总体不服从可以用少量参数描述的分布，我们就说数据是非参数的。这通常意味着总体不是正态分布的，而是服从比它更广泛的分布。在本示例中，我们从均匀分布中采样，但这仍然是比需要使用非参数检验时更结构化的例子。非参数检验可以而且应该用于我们不确定底层分布的任何情况。这样做的代价是检验略微缺乏效力。

任何（真实）分析的第一步都应该是绘制数据的直方图并直观地检查其分布。如果你从正态分布的总体中随机抽取样本，你可能也会期望样本是正态分布的（我们在本书中已经多次看到这一点）。如果你的样本显示出正态分布的典型钟形曲线，那么总体本身很可能是正态分布的。你还可以使用**核密度估计**（kernel density estimation）图来帮助确定分布类型。这在 pandas 绘图接口上以 `kind="kde"` 的形式实现。如果你仍然不确定总体是否呈正态分布，你可以应用统计检验（比如 D'Agostino's K-squared 检验或 Pearson 卡方检验）进行正态分布检验。这两个检验被合并为一个正态检验的例程，即 SciPy 的 `stats` 模块中的 `normaltest`，该模块还有其他几个正态分布检验方法。

Wilcoxon 秩和检验是双样本 t 检验的非参数备选方法。与 t 检验不同，秩和检验不会通过比较样本均值来量化检验两个总体是否具有不同的分布。相反，它将两个样本数据组合在一起，并按大小顺序对其进行排序。检验统计量是由元素最少样本的秩的和生成的。在这里，像往常一样，我们为两个总体具有相同分布的零假设生成一个 p 值。

Kruskal-Wallis 检验是单因素方差分析检验的非参数备选方法。与秩和检验类似，它使用样本数据的排名来生成检验统计量和 p 值，以检验所有总体具有相同中位数这一零假设。与单因素方差分析一样，我们只能检测所有总体是否具有相同的中位数，而不能确定差异发生在哪里。为此，我们需要使用额外的检验。

在这个示例中，我们使用 Kruskal-Wallis 检验来确定与我们三个样本对应的总体之间是否存在显著差异。检测到的差异对应的 p 值非常小。然后，我们使用秩和检验来确定总体之间存在显著差异的地方。在这里，我们发现样本 A 与样本 B 和 C 明显不同，但样本 B 与样本 C 之间没有显著差异。考虑到这些样本的生成方式，这并不奇怪。

注意

不幸的是，由于我们在这个例程中使用了多个检验，我们对结论的总体信心并没有我们预期的那么高。我们进行了四次检验，置信度为 95%，这意味着我们对结论的总体信心仅为 81% 左右。这是因为误差会在多次检验中累积，降低了整体的置信水平。为了纠正这一点，我们必须使用 Bonferroni 校正（或类似的校正方法）来调整每个检验的显著性阈值。

6.13 使用 Bokeh 创建交互式图形

检验统计和数值推理有助于我们系统地分析数据集。然而，它们不会像图形那样为我们提供完整的数据图。数值是确定的，但在统计学中可能难以理解，而图形可以立即说明数据集之间的差异和趋势。因此，有大量的库可以以更具创造性的方式绘制数据。生成数据图的一个特别有趣的包是 Bokeh，它允许我们通过利用 JavaScript 库在浏览器中创建交互式图形。

在本节中，我们将学习如何使用 Bokeh 创建可以在浏览器中显示的交互式图形。

6.13.1 准备工作

在这个示例中，我们需要将 pandas 库导入为 `pd`，将 NumPy 库导入为 `np`，使用以下命令创建默认的随机数生成器实例，以及从 Bokeh 中导入 `plotting` 模块，我们使用其别名 `bk` 导入：

```
from bokeh import plotting as bk
from numpy.random import default_rng
rng = default_rng(12345)
```

6.13.2 实现方法

这些步骤展示了如何使用 Bokeh 在浏览器中创建交互式图形：

1. 首先，我们需要创建一些用于绘图的样本数据：

```
date_range = pd.date_range("2020-01-01", periods=50)
data = rng.normal(0, 3, size=50).cumsum()
series = pd.Series(data, index=date_range)
```

2. 接下来，我们必须使用 `output_file` 例程指定存储图形的 HTML 代码的输出文件：

```
bk.output_file("sample.html")
```

3. 现在，我们将创建一个新的图形，并设置标题和轴标签，同时将 `x_axis_type` 设置为 `datetime`，以便让我们的日期索引能够正确显示：

```
fig = bk.figure(title="Time series data",
                x_axis_label="date",
                x_axis_type="datetime",
                y_axis_label="value")
```

4. 我们将以线条的形式把数据添加到图形中：

```
fig.line(date_range, series)
```

5. 最后，我们可以使用 show 例程或 save 例程保存或更新指定输出文件中的 HTML。这里我们使用 show 例程在浏览器中打开图形：

```
bk.show(fig)
```

Bokeh 图形不是静态对象，应通过浏览器进行交互。图 6.4 重新创建了 Bokeh 图形中的数据，使用 Matplotlib 绘图进行比较。

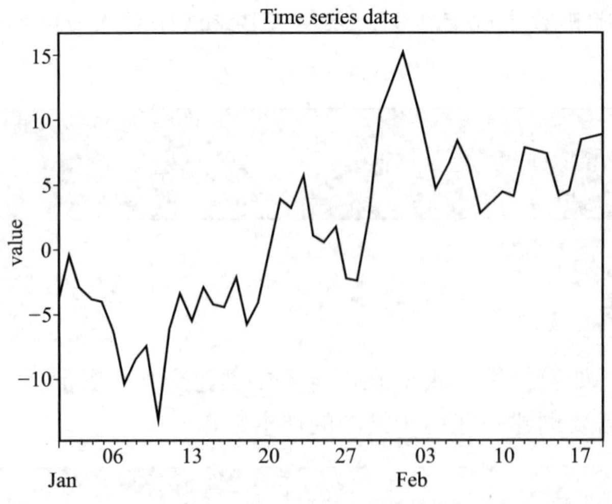

图 6.4　使用 Matplotlib 创建的时间序列数据图

Bokeh 的真正优势在于它能够将动态的、交互式的图形插入到网页和文档（如 Jupyter notebook）中，使读者能够深入了解绘制的数据。

6.13.3　原理解析

Bokeh 使用 JavaScript 库在浏览器中呈现图形，数据由 Python 后端提供。这样做的优势在于它可以生成用户能够自行检查的图形。例如，我们可以放大查看图形中可能隐藏的细节，或者自然地浏览数据。本示例只是部分地展示了使用 Bokeh 的可能尝试。

figure 例程创建了一个表示图形的对象，我们可以向其中添加元素（比如穿过数据点的线），就像我们向 Matplotlib 的 Axes 对象添加图形一样。在本示例中，我们创建了一个简单的 HTML 文件，其中包含用于呈现数据的 JavaScript 代码。每当我们保存或调用 show 例程时（如本示例中所示），此 HTML 代码都会被转储到指定的文件中。实际上，p 值越小，我们对假设的总体均值正确性就越有信心。

6.13.4 更多内容

Bokeh 的功能远远超出了这里所描述的内容。Bokeh 图形可以被嵌入到诸如 Jupyter notebook 之类的文件中（这些文件也在浏览器中呈现），或者被嵌入到现有的网站中。如果你正在使用 Jupyter notebook，应该使用 output_notebook 例程而不是 output_file 例程，将图形直接输出到 notebook 中。它具有各种不同的绘图样式，支持在图形之间共享数据（例如，可以在一个图形中选择数据并在其他图形中突出显示），还支持流数据。

6.14 拓展阅读

有很多关于统计学和统计理论的教科书。以下书籍是本章所涵盖统计学内容的优质参考资料：

- Mendenhall, W., Beaver, R., and Beaver, B. (2006), Introduction To Probability And Statistics. 12th ed., (Belmont, Calif.: Thomson Brooks/Cole).
- Freedman, D., Pisani, R., and Purves, R. (2007), Statistics. New York: W.W. Norton.

Pandas 文档（https://pandas.pydata.org/docs/index.html）以及 Pandas 书籍是使用 Pandas 的优质参考资料：

- McKinney, W., (2017), Python for Data Analysis. 2nd ed., (Sebastopol: O'Reilly Media, Inc, US).

SciPy 文档（https://docs.scipy.org/doc/scipy/tutorial/stats.html）也包含了本章中多次使用的统计模块的详细信息。

CHAPTER 7

第 7 章

使用回归和预测

统计学家或数据科学家最重要的任务之一是系统地理解两组数据之间的关系。这可能意味着两组数据之间存在连续关系，其中一个值直接取决于另一个变量的值。或者，它可以表示一种分类关系，其中一个值根据另一个值进行分类。处理这类问题的工具是回归（regression）。在最基本的形式中，回归涉及通过两组数据的散点图拟合一条直线，并进行一些分析，以查看这条线与数据的拟合程度。当然，我们经常需要更复杂的模型来模拟现实世界中存在的更复杂的关系。

预测（forecasting）通常是指学习时间序列数据中的趋势，以预测未来的值。时间序列数据是在一段时间内演变的数据，通常表现出高度的噪声和振荡行为。与更简单的数据不同，时间序列数据通常在连续值之间具有复杂的依赖关系。例如，一个值可能取决于前面的两个值，甚至可能依赖于之前的噪声。时间序列建模在科学领域和经济学领域都很重要，有各种工具可以对时间序列数据进行建模。处理时间序列数据的基本技术称为**自回归积分移动平均**（ARIMA）模型。该模型包含两个基本组件——**自回归**（AR）组件和**移动平均**（MA）组件，用于构建观测数据的模型。

在本章中，我们将学习如何对两组数据之间的关系进行建模，量化这种关系的强度，并对未来的值进行预测。然后，我们将学习如何在分类问题中使用对数回归，这是一种简单线性模型的变体。最后，我们将使用 ARIMA 为时间序列数据构建模型，并在这些模型的基础上为不同类型的数据构建模型。我们将通过使用一个名为 Prophet 的库自动生成时间序列数据的模型来完成本章内容的学习。

在 7.2 节～7.4 节中，我们将学习如何对简单数据进行各种类型的回归。在 7.5 节～7.8 节中，我们将学习处理时间序列数据的各种技术。7.9 节涉及使用签名方法对时间序列数据进行总结的另一种方法，以满足不同的目的。

在这一章中，我们将涵盖以下内容：

- 使用基本线性回归
- 使用多重线性回归
- 使用对数回归进行分类
- 使用 ARMA 对时间序列数据进行建模
- 基于 ARIMA 的时间序列数据预测
- 使用 ARIMA 预测季节性数据
- 使用 Prophet 对时间序列数据进行建模
- 使用签名总结时间序列数据

7.1　技术要求

在这一章中，和往常一样，我们需要将 NumPy 包导入为 `np`，将 Matplotlib 的 `pyplot` 模块导入为 `plt`，将 Pandas 包导入为 `pd`。我们可以使用以下命令来实现：

```
import numpy as np
import matplotlib.pyplot as plt
import pandas as pd
```

在本章中，我们还需要一些新的包。`statsmodels` 包用于回归分析和时间序列分析，`scikit-learn` 包（`sklearn`）提供通用的数据科学和机器学习工具，Prophet 包（`prophet`）用于自动建模时间序列数据。你可以使用自己喜欢的软件包管理器（如 `pip`）安装这些软件包：

```
python3.10 -m pip install statsmodels sklearn prophet
```

Prophet 包因其依赖关系而难以在某些操作系统上被安装。如果安装 `prophet` 时产生问题，你可以使用 Python 的 Anaconda 发行版及其包管理器 `conda`，它可以更严格地处理依赖关系：

```
conda install prophet
```

注意

Prophet 库的早期版本（1.0 版本之前）被称为 `fbprophet`，较新版本的 Prophet 则简称为 `prophet`。

最后，我们还需要一个名为 tsdata 的小模块，它被包含在本章的代码库文件中。此模块包含一系列用于生成样本时间序列数据的实用程序。

本章的代码可以在本书 GitHub 代码库的“Chapter 07”文件夹中找到，地址为 https://github.com/PacktPublishing/Applying-Math-with-Python-2nd-Edition/tree/main/Chapter%2007。

7.2 使用基本线性回归

线性回归是一种用于对两组数据之间的依赖关系进行建模的工具，以便我们最终可以使用该模型进行预测。之所以称为线性回归，是因为这个过程是我们根据一组数据形成另一组数据的线性模型（直线）。在相关文献中，我们希望建模的变量通常称为响应变量，而我们在这个模型中使用的变量称为预测变量。

在本节中，我们将学习如何使用 statsmodels 包进行简单的线性回归，以对两组数据之间的关系进行建模。

7.2.1 准备工作

对于这个示例，我们需要以别名 sm 导入 statsmodels.api 模块，将 NumPy 包导入为 np，将 Matplotlib 的 pyplot 模块导入为 plt，从 NumPy 导入默认的随机数生成器的实例。所有这些都可以通过以下命令实现：

```
import statsmodels.api as sm
import numpy as np
import matplotlib.pyplot as plt
from numpy.random import default_rng
rng = default_rng(12345)
```

让我们来看看如何使用 statsmodels 包来进行基本的线性回归。

7.2.2 实现方法

以下步骤概述了如何使用 statsmodels 包对两组数据进行简单的线性回归：

1. 首先，我们生成一些可以分析的示例数据。我们将生成两组数据，分别展示良好的拟合效果和较差的拟合效果：

```
x = np.linspace(0, 5, 25)
rng.shuffle(x)
```

```
trend = 2.0
shift = 5.0
y1 = trend*x + shift + rng.normal(0, 0.5, size=25)
y2 = trend*x + shift + rng.normal(0, 5, size=25)
```

2. 进行回归分析的第一步是创建数据集的散点图。我们将在同一组坐标轴上执行此操作：

```
fig, ax = plt.subplots()
ax.scatter(x, y1, c="k", marker="x",
    label="Good correlation")
ax.scatter(x, y2, c="k", marker="o",
    label="Bad correlation")
ax.legend()
ax.set_xlabel("X"),
ax.set_ylabel("Y")
ax.set_title("Scatter plot of data with best fit lines")
```

3. 我们需要使用 `sm.add_constant` 工具例程，以便在建模步骤中放置一个常数值：

```
pred_x = sm.add_constant(x)
```

4. 现在，我们可以为第一组数据创建一个 `OLS` 模型，并使用 `fit` 方法来拟合模型。然后，我们使用 `summary` 方法输出数据的摘要：

```
model1 = sm.OLS(y1, pred_x).fit()
print(model1.summary())
```

5. 我们对第二组数据重复进行模型拟合，并输出摘要：

```
model2 = sm.OLS(y2, pred_x).fit()
print(model2.summary())
```

6. 现在，我们使用 `linspace` 创建一组新的 *x* 值范围，这些值将用于在散点图上绘制趋势线。我们需要添加 `constant` 列，以便与我们创建的模型进行交互：

```
model_x = sm.add_constant(np.linspace(0, 5))
```

7. 接下来，我们在模型对象上使用 `predict` 方法，这样我们就可以使用该模型在前一步生成的每个值上预测响应值：

```
model_y1 = model1.predict(model_x)
model_y2 = model2.predict(model_x)
```

8. 最后，我们将前两步计算得到的模型数据绘制到散点图上：

```
ax.plot(model_x[:, 1], model_y1, 'k')
ax.plot(model_x[:, 1], model_y2, 'k--')
```

散点图以及我们添加的最佳拟合线（模型）如图 7.1 所示。

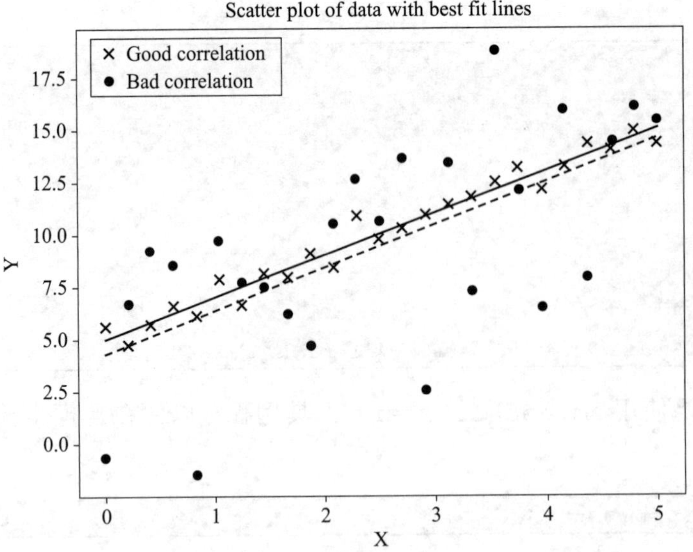

图 7.1　使用最小二乘回归计算最佳拟合线的数据散点图

实线表示对相关性较好的数据（用 × 标记）进行拟合的直线，虚线表示对相关性较差的数据（用 • 标记）进行拟合的直线。我们可以从图中看出，两条最佳拟合线非常相似，但对噪声较多的数据进行拟合的线（虚线）已经偏离了步骤 1 中定义的真实模型 $y=2x+5$。

7.2.3　原理解析

初等数学的知识告诉我们，直线的方程由以下公式给出：

$$y = c + mx$$

这里，c 是直线与 y 轴相交的值，通常称为 y 截距，m 是直线的斜率。在线性回归的背景下，我们试图找到响应变量 Y 与预测变量 X 之间的关系，该关系具有直线的形式，从而发生以下情况：

$$Y \approx c + mX$$

这里，c 和 m 现在是我们要找到的参数。可以将上式写成另一种形式，如下所示：

$$Y = c + mX + E$$

这里，E 是误差项，通常情况下它依赖于 X。为了找到“最佳”模型，我们需要找到参数 c 和 m 的值，使得误差项 E 最小（以适当的方式）。找到参数值以使误差最小的基本方法是最小二乘法，它以这里使用的回归类型——普通最小二乘法命名。一旦我们使用这种方法在响应变量和预测变量之间建立了某种关系，我们的下一个任务就是评估这个模型实际上如何表示这种关系。为此，我们形成由以下方程给出的残差：

$$E_i = Y_i - (c + mX_i)$$

我们针对每个数据点 X_i 和 Y_i 都这样做。为了对数据之间的关系进行严格的统计分析，我们需要使用残差来满足某种假设。首先，我们需要它们在概率意义上是独立的。其次，我们需要它们在 0 附近呈正态分布，具有共同的方差（在实践中，我们可以稍微放宽这些条件，仍然可以对模型的准确性做出合理的评价）。

在这个示例中，我们使用线性关系从预测数据中生成了响应数据。我们创建的两个响应数据集之间的差异是每个值处的误差“大小”。对于第一个数据集 `y1`，残差呈正态分布，标准差为 0.5，而对于第二个数据集 `y2`，残差的标准差为 5.0。我们可以在图 7.1 所示的散点图中看到这种变异性，其中 `y1` 的数据通常非常接近最佳拟合线，这与用于生成数据的实际关系非常匹配，而 `y2` 的数据离最佳拟合线要远得多。

`statsmodels` 包中的 `OLS` 对象是普通最小二乘回归的主要接口。我们以数组的形式提供响应数据和预测数据。为了让模型中有常数项，我们需要在预测数据中添加一个全为 1 的列。`sm.add_constant` 例程是用于添加此常数列的简单工具。`OLS` 类的 `fit` 方法计算模型的参数，并返回一个结果对象（`model1` 和 `model2`），其中包含最佳拟合模型的参数。`summary` 方法创建一个字符串，其中包含有关模型的信息和各种拟合优度的统计数据。`predict` 方法将模型应用于新数据。顾名思义，它可以使用模型进行预测。

摘要中报告了两个基本统计数据，为我们提供了有关拟合的信息。第一个是 R^2 值，或其调整版本，它衡量了模型解释的变异性与总变异性的关系。这个数字的定义如下。首先，定义以下数量：

$$\text{TSS} = \sum_i (y_i - \bar{y})^2 \quad \text{和} \; \text{RSS} = \sum_i E_i^2$$

这里，E_i 是前文定义的残差，而 $\bar{y}$ 是数据的平均值。然后我们定义 R^2 及其调整后的对应值：

$$R^2 = 1 - \frac{\text{RSS}}{\text{TSS}}$$

$$\text{调整后的}R^2 = 1-(1-R^2)\frac{n-1}{n-p}$$

在后一个公式中，n 是样本的大小，p 是模型中的变量数量（包括 y 截距 c）。R^2 值越大表示拟合效果越好，最佳值为 1。需要注意的是，普通的 R^2 值往往过于乐观，尤其是当模型包含更多变量时，因此通常最好查看 R^2 调整后的版本。

第二个统计数据是 F 统计量 p 值。这是一种假设检验，即检验模型是否至少有一个系数不为零。与方差分析检验一样（见 6.11 节），较小的 p 值表明该模型具有显著性，这意味着该模型更有可能对数据进行准确建模。

在这个示例中，第一个模型 `model1` 调整后的 R^2 值为 0.986，表示该模型非常紧密地拟合了数据，p 值为 6.43×10^{-19}，表示模型的显著性高。而第二个模型调整后的 R^2 值为 0.361，这表明该模型对数据的拟合程度较低，p 值为 0.000893，也表示模型的显著性高。即使第二个模型对数据的拟合程度较低，从统计学的角度来看，也不意味着它没有用处。该模型仍然显著，尽管不如第一个模型显著性高，但它并没有解释数据的全部（或至少是其中的很大一部分）变异性。这可能表明数据中存在额外的（非线性）结构，或者数据之间的相关性较低（这意味着响应数据和预测数据之间的关系较弱），考虑到我们构造数据的方式，我们知道后者是正确的。

7.2.4 更多内容

简单线性回归是统计学家工具箱中一个很好的通用工具。它非常适用于发现两组数据之间关系的性质，这两组数据已知（或怀疑）以某种方式相互关联。一组数据对另一组数据的依赖程度在统计学中被称为相关性。我们可以使用相关系数（如斯皮尔曼秩相关系数）来衡量相关性。具有较大的正相关系数表示数据之间存在很强的正相关关系，就像在这个示例中所见到的那样；而具有较大的负相关系数表示数据之间存在很强的负相关关系，此时通过数据点的最佳拟合线的斜率为负。相关系数为 0 意味着数据不相关，即数据之间没有关系。

如果两组数据之间明显相关，但不是线性（直线）关系，那么它们可能遵循多项式关系，例如，一个值与另一个值的平方相关。有时，你可以对一组数据应用变换，如取对数，然后使用线性回归来拟合变换后的数据。当两组数据之间存在幂律关系时，对数变换尤其有用。

`scikit-learn` 软件包也提供执行普通最小二乘回归的功能。然而，它们的实现并没有提供一种轻松生成拟合优度统计数据的方法，而在执行单独的线性回归时，这些统计数据通常是很有用的。在 `OLS` 对象上使用的 `summary` 方法非常方便，可以生成所有必要的拟合信息，以及估计的系数。

7.3 使用多重线性回归

如前面的示例所示，简单线性回归非常适合生成一个响应变量和一个预测变量之间关系的简单模型。不幸的是，更常见的情况是一个单一的响应变量依赖于多个预测变量。此外，我们可能不知道一组变量中哪些变量是好的预测变量。为了解决这些问题，我们需要使用多重线性回归。

在本节中，我们将学习如何使用多重线性回归来探索一个响应变量与多个预测变量之间的关系。

7.3.1 准备工作

对于本示例，我们需要将 NumPy 包导入为 `np`，将 Matplotlib 的 `pyplot` 模块导入为 `plt`，将 Pandas 包导入为 `pd`，并使用以下命令创建一个 NumPy 默认随机数生成器实例：

```
from numpy.random import default_rng
rng = default_rng(12345)
```

我们还需要将 `statsmodels.api` 模块导入为 `sm`，可以使用以下命令导入：

```
import statsmodels.api as sm
```

让我们看看如何将多重线性回归模型拟合到一些数据上。

7.3.2 实现方法

以下步骤将展示如何使用多重线性回归来探索多个预测变量和一个响应变量之间的关系：

1. 首先，我们需要创建要分析的预测数据。该数据采用 Pandas DataFrame 格式，包含四项。在这个阶段，我们将通过添加一个全为 1 的列来添加常数项：

```
p_vars = pd.DataFrame({
    "const": np.ones((100,)),
    "X1": rng.uniform(0, 15, size=100),
    "X2": rng.uniform(0, 25, size=100),
    "X3": rng.uniform(5, 25, size=100)
})
```

2. 接下来，我们仅使用前两个变量来生成响应数据：

```
residuals = rng.normal(0.0, 12.0, size=100)
Y = -10.0 + 5.0*p_vars["X1"] - 2.0*p_vars["X2"]
+    residuals
```

3. 现在，我们将绘制响应数据与每个预测变量的散点图：

```
fig, (ax1, ax2, ax3) = plt.subplots(1, 3, sharey=True,
    tight_layout=True)
ax1.scatter(p_vars["X1"], Y, c="k")
ax2.scatter(p_vars["X2"], Y, c="k")
ax3.scatter(p_vars["X3"], Y, c="k")
```

4. 然后，我们将为每个散点图添加坐标轴标签和标题：

```
ax1.set_title("Y against X1")
ax1.set_xlabel("X1")
ax1.set_ylabel("Y")
ax2.set_title("Y against X2")
ax2.set_xlabel("X2")
ax3.set_title("Y against X3")
ax3.set_xlabel("X3")
```

生成的结果图如图 7.2 所示。

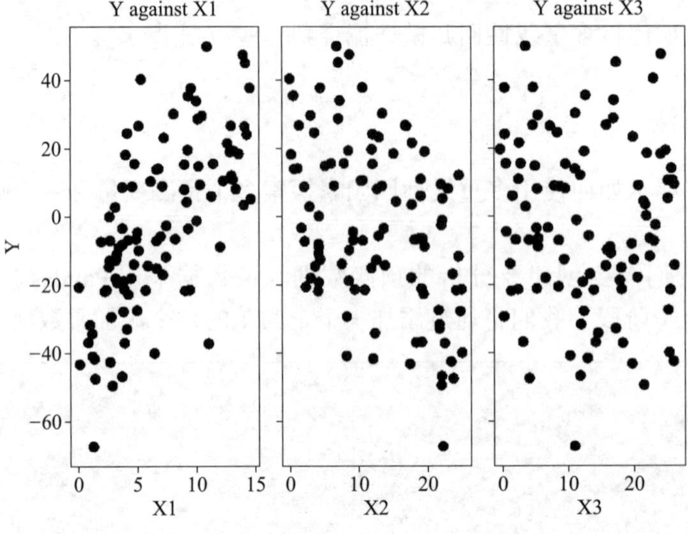

图 7.2　响应数据相对于每个预测变量的散点图

正如我们所看到的，响应数据与前两个预测变量列 X1 和 X2 之间似乎存在一些相关性。考虑到我们生成数据的方式，这就是我们所期望的。

5. 我们使用相同的 OLS 类来执行多重线性回归，即提供响应数组和 DataFrame 格式的预测变量：

```
model = sm.OLS(Y, p_vars).fit()
print(model.summary())
```

print 语句输出的前半部分如下：

```
              OLS Regression Results
===========================================
Dep. Variable:          y         R-squared:0.769
Model:                 OLS        Adj. R-squared:0.764
Method: Least Squares F-statistic:161.5
Date: Fri, 25 Nov 2022 Prob (F-statistic):1.35e-31
Time: 12:38:40      Log-Likelihood:-389.48
No. Observations: 100 AIC:        785.0
Df Residuals: 97              BIC:     792.8
Df Model: 2
Covariance Type:   nonrobust
```

这为我们提供了模型的摘要、各种参数以及各种拟合优度特征，例如 R-squared（0.769 和 0.764），这表明拟合是合理的，但不是非常好。输出的后半部分包含了估计系数的信息：

```
                           OLS Regression Results
==========================================================================
Dep. Variable:                    y    R-squared:                    0.770
Model:                          OLS    Adj. R-squared:               0.762
Method:               Least Squares    F-statistic:                  106.8
Date:              Tue, 11 Feb 2025    Prob (F-statistic):        1.77e-30
Time:                      17:51:51    Log-Likelihood:             -389.38
No. Observations:               100    AIC:                          786.8
Df Residuals:                    96    BIC:                          797.2
Df Model:                         3
Covariance Type:          nonrobust
==========================================================================
             coef    std err          t      P>|t|     [0.025     0.975]
--------------------------------------------------------------------------
const     -9.8676      4.028     -2.450      0.016    -17.863     -1.872
```

```
X1          4.7234      0.303     15.602      0.000      4.122      5.324
X2         -1.8945      0.166    -11.413      0.000     -2.224     -1.565
X3         -0.0910      0.206     -0.441      0.660     -0.500      0.318
==============================================================================
Omnibus:                        0.296   Durbin-Watson:                   1.881
Prob(Omnibus):                  0.862   Jarque-Bera (JB):                0.292
Skew:                           0.123   Prob(JB):                        0.864
Kurtosis:                       2.904   Cond. No.                         72.9
==============================================================================
```

在摘要数据中，我们可以看到 X3 变量不显著，因为它的 p 值为 0.66。

6. 由于第三个预测变量不显著，我们将去除这一列并再次进行回归分析。

```
second_model = sm.OLS(
    Y, p_vars.loc[:, "const":"X2"]).fit()
print(second_model.summary())
```

这使得拟合优度统计数据略有提升。

7.3.3 原理解析

多重线性回归的工作原理与简单线性回归非常相似。我们遵循与上一个示例相同的程序，在这里我们使用 statsmodels 包将多重线性模型拟合到我们的数据上。当然，背后也有一些差异。我们使用多重线性回归生成的模型在形式上与前面示例中的简单线性模型非常相似。其形式如下：

$$Y = \beta_0 + \beta_1 X_1 + \cdots + \beta_n X_n + E$$

这里，Y 是响应变量，X_i代表预测变量，E是误差项，β_i是要计算的参数。在这种情况下，同样的要求也是必要的：残差必须是独立的，并且在 0 附近呈正态分布，具有共同的方差。

在这个示例中，我们以 Pandas DataFrame 而不是普通的 NumPy 数组的形式提供了预测数据。请注意，我们输出的摘要数据中采用了列的名称。与 7.2 节中的示例不同，这个 DataFrame 中包含了常数列，我们没有使用 statsmodels 中的 add_constant 实用工具。

在第一次回归的输出中，我们可以看到模型拟合得相当好，调整后的R^2值为 0.764，并且具有很高的显著性（这可以通过查看回归的 F 统计量的 p 值看出来）。然而，仔细观察各个参数，我们可以看到前两个预测变量是显著的，但常数和第三个预测变量的显著性较低。特别是，第三个预测参数 X3 与 0 的差异并不显著，其 p 值为 0.66。鉴于我们构建响应数据时没有使用这个变量，这并不令人意外。在分析的最后一步，我们重复了没有预测变量 X3 的回归，拟合结果略有改善。

7.4 使用对数回归进行分类

对数回归解决的问题与普通线性回归不同。它通常用于分类问题，在这类问题中，我们通常希望根据多个预测变量将数据分类为两个不同的组。这种技术的基础是使用对数进行的转换。原始的分类问题被转换为构建**对数优势比模型**（log-odds）的问题。这个模型可以通过简单的线性回归完成。我们将逆变换应用于线性模型，这样就得到了一个模型，可以根据给定预测数据给出期望结果发生的概率。我们在这里应用的转换称为**逻辑函数**（logistic function），这种方法也因此得名。然后，我们获得的概率可以用于我们最初想要解决的分类问题。

在本节中，我们将学习如何执行逻辑回归并将这种技术应用于分类问题。

7.4.1 准备工作

对于本示列，我们需要将 NumPy 包导入为 np，将 Matplotlib 的 pyplot 模块导入为 plt，将 Pandas 包导入为 pd，并使用以下命令创建一个 NumPy 默认随机数生成器实例：

```
from numpy.random import default_rng
rng = default_rng(12345)
```

我们还需要从 scikit-learn 包中导入几个组件来执行逻辑回归。可以使用以下命令导入它们：

```
from sklearn.linear_model import LogisticRegression
from sklearn.metrics import classification_report
```

7.4.2 实现方法

按照以下步骤使用逻辑回归来解决一个简单的分类问题：

1. 首先，我们需要创建一些样本数据，用以展示如何使用逻辑回归。我们从创建预测变量开始：

```
df = pd.DataFrame({
    "var1": np.concatenate([
```

```
        rng.normal(3.0, 1.5, size=50),
        rng.normal(-4.0, 2.0, size=50)]),
    "var2": rng.uniform(size=100),
    "var3": np.concatenate([
        rng.normal(-2.0, 2.0, size=50),
        rng.normal(1.5, 0.8, size=50)])
})
```

2. 现在，我们使用三个预测变量中的两个来创建我们的响应变量，它是一系列布尔值：

```
score = 4.0 + df["var1"] - df["var3"]
Y = score >= 0
```

3. 接下来，我们绘制 `var3` 数据相对 `var1` 数据的散点图，根据响应变量对数据点进行样式分类，这些变量用于构建响应变量：

```
fig1, ax1 = plt.subplots()
ax1.plot(df.loc[Y, "var1"], df.loc[Y, "var3"],
    "ko", label="True data")
ax1.plot(df.loc[~Y, "var1"], df.loc[~Y, "var3"],
    "kx", label="False data")
ax1.legend()
ax1.set_xlabel("var1")
ax1.set_ylabel("var3")
ax1.set_title("Scatter plot of var3 against var1")
```

生成的图形如图 7.3 所示。

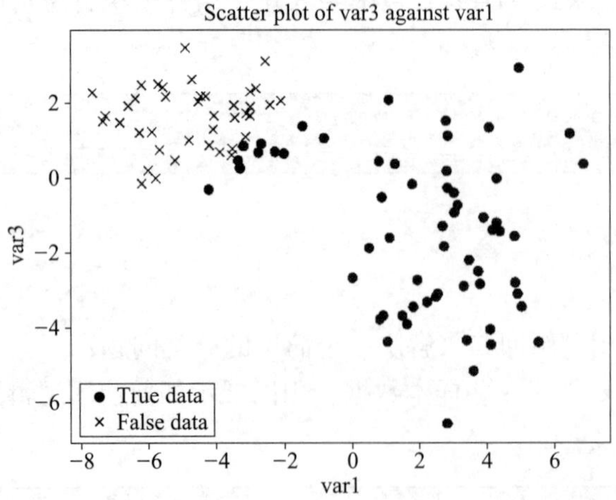

图 7.3　var3 数据相对于 var1 的散点图，标有分类信息

4. 接下来，我们利用 scikit-learn 包创建一个 LogisticRegression 对象，并将模型拟合到我们的数据中：

```
model = LogisticRegression()
model.fit(df, Y)
```

5. 接下来，我们准备一些额外的数据（与用于拟合模型的数据不同），以测试模型的准确性：

```
test_df = pd.DataFrame({
    "var1": np.concatenate([
        rng.normal(3.0, 1.5, size=50),
        rng.normal(-4.0, 2.0, size=50)]),
    "var2": rng.uniform(size=100),
    "var3": np.concatenate([
        rng.normal(-2.0, 2.0, size=50),
        rng.normal(1.5, 0.8, size=50)])
})
test_scores = 4.0 + test_df["var1"] - test_df["var3"]
test_Y = test_scores >= 0
```

6. 然后，我们根据逻辑回归模型生成预测结果：

```
test_predicts = model.predict(test_df)
```

7. 最后，我们使用 scikit-learn 中的 classification_report 工具输出预测分类相对已知响应值的摘要，以测试模型的准确性。我们将这个摘要输出到终端：

```
print(classification_report(test_Y, test_predicts))
```

生成的报告如下所示：

```
                precision      recall      f1-score       support
       False       0.82         1.00          0.90            18
        True        1.00         0.88          0.93            32
accuracy                        0.92                        50
   macro avg     0.91          0.94        0.92             50
weighted avg    0.93          0.92        0.92            50
```

此处的报告包含有关分类模型在测试数据上的性能信息。我们可以看到，报告的精度和召回率都很高，这表明假阳性（false positive）和假阴性（false negative）的情况相对较少。

7.4.3 原理解析

逻辑回归通过构建具有对数优势比（或 logit）的线性模型来工作，对于单个预测变量 x，其形式如下：

$$\log\left(\frac{p(x)}{1+p(x)}\right)=\beta_0+\beta_1 x$$

这里，$p(x)$表示在给定预测变量 x 的情况下产生真实结果的概率。重新排列这个公式可以得到该概率的逻辑函数的变体：

$$p(x)=\frac{\mathrm{e}^{\beta_0+\beta_1 x}}{1+\mathrm{e}^{\beta_0+\beta_1 x}}$$

对数优势比的参数是使用最大似然法估计的。

scikit-learn 包中 linear_model 模块的 LogisticRegression 类是逻辑回归的一种实现，非常易于使用。首先，我们使用所需的任何自定义参数创建此类的新模型实例，然后使用此对象的 fit 方法将模型拟合（或训练）到样本数据。一旦完成此拟合，我们就可以使用 get_params 方法访问估计的参数。

拟合模型上的 predict 方法允许我们传入新的（未见过的）数据，并对每个样本进行分类预测。我们还可以使用 predict_proba 方法得到逻辑函数实际给出的概率估计。

一旦我们建立了一个用于预测数据分类的模型，就需要验证该模型。这意味着我们必须使用一些之前未见过的数据测试模型，并检查它是否正确地对新数据进行了分类。为此，我们可以使用 classification_report，该函数接受一组新数据和由模型生成的预测值，计算有关模型性能的几个摘要值。第一个报告值是**精度**（precision），它是真阳性数与预测的阳性数的比率，这衡量了模型避免将非阳性样本标记为阳性的能力。第二个报告值是**召回率**（recall），即真阳性数与真阳性数加上假阴性数的比率，这衡量了模型在集合中找到阳性样本的能力。还有一个相关的分数（未包含在报告中）是**准确率**（accuracy），即正确分类数与总分类数的比率，这衡量了模型正确标记样本的能力。

我们使用 scikit-learn 工具生成的分类报告对预测结果和已知响应值进行了比较。这是在使用模型进行实际预测之前验证模型的常用方法。在这个示例中，我们看到每个类别（True 和 False）的报告精度都是 1.00，这表明该模型可以很好地预测这些数据的分类。在实践中，模型的精度不太可能达到 100%。

7.4.4 更多内容

有很多软件包提供了使用逻辑回归解决分类问题的工具。statsmodels 包具有用于创建逻辑回归模型的 Logit 类。我们在这个示例中使用了 scikit-learn 包，它具有类似的接口。scikit-learn 是一个通用的机器学习库，还具有许多其他用于解决分类问题的工具。

7.5 使用 ARMA 对时间序列数据进行建模

顾名思义，时间序列在一系列不同的时间间隔内跟踪一个数值。它们在金融行业尤为重要，例如，用于跟踪股票价值随时间的变化，并预测其在未来某个时间点的价值。从这类数据中得出的良好预测可帮助人们做出更明智的投资决策。时间序列也出现在许多其他常见情境中，如天气监测、医学应用以及任何需要随时间从传感器获取数据的地方。

与其他类型的数据不同，时间序列通常没有独立的数据点。这意味着我们用于建模独立数据的方法不会特别有效。因此，我们需要使用备选技术来对具有此属性的数据进行建模。时间序列中的值可以通过两种方式依赖于之前的值。第一种是该值与一个或多个先前值之间存在直接关系。这是自相关特性，可以通过自回归（AR）模型进行建模。第二种是添加到该值中的噪声取决于一个或多个先前的噪声项。这可以通过移动平均（MA）模型进行建模。这些模型中涉及的项数称为模型的阶数。

在本节中，我们将学习如何为具有 ARMA 项的平稳时间序列数据创建模型。

7.5.1 准备工作

对于本示例，我们需要将 Matplotlib 的 pyplot 模块导入为 plt，将 statsmodels 包的 api 模块导入为 sm。此外，我们需要从本书代码库的 tsdata 包中导入 generate_sample_data 函数，该程序使用 NumPy 和 Pandas 生成用于分析的样本数据。

```
from tsdata import generate_sample_data
```

为了避免在绘图函数中反复设置颜色，我们在这里进行一次性设置来指定绘图颜色：

```
from matplotlib.rcsetup import cycler
plt.rc("axes", prop_cycle=cycler(c="k"))
```

有了这些设置，我们现在可以看看如何为一些时间序列数据生成 ARMA 模型。

7.5.2 实现方法

按照以下步骤为平稳时间序列数据创建 ARMA 模型：

1. 首先，我们需要生成将要分析的样本数据：

```
sample_ts, _ = generate_sample_data()
```

2. 像往常一样，数据分析的第一步是绘制数据图，以便我们可以直观地识别任何结构：

```
ts_fig, ts_ax = plt.subplots()
sample_ts.plot(ax=ts_ax, label="Observed",
    ls="--", alpha=0.4)
ts_ax.set_title("Time series data")
ts_ax.set_xlabel("Date")
ts_ax.set_ylabel("Value")
```

生成的图形如图 7.4 所示。

在这里，我们可以看到数据似乎没有潜在趋势，这意味着数据很可能是**平稳的**（如果一个时间序列的统计属性不随时间变化，则称该序列是平稳的。这通常表现为上升或下降的趋势）。

3. 接下来，我们进行增广的 Dickey-Fuller 检验。这是一个用于判断时间序列是否平稳的假设检验。零假设是时间序列不是平稳的：

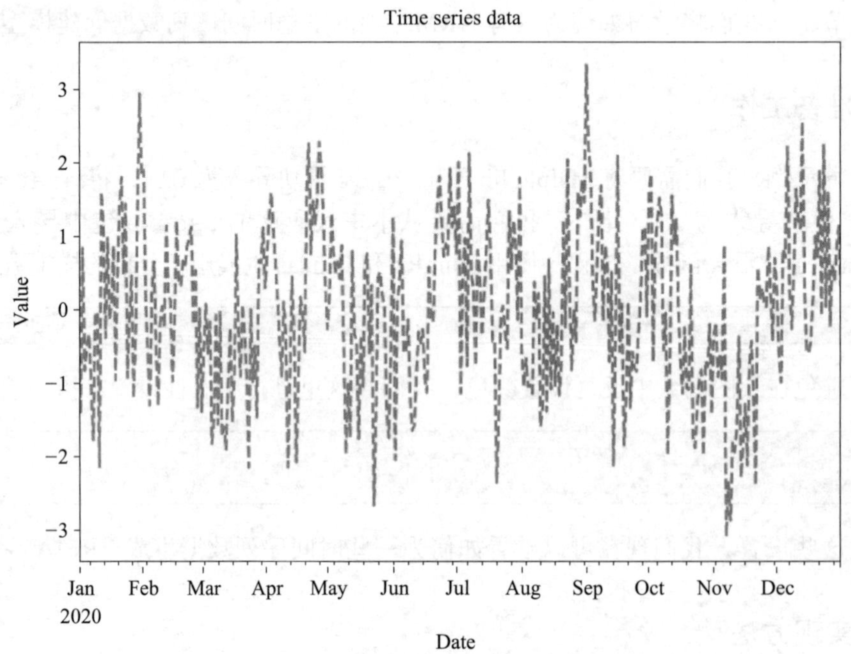

图 7.4　我们将要分析的时间序列数据（数据未表现出特定趋势）

```
adf_results = sm.tsa.adfuller(sample_ts)
adf_pvalue = adf_results[1]
print("Augmented Dickey-Fuller test:\nP-value:",
    adf_pvalue)
```

在这种情况下，报告的 `adf_pvalue` 是 0.000376，因此我们拒绝零假设，得出结论：该时间序列是平稳的。

4. 接下来，我们需要确定要拟合的模型的阶数。为此，我们将绘制时间序列的**自相关函数**（ACF）和**偏自相关函数**（PACF）：

```
ap_fig, (acf_ax, pacf_ax) = plt.subplots(
    2, 1, tight_layout=True)
sm.graphics.tsa.plot_acf(sample_ts, ax=acf_ax,
    title="Observed autocorrelation")
sm.graphics.tsa.plot_pacf(sample_ts, ax=pacf_ax,
    title="Observed partial autocorrelation")
acf_ax.set_xlabel("Lags")
pacf_ax.set_xlabel("Lags")
pacf_ax.set_ylabel("Value")
acf_ax.set_ylabel("Value")
```

时间序列的 ACF 和 PACF 图如图 7.5 所示。这些图表明 AR 和 MA 过程都存在。

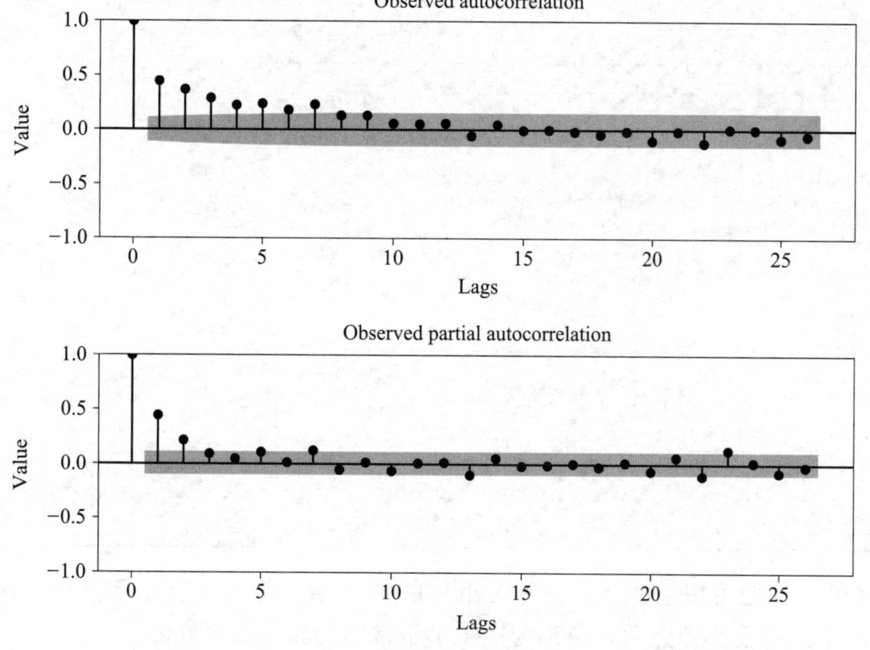

图 7.5　样本时间序列数据的 ACF 和 PACF

5. 接下来，我们使用 `tsa` 模块的 `ARIMA` 类为数据创建 ARMA 模型。此模型将包含阶数为 1 的 AR 组件和阶数为 1 的 MA 组件：

```
arma_model = sm.tsa.ARIMA(sample_ts, order=(1, 0, 1))
```

6. 现在，我们将模型拟合到数据中并获得结果模型。我们将这些结果的摘要输出到终端：

```
arma_results = arma_model.fit()
print(arma_results.summary())
```

7. 拟合模型的摘要数据如下：

```
                     ARMA Model Results
=========================================
Dep. Variable: y No.                Observations:        366
Model: ARMA(1, 1)                  Log Likelihood -513.038
Method: css-mle S.D. of innovations
                                                    0.982
Date: Fri, 01 May 2020 AIC 1034.077
Time: 12:40:00             BIC 1049.687
Sample: 01-01-2020    HQIC  1040.280
            - 12-31-2020
==================================================
coef        std        err                z P>|z|   [0.025 0.975]
---------------------------------------------------------- ------------
const     -0.0242    0.143    -0.169    0.866   -0.305     0.256
ar.L1.y    0.8292    0.057    14.562    0.000    0.718     0.941
ma.L1.y   -0.5189    0.090    -5.792    0.000   -0.695    -0.343
                                                          Roots
=========================================
                  Real Imaginary Modulus
Frequency
---------------------------------------------------------
AR.1          1.2059   +0.0000j  1.2059
0.0000
MA.1          1.9271   +0.0000j  1.9271
0.0000
---------------------------------------------------
```

在这里，我们可以看到 AR 和 MA 组件的估计参数都与 0 有显著差异。这是因为 `P>|z|` 列中的数值小数点后 3 位都为零（小于常用的置信水平 0.05）。

8. 我们接下来需要验证模型预测的残差（误差）中是否仍有额外的结构。为此，我们绘制残差的 ACF 和 PACF 图：

```
residuals = arma_results.resid
rap_fig, (racf_ax, rpacf_ax) = plt.subplots(
    2, 1, tight_layout=True)
sm.graphics.tsa.plot_acf(residuals, ax=racf_ax,
    title="Residual autocorrelation")
sm.graphics.tsa.plot_pacf(residuals, ax=rpacf_ax,
    title="Residual partial autocorrelation")
racf_ax.set_xlabel("Lags")
rpacf_ax.set_xlabel("Lags")
rpacf_ax.set_ylabel("Value")
racf_ax.set_ylabel("Value")
```

残差的 ACF 和 PACF 图如图 7.6 所示。在这里，我们可以看到，在除 0 之外的滞后处没有显著的峰值，因此我们得出结论，残差中没有额外的结构。

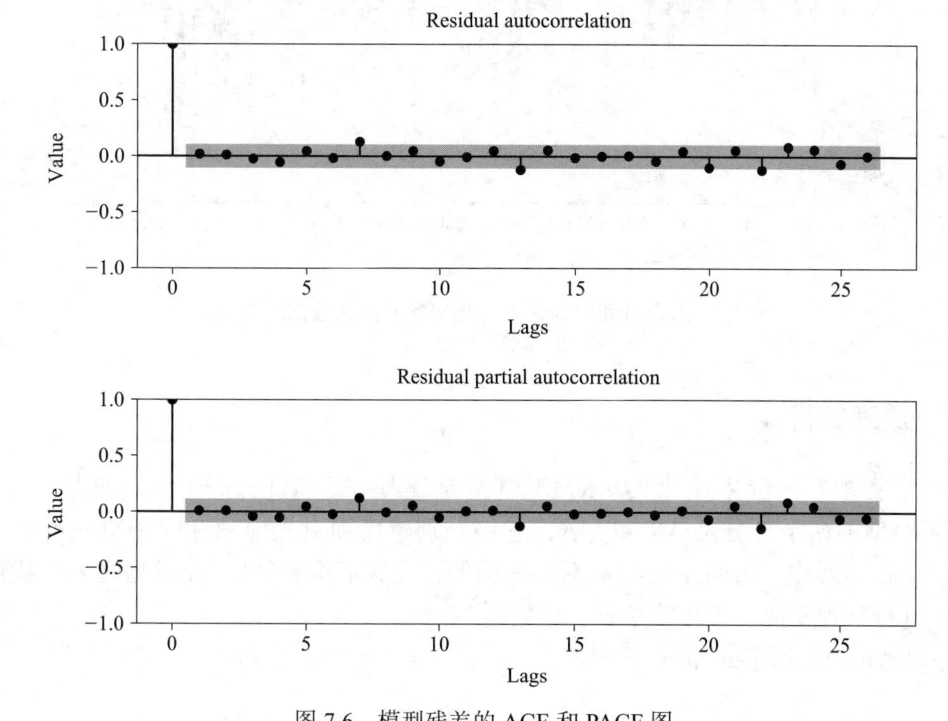

图 7.6　模型残差的 ACF 和 PACF 图

9. 现在我们已经验证了模型没有缺少任何结构，我们将拟合到每个数据点的值绘制在实际时间序列数据之上，以查看模型是否很好地拟合数据。我们在步骤 2 所创建的图形中绘制此模型：

```
fitted = arma_results.fittedvalues
fitted.plot(ax=ts_ax, label="Fitted")
ts_ax.legend()
```

更新后的图如图 7.7 所示。

拟合值给出了时间序列行为的合理近似，但减少了底层结构的噪声。

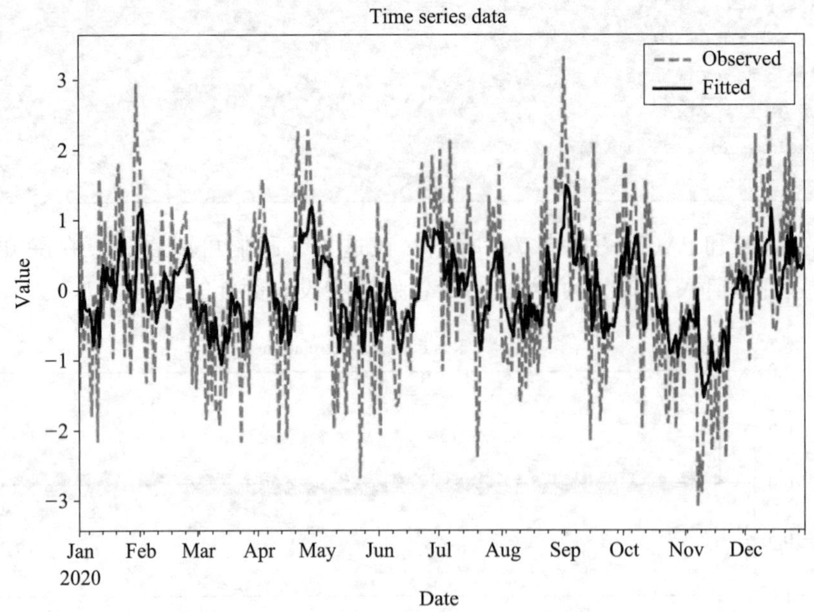

图 7.7　拟合时间序列数据与观测时间序列数据的关系图

7.5.3　原理解析

我们在这个示例中使用的 ARMA 模型是建模平稳时间序列行为的基本方法。ARMA 模型的两个部分是 AR 和 MA，它们分别建模项对先前项和噪声对先前噪声的依赖性。在实践中，时间序列通常不是平稳的，在我们拟合 ARMA 模型之前，我们必须对其进行某种变换，使其转换成平稳数据。

一阶 AR 模型的形式如下：

$$Y_t = \varphi_0 + \varphi_1 Y_{t-1} + \varepsilon_t$$

这里，φ_i表示参数，ε_t是给定时间步骤的噪声。通常假设噪声服从均值为 0、标准差在所有时间步骤上保持不变的正态分布。Y_t 表示在时间步骤 t 的时间序列值。在这个模型中，每个值都依赖前一个值，尽管它还可能依赖于一些常数和噪声。当φ_1参数严格位于 -1 和 1 之间时，该模型将产生一个平稳时间序列。

一阶 MA 模型与 AR 模型非常相似，可以由以下公式给出：

$$Y_t = \theta_0 + \varepsilon_t + \theta_1 \varepsilon_{t-1}$$

这里，变量θ_i表示参数。将这两个模型结合在一起，我们就得到了一个 ARMA（1, 1）模型，其形式如下：

$$Y_t = \varphi_0 + \varphi_1 Y_{t-1} + \varepsilon_t + \theta_1 \varepsilon_{t-1}$$

通常情况下，我们可以有一个模型 ARMA（p, q），其中包含一个 p 阶 AR 模型和一个 q 阶 MA 模型。我们通常将 p 和 q 称为模型的阶数。

确定 AR 和 MA 组件的阶数是构建 ARMA 模型最棘手的部分。ACF 和 PACF 提供了一些关于这方面的信息，但即使这样，确定阶数也可能非常困难。例如，随着滞后的增加，AR 过程将在 ACF 上显示某种衰减或振荡模式，而在 PACF 上会出现少量峰值，除此之外的值与零没有显著差异。PACF 图上出现的峰值数量可以作为该过程的阶数。对于 MA 过程，情况正好相反。ACF 图上通常有少量的显著峰值，而 PACF 图上有衰减或振荡模式。当然，有时这并不明显。

在这个示例中，我们绘制了样本时间序列数据的 ACF 和 PACF 图。在图 7.5 的自相关图（上图）中，我们可以看到峰值迅速衰减，直到它们位于零的置信区间内（这意味着它们不显著），这表明存在 AR 组件。在图 7.5 的偏自相关图（下图）中，我们可以看到只有两个峰值可以被认为不是零，这表明 AR 过程的阶数为 1 或 2。你应该保持模型的阶数尽可能小。因此，我们选择了一个阶数为 1 的 AR 组件。基于这个假设，偏自相关图上的第二个峰值表示衰减（而不是孤立的峰值），这表明存在 MA 过程。为了使模型简单，我们尝试了 1 阶 MA 过程。这就是我们在这个示例中确定使用模型的方式。请注意，这不是一个精确的过程，你可能会有不同的决定。

我们使用增广 Dickey-Fuller 检验来检验我们观察到的时间序列平稳的可能性。这是一个统计检验，如第 6 章所示，它从数据中生成一个检验统计量。这个检验统计量反过来确定了一个 p 值，用于确定是接受还是拒绝零假设。对于这个检验，零假设是样本时间序列中存在单位根。而我们真正感兴趣的备择假设是观察到的时间序列是平稳的。如果 p 值足够小，那么我们可以在指定的置信度下得出结论，即观察到的时间序列是平稳的。在此示例中，p 值为 0.000（小数点后 3 位都为 0），这表明序列很可能是平稳的。平稳性是使用 ARMA 模型处理数据的基本假设。

一旦我们确定时间序列是平稳的，并确定了模型的阶数，我们就需要将模型与我们拥有的样本数据进行拟合。使用最大似然估计法估计模型的参数。在该示例中，在步骤 6 中使用 `fit` 方法完成参数的学习。

statsmodels 包提供了各种处理时间序列的工具，包括计算和绘制时间序列数据的 ACF 和 PACF、各种检验统计量以及为时间序列创建 ARMA 模型的实用工具。还有一些工具可以自动估计模型的阶数。

我们可以使用**赤池信息准则**（AIC）、**贝叶斯信息准则**（BIC）和**汉南 - 奎因信息准则**（HQIC）来比较这个模型与其他模型，以确定哪种模型最能描述数据。在这些准则中，值越小越好。

注意

当使用 ARMA 对时间序列数据进行建模时，就像在各种数学建模任务中一样，最好根据需要选择最简单的模型来描述数据。对于 ARMA 模型，这通常意味着选择最小阶数的模型来描述观察到的数据结构。

7.5.4　更多内容

为 ARMA 模型找到最佳的阶数组合可能非常困难。通常，拟合模型的最佳方法是测试多个不同的配置，并选择产生最佳拟合的阶数。例如，在本示例中，我们可以尝试 ARMA（0,1）或 ARMA（1,0），并将其与我们使用的 ARMA（1,1）模型进行比较，通过考虑摘要中报告的 AIC 统计数据，看看哪种模型产生了最佳拟合。事实上，如果我们构建这些模型，我们将看到 ARMA（1,1）（我们在这个示例中使用的模型）的 AIC 值是这三个模型中最好的。

7.6　基于 ARIMA 的时间序列数据预测

在前面的示例中，我们使用 ARMA 模型为平稳时间序列生成了一个模型，该模型由 AR 组件和 MA 组件组成。不幸的是，这个模型无法适应具有某种潜在趋势的时间序列，即非平稳的时间序列。我们通常可以通过对观测到的时间序列进行一次或多次差分，直到我们得到一个可以使用 ARMA 建模的平稳时间序列来解决这个问题。将差分结合到 ARMA 模型中，就形成了 ARIMA 模型。

差分是计算数据序列中连续项之间差值的过程，因此，应用一阶差分相当于从下一步的值中减去当前步骤的值（$t_{i+1}-t_i$）。这具有从数据中消除潜在的线性上升或下降趋势的效果。这有助于将任意时间序列简化为可以使用 ARMA 建模的平稳时间序列。高阶差分可以消除更高阶的趋势以实现类似的效果。

ARIMA 模型有三个参数，通常标记为 p、d 和 q。就像 ARMA 模型一样，阶参数

p 和 q 分别是 AR 模型和 MA 模型的阶数。第三个阶参数 d 是要应用的差分阶数。具有这些阶数的 ARIMA 模型通常写成 ARIMA (p,d,q)。当然，在开始拟合模型之前，我们需要确定应该使用的差分阶数。

在本节中，我们将学习如何将 ARIMA 模型拟合到非平稳时间序列，并使用这个模型来生成关于未来值的预测。

7.6.1　准备工作

对于本示例，我们需要将 NumPy 包导入为 `np`，将 Pandas 包导入为 `pd`，将 Matplotlib 的 `pyplot` 模块导入为 `plt`，将 `statsmodels.api` 模块导入为 `sm`。我们还需要从 `tsdata` 模块创建时间序列数据样本的实用程序，该模块包含在本书的代码库中。

```
from tsdata import generate_sample_data
```

和上一个示例一样，我们使用 Matplotlib 的 `rcparams` 来为程序中的所有绘图设置颜色：

```
from matplotlib.rcsetup import cycler
plt.rc("axes", prop_cycle=cycler(c="k"))
```

7.6.2　实现方法

以下步骤展示了如何为时间序列数据构建 ARIMA 模型，以及如何使用该模型进行预测：

1. 首先，使用 `generate_sample_data` 例程加载样本数据：

```
sample_ts, test_ts = generate_sample_data(
    trend=0.2, undiff=True)
```

2. 和往常一样，下一步是绘制时间序列数据图，以便我们直观地识别数据的趋势：

```
ts_fig, ts_ax = plt.subplots(tight_layout=True)
sample_ts.plot(ax=ts_ax, label="Observed")
ts_ax.set_title("Training time series data")
ts_ax.set_xlabel("Date")
ts_ax.set_ylabel("Value")
```

结果图如图 7.8 所示。我们可以看到，数据有明显的上升趋势，因此时间序列肯定不是平稳的。

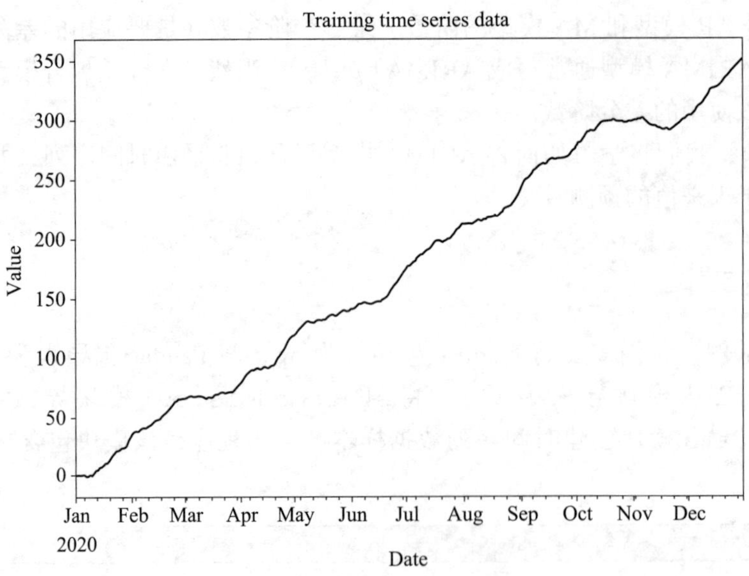

图 7.8　样本时间序列数据图

3. 接下来，我们对时间序列进行差分，以查看一阶差分是否足以消除趋势：

```
diffs = sample_ts.diff().dropna()
```

4. 现在，我们对差分后的时间序列绘制 ACF 和 PACF：

```
ap_fig, (acf_ax, pacf_ax) = plt.subplots(2, 1,
    tight_layout=True)
sm.graphics.tsa.plot_acf(diffs, ax=acf_ax)
sm.graphics.tsa.plot_pacf(diffs, ax=pacf_ax)
acf_ax.set_ylabel("Value")
acf_ax.set_xlabel("Lag")
pacf_ax.set_xlabel("Lag")
pacf_ax.set_ylabel("Value")
```

ACF 和 PACF 图如图 7.9 所示。我们可以看到，数据中似乎没有趋势，并同时存在 AR 组件和 MA 组件。

5. 现在，我们构建了具有一阶差分、AR 模型和 MA 模型的 ARIMA 模型。我们将其拟合到观测到的时间序列数据上，并输出模型的摘要：

```
model = sm.tsa.ARIMA(sample_ts, order=(1,1,1))
fitted = model.fit()
print(fitted.summary())
```

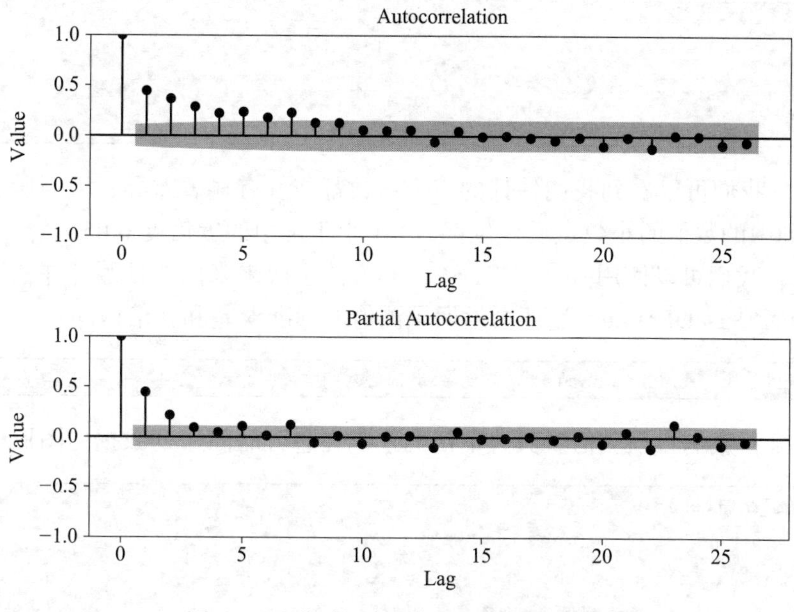

图 7.9　差分时间序列的 ACF 和 PACF 图

输出的摘要信息如下所示：

```
                SARIMAX Results
===========================================
Dep. Variable:        y     No. Observations:   366
Model: ARIMA(1, 0, 1)             Log Likelihood   -513.038
Date: Fri, 25 Nov 2022             AIC             1034.077
Time:               13:17:24          BIC          1049.687
Sample:      01-01-2020           HQIC             1040.280
                 - 12-31-2020
Covariance Type:                    opg
=========================================
              coef        std err    z         P>|z|     [0.025 0.975]
-------------------------------------------------------------- --------------
const       -0.0242      0.144      -0.168     0.866     -0.307        0.258
ar.L1        0.8292      0.057      14.512     0.000      0.717        0.941
ma.L1       -0.5189      0.087      -5.954     0.000     -0.690       -0.348
sigma2       0.9653      0.075      12.902     0.000      0.819        1.112
=========================================
Ljung-Box (L1) (Q):                   0.04    Jarque-Bera (JB): 0.59
Prob(Q):                                      0.84 Prob(JB): 0.74
Heteroskedasticity (H): 1.15      Skew: -0.06
Prob(H) (two-sided):       0.44    Kurtosis: 2.84
```

```
========================================
Warnings:
[1] Covariance matrix calculated using the outer product of gradients (com-
plex-step).
```

在这里，我们可以看到我们估计的三个系数都与 0 有显著差异，因为所有三个系数在 `P>|z|` 列中的数值的小数点后 3 位都为 0（小于常用的置信度 0.05）。

6. 现在，我们可以使用 `get_forecast` 方法生成未来值的预测，并从这些预测值中生成一个摘要 DataFrame。这还会返回预测值的标准误差和置信区间。

```
forecast =fitted.get_forecast(steps=50).summary_frame()
```

7. 接下来，我们将预测值及其置信区间绘制在包含时间序列数据的图形上：

```
forecast["mean"].plot(
    ax=ts_ax, label="Forecast", ls="--")
ts_ax.fill_between(forecast.index,
                   forecast["mean_ci_lower"],
                   forecast["mean_ci_upper"],
                   alpha=0.4)
```

8. 最后，我们将要生成的实际未来值与步骤 1 中的样本一起添加到图形中（如果你重复步骤 1 的绘图命令，可能更容易在此处重新生成整个图形）：

```
test_ts.plot(ax=ts_ax, label="Actual", ls="-.")
ts_ax.legend()
```

图 7.10 显示了包含预测值和实际未来值的时间序列的最终图。

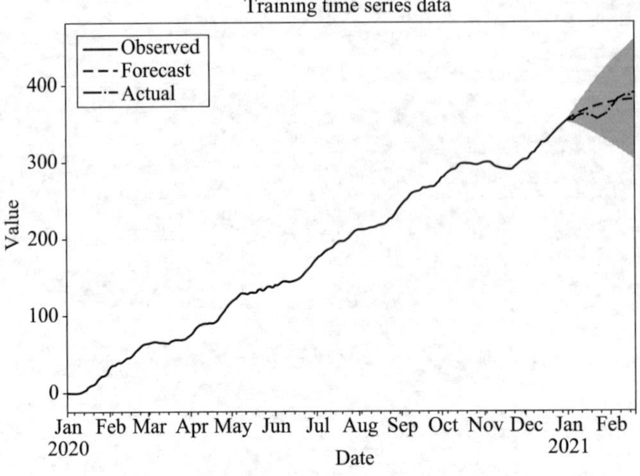

图 7.10　带有预测值和实际未来值的样本时间序列

在这里，我们可以看到，实际未来值在预测值的置信区间内。

7.6.3 原理解析

阶数为 p、d 和 q 的 ARIMA 模型，只是将 ARMA（p，q）模型应用于时间序列。这是通过对原始时间序列数据进行 d 阶差分得到的。这是生成时间序列数据模型的一种相当简单的方法。statsmodels 的 ARIMA 类处理模型的创建，而 fit 方法将此模型拟合到数据中。

该模型使用最大似然方法拟合数据，最终估计参数包括 AR 组件的一个参数、MA 组件的一个参数、常数趋势参数以及噪声的方差。这些参数都在摘要中有相应报告。从这个输出中，我们可以看到估计的 AR 系数（0.9567）和 MA 系数（-0.6407），该估计值非常接近生成数据所用的真实估计值，生成数据时的 AR 系数为 0.8，MA 系数为 -0.5。这些参数在本章的代码库 tsdata.py 文件中的 generate_sample_data 函数中进行设置。这在步骤 1 中生成了样本数据。你可能已经注意到，与步骤 1 中 generate_sample_data 调用指定的参数不同，这里的常数参数是 1.0101 而不是 0.2。实际上，它与时间序列的实际漂移相差不远。

在已拟合模型（fit 方法的输出结果）上使用 get_forecast 方法，使用模型对给定步数后的值进行预测。在这个示例中，在样本时间序列范围之外，我们预测了未来的 50 个时间步。步骤 6 中命令的输出是一个 DataFrame，其中包含预测值、预测的标准误差以及预测的置信区间（默认情况下为 95% 的置信度）的上下限。

当你为时间序列数据构建 ARIMA 模型时，需要确保能够去除潜在趋势的差分阶数最小。应用差分的次数超出必要范围称为过度差分，可能会导致模型出现问题。

7.7 使用 ARIMA 预测季节性数据

时间序列通常显示出周期性行为，因此数值的峰值或谷值会在固定的时间间隔内出现。在时间序列分析中，这种行为被称为季节性（seasonality）。到目前为止，我们在本章中使用的时间序列数据建模方法显然没有考虑到季节性因素。幸运的是，改进标准 ARIMA 模型以纳入季节性因素相对容易，从而产生了有时被称为 SARIMA 的模型。

在本节中，我们将学习如何对包含季节性行为的时间序列数据进行建模，并使用这个模型来生成预测。

7.7.1 准备工作

在这个示例中，我们需要导入 NumPy 库并将其命名为 np，导入 Pandas 库并将其命名为 pd，导入 Matplotlib 的 pyplot 模块并将其命名为 plt，导入 statsmodels 的 api 模块并将其命名为 sm。我们还需要从 tsdata 模块导入用于创建样本时间序列数据的实用工具，该模块包含在本书的代码库中。

```
from tsdata import generate_sample_data
```

让我们看看如何生成一个考虑季节性变化的 ARIMA 模型。

7.7.2 实现方法

按照以下步骤为样本时间序列数据生成季节性 ARIMA 模型，并使用该模型进行预测：

1. 首先，我们使用 generate_sample_data 例程生成一个要分析的样本时间序列：

```
sample_ts, test_ts = generate_sample_data(undiff=True,
    seasonal=True)
```

2. 与往常一样，我们的第一步是通过绘制样本时间序列图来直观地检查数据：

```
ts_fig, ts_ax = plt.subplots(tight_layout=True)
sample_ts.plot(ax=ts_ax, title="Time series",
    label="Observed")
ts_ax.set_xlabel("Date")
ts_ax.set_ylabel("Value")
```

样本时间序列数据的图形如图 7.11 所示。在这里，我们可以看到数据中似乎有周期性的峰值。

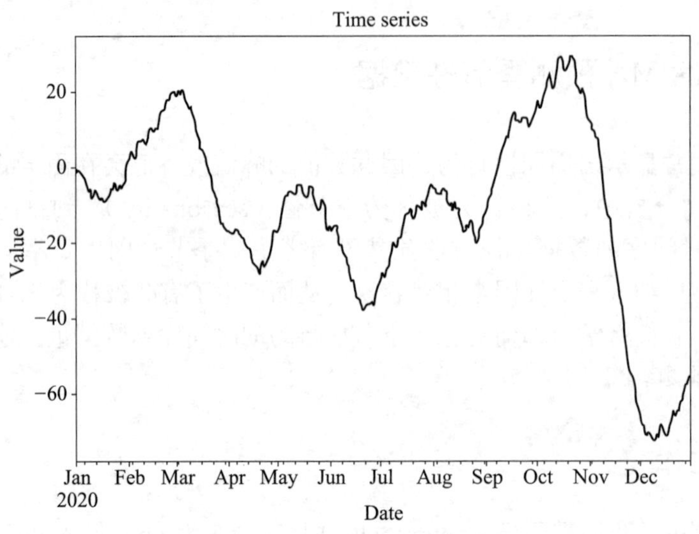

图 7.11　样本时间序列数据图

3. 接下来，我们绘制样本时间序列的 ACF 和 PACF：

```
ap_fig, (acf_ax, pacf_ax) = plt.subplots(2, 1,
    tight_layout=True)
sm.graphics.tsa.plot_acf(sample_ts, ax=acf_ax)
sm.graphics.tsa.plot_pacf(sample_ts, ax=pacf_ax)
acf_ax.set_xlabel("Lag")
pacf_ax.set_xlabel("Lag")
acf_ax.set_ylabel("Value")
pacf_ax.set_ylabel("Value")
```

样本时间序列的 ACF 和 PACF 图如图 7.12 所示。

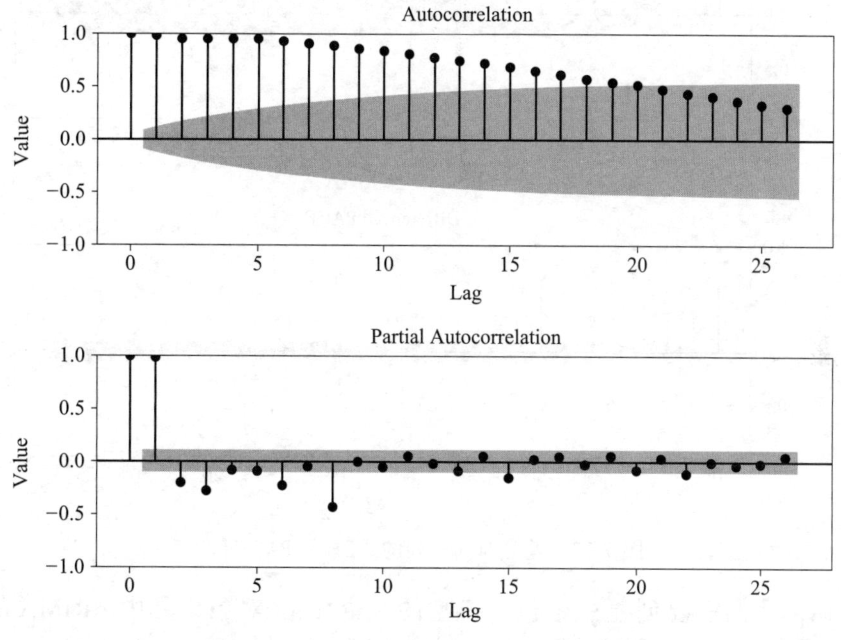

图 7.12　样本时间序列的 ACF 和 PACF 图

这些图表明可能存在 AR 模型，但 PACF 在滞后 7 处也出现了明显的峰值。

4. 接下来，我们对时间序列进行差分，并绘制差分序列的 ACF 和 PACF 图。这应该会使模型的阶数更加清晰。

```
diffs = sample_ts.diff().dropna()
dap_fig, (dacf_ax, dpacf_ax) = plt.subplots(
    2, 1, tight_layout=True)
sm.graphics.tsa.plot_acf(diffs, ax=dacf_ax,
    title="Differenced ACF")
sm.graphics.tsa.plot_pacf(diffs, ax=dpacf_ax,
```

```
    title="Differenced PACF")
dacf_ax.set_xlabel("Lag")
dpacf_ax.set_xlabel("Lag")
dacf_ax.set_ylabel("Value")
dpacf_ax.set_ylabel("Value")
```

差分时间序列的 ACF 和 PACF 图如图 7.13 所示。我们可以看出，图中存在一个滞后 7 的季节性成分。

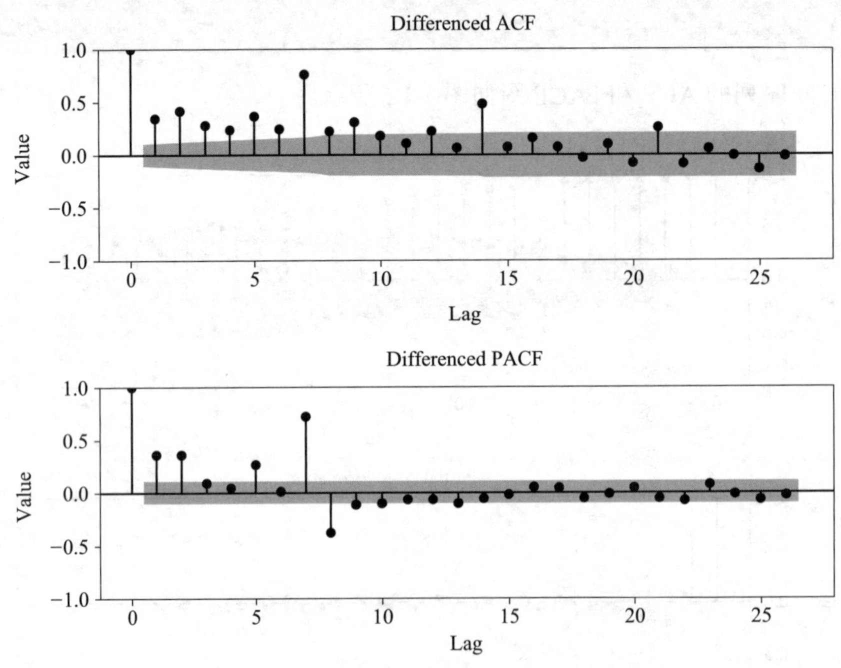

图 7.13　差分时间序列的 ACF 和 PACF 图

5. 现在，我们需要创建一个包含模型的 SARIMAX 对象，其中 ARIMA 的阶数为 (1, 1, 1)，SARIMA 的阶数为 (1, 0, 0, 7)。我们将这个模型拟合到样本时间序列上，并输出摘要统计信息。我们在时间序列数据上绘制预测值：

```
model = sm.tsa.SARIMAX(sample_ts, order=(1, 1, 1),
    seasonal_order=(1, 0, 0, 7))
fitted_seasonal = model.fit()
print(fitted_seasonal.summary())
```

输出到终端的摘要统计信息的前半部分如下：

```
            SARIMAX Results
=============================================
```

```
Dep. Variable:         y   No.  Observations:       366
Model:ARIMA(1, 0, 1)        Log Likelihood   -513.038
Date:   Fri, 25 Nov 2022        AIC    1027.881
Time: 14:08:54                     BIC 1043.481
Sample:01-01-2020             HQIC 1034.081
            - 12-31-2020
Covariance Type:        opg
```

和之前一样，摘要的前半部分包含了有关模型、参数和拟合的一些信息。摘要的后半部分包含了有关模型估计系数的信息：

```
=========================================
                coef std
err        z        P>|z| [0.025 0.975]
-----------------------------------------------------
ar.L1    0.7939  0.065  12.136  0.000   0.666   0.922
ma.L1   -0.4544  0.095  -4.793  0.000  -0.640  -0.269
ar.S.L7  0.7764  0.034  22.951  0.000   0.710   0.843
sigma2   0.9388  0.073   2.783  0.000   0.795   1.083
=========================================
Ljung-Box (L1) (Q):          0.03      Jarque-Bera (JB): 0.47
Prob(Q):                     0.86              Prob(JB): 0.79
Heteroskedasticity (H):   1.15         Skew: -0.03
Prob(H) (two-sided):        0.43         Kurtosis: 2.84
=========================================
Warnings:
[1] Covariance matrix calculated using the outer product of gradients (complex-step).
```

6. 这个模型看起来是一个合理的拟合，所以我们继续前进，预测未来的 50 个时间步：

```
forecast_result = fitted_seasonal.get_forecast(steps=50)
forecast_index = pd.date_range("2021-01-01", periods=50)
forecast = forecast_result.predicted_mean
```

7. 最后，我们将预测值及其置信区间一起添加到样本时间序列的图中：

```
forecast.plot(ax=ts_ax, label="Forecasts", ls="--")
conf = forecast_result.conf_int()
ts_ax.fill_between(forecast_index, conf["lower y"],
    conf["upper y"], alpha=0.4)
test_ts.plot(ax=ts_ax, label="Actual future", ls="-.")
ts_ax.legend()
```

最终的时间序列图，连同预测值和它的置信区间，如图 7.14 所示。

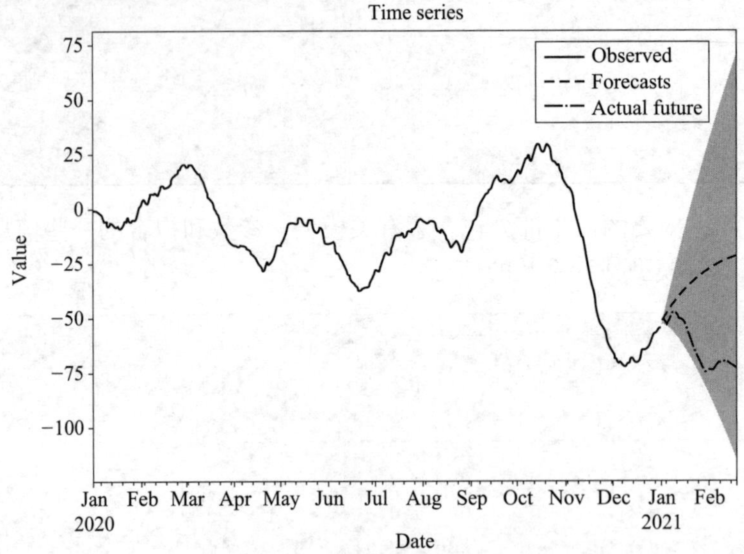

图 7.14　样本时间序列与预测值及其置信区间图

正如我们所看到的，预测值的趋势与观测数据的最后部分大致遵循相同的上升轨迹，预测值的置信区间迅速扩大。在观测数据结束后，实际的未来值再次下降，但确实保持在置信区间内。

7.7.3　原理解析

调整 ARIMA 模型以纳入季节性因素是一项相对简单的任务。季节性分量类似于 AR 分量，其中滞后开始于大于 1 的某个数字。在这个示例中，时间序列呈现出周期为 7（每周）的季节性，这意味着模型大致由以下方程表示：

$$Y_t = \varphi_1 Y_{t-1} + \varepsilon_t + \Phi_1 Y_{t-7}$$

这里，φ_1和Φ_1是参数，ε_t是时间步长 t 时的噪声。标准 ARIMA 模型很容易进行调整，以包含这个额外的滞后项。

SARIMA 模型将这种额外的季节性因素纳入了 ARIMA 模型。在基础 ARIMA 模型的三个阶数项之上，它有四个额外的阶数项。这四个附加参数分别是季节性 AR、差分、MA 分量和季节性周期。在这个示例中，我们取季节性 AR 的阶数为 1，没有季节差分或 MA 分量（阶数为 0），季节性周期为 7。这为我们提供了本示例步骤 5 中使用的附加参数（1，0，0，7）。

季节性在对时间序列数据（这些数据是在涵盖几天、几个月或几年的时间段内测量的）进行建模时显然很重要。ARIMA 模型通常根据数据所占据的时间框架纳入某种季节性成分。例如，在几天内按小时测量的国家电力消耗时间序列可能有 24 小时的季节性成分，因为电力消耗可能会在夜间下降。

如果你正在分析的时间序列数据没有覆盖足够长的时间段以使某种模式出现，那么长期的季节性模式可能会被隐藏。数据中的趋势也是如此。当你试图根据在相对较短的时间内观测的数据进行长期预测时，这可能会导致一些有趣的问题。

statsmodels 软件包中的 SARIMAX 类提供了使用季节性 ARIMA 模型对时间序列数据进行建模的方法。事实上，它还可以对对模型有额外影响的外部因素（有时称为外生回归变量，我们在这里不会涉及这些）进行建模。这个类的工作方式很像我们在前面的示例中使用的 ARMA 和 ARIMA 类。首先，我们通过为 ARIMA 过程和季节性过程提供数据和阶数来创建模型对象，然后在该对象上使用 fit 方法来创建拟合模型对象。我们使用 get_forecasts 方法生成一个包含预测值和置信区间数据的对象，然后我们可以绘制这些数据，从而生成图 7.14。

7.7.4　更多内容

在本示例中使用的 SARIMAX 类和前一个示例中使用的 ARIMA 类的接口存在细微差异。在本书编写的过程中，statsmodels 包（v0.11）包含了一个在 SARIMAX 类之上构建的第二个 ARIMA 类，从而提供了相同的接口。然而，截至本书编写完成时，这个新的 ARIMA 类并没有提供与本例使用的功能相同的功能。

7.8　使用 Prophet 对时间序列数据进行建模

到目前为止，我们看到的用于对时间序列数据进行建模的工具都是非常通用且灵活的方法，但设置它们需要一些时间序列分析知识。构建一个可以用于对未来进行合理预测的良好模型所需的分析可能既烦琐又耗时，并且可能不适用于你的应用。Prophet 库旨在快速自动建模时间序列数据，无须用户输入，并对未来进行预测。

在本节中，我们将学习如何使用 Prophet 从样本时间序列中生成预测值。

7.8.1　准备工作

对于本例程，我们需要将 Pandas 包导入为 pd，将 Matplotlib 的 pyplot 模块导入为 plt，并使用以下命令从 Prophet 库导入 Prophet 对象：

在 1.0 版本之前，Prophet 库称为 fbprophet。

```
from prophet import Prophet
```

我们还需要从本书代码库中的 `tsdata` 模块导入 `generate_sample_data` 例程：

```
from tsdata import generate_sample_data
```

让我们看看如何使用 Prophet 包快速生成时间序列数据模型。

7.8.2 实现方法

以下步骤向你展示了如何使用 Prophet 包为样本时间序列生成预测值：

1. 首先，我们使用 `generate_sample_data` 生成样本时间序列数据：

```
sample_ts, test_ts = generate_sample_data(
    undiffTrue,trend=0.2)
```

2. 我们需要将样本数据转换为 Prophet 期望的 `DataFrame` 格式：

```
df_for_prophet = pd.DataFrame({
    "ds": sample_ts.index,    # dates
    "y": sample_ts.values    # values
})
```

3. 接下来，我们使用 `Prophet` 类创建一个模型并将其拟合到样本时间序列：

```
model = Prophet()
model.fit(df_for_prophet)
```

4. 现在，我们创建一个新的 DataFrame，其中包含原始时间序列的时间间隔，以及用于预测的额外时段：

```
forecast_df = model.make_future_dataframe(periods=50)
```

5. 然后，我们使用 `predict` 方法生成刚刚创建的时间段内的预测：

```
forecast = model.predict(forecast_df)
```

6. 最后，我们在样本时间序列数据之上绘制预测值，同时绘制预测值的置信区间和真实的未来值：

```
fig, ax = plt.subplots(tight_layout=True)
sample_ts.plot(ax=ax, label="Observed", title="Forecasts", c="k")
forecast.plot(x="ds", y="yhat", ax=ax, c="k",
    label="Predicted", ls="--")
```

```
ax.fill_between(forecast["ds"].values, forecast["yhat_ lower"].values,
    forecast["yhat_upper"].values, color="k", alpha=0.4)
test_ts.plot(ax=ax, c="k", label="Future", ls="-.")
ax.legend()
ax.set_xlabel("Date")
ax.set_ylabel("Value")
```

时间序列及其预测值的图形如图 7.15 所示。

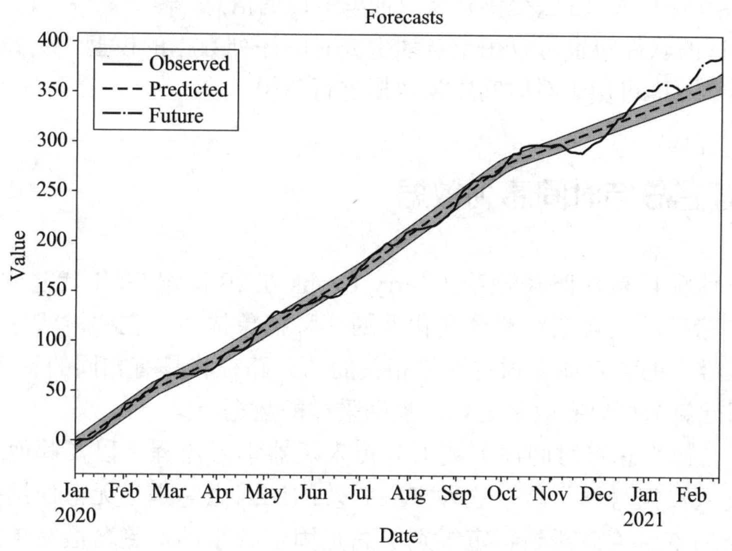

图 7.15　样本时间序列数据、预测值及其置信区间图

我们可以看到，大约直到 2020 年 10 月之前，数据的拟合效果相当好，但随后观测数据的突然下降导致预测值出现急剧变化，这种情况将持续到未来。通过调整 Prophet 预测的设置，这种情况可能会得到纠正。

7.8.3　原理解析

Prophet 是一个用于根据样本数据自动生成时间序列数据模型的软件包，用户几乎不需要额外的输入。在实践中，它非常易于使用：我们只需要创建 `Prophet` 类的实例，调用 `fit` 方法，然后就可以使用该模型生成预测值并理解我们的数据了。

`Prophet` 类需要以特定格式提供数据：一个 DataFrame，其中名为 `ds` 的列用于日期 / 时间索引，名为 `y` 的列表示响应数据（时间序列值）。该 DataFrame 应具有整数索引。一旦模型拟合完成，我们使用 `make_future_DataFrame` 创建一个格式正确的 DataFrame，其中包含适当的日期间隔，并为未来的时间间隔添加额外的行。然后，

predict 方法接受此 DataFrame 为输入，并使用模型生成这些时间间隔的预测值。在预测结果的 DataFrame 中，我们还可以获得其他信息，如置信区间。

7.8.4　更多内容

Prophet 在建模时间序列数据方面做得相当好，无须用户输入。而且，还可以使用 Prophet 类的各种方法自定义模型。例如，在拟合模型之前，我们可以使用 Prophet 类的 add_sesonality 方法提供有关数据季节性的信息。

有一些备选的软件包也可以用于自动生成时间序列数据的模型。例如，TensorFlow 等流行的机器学习库可用于对时间序列数据进行建模。

7.9　使用签名总结时间序列数据

签名是一种源自粗糙路径理论（Terry Lyons 在 20 世纪 90 年代建立的数学分支）的数学构造。路径的签名是对路径变化性的一种抽象描述，在“树状等价”之前，路径的签名都是唯一的（例如，通过平移相关的两条路径将具有相同的签名）。签名与参数化无关，因此签名可以有效地处理不规则采样的数据。

最近，签名作为总结时间序列数据并传入机器学习流程（以及其他应用）的一种手段，已经进入数据科学领域。这种方法有效的原因之一是，无论使用多少样本来计算签名，路径的签名（截断到特定级别）总是固定大小的。签名最简单的应用之一是用于分类和异常检测。为此，我们经常计算具有相同基础信号的采样路径的**期望签名**（签名分量的平均值），然后将新样本的签名与此期望签名进行比较，以查看它们是否“接近”。

在实际使用中，有几个用于从采样路径计算签名的 Python 包。在本示例中，我们将使用 esig 包，这是由 Lyons 及其团队开发的参考包（作者在编写本书时是该包的维护者）。还有一些备选包，如 iisignature 和 signatory（基于 PyTorch，但不再被积极开发）。在本节中，我们将计算通过向两个已知信号添加噪声而构建的路径集合的签名，并比较每个集合的期望签名与真实信号的签名，以及两个期望签名之间的差异。

7.9.1　准备工作

对于这个示例，我们将使用 NumPy 包（像往常一样将其导入为 np），以及导入为 plt 的 Matplotlib 的 pyplot 接口。我们还需要 esig 软件包。最后，我们将创建一个来自 NumPy random 库的默认随机数生成器实例，创建方式如下：

```
rng = np.random.default_rng(12345)
```

使用种子将确保生成的数据是可重现的。

7.9.2　实现方法

按照以下步骤计算两个信号的签名，并使用这些签名来区分每个信号的观测数据：

1. 首先，让我们定义一些我们将在这个例子中使用的参数：

```
upper_limit = 2*np.pi
depth = 2
noise_variance = 0.1
```

2. 接下来，我们定义一个实用函数，用于向每个信号添加噪声。我们添加的噪声是简单的高斯噪声，其均值为 0、方差如前面的定义：

```
def make_noisy(signal):
    return signal + rng.normal(0.0, noise_variance, size=signal.shape)
```

3. 现在，我们定义在区间 $0 \leqslant t \leqslant 2\pi$ 上描述真实信号的函数，这些函数的不规则参数值是通过从指数分布中抽取增量来确定的：

```
def signal_a(count):
    t = rng.exponential(
        upper_limit/count, size=count).cumsum()
    return t, np.column_stack(
        [t/(1.+t)**2, 1./(1.+t)**2])
def signal_b(count):
    t = rng.exponential(
        upper_limit/count, size=count).cumsum()
    return t, np.column_stack(
        [np.cos(t), np.sin(t)])
```

4. 让我们生成样本信号，并绘制这些信号，以查看真实信号在平面上的样子：

```
params_a, true_signal_a = signal_a(100)
params_b, true_signal_b = signal_b(100)

fig, ((ax11, ax12), (ax21, ax22)) = plt.subplots(
    2, 2,tight_layout=True)
ax11.plot(params_a, true_signal_a[:, 0], "k")
ax11.plot(params_a, true_signal_a[:, 1], "k--")
ax11.legend(["x", "y"])
```

```
ax12.plot(params_b, true_signal_b[:, 0], "k")
ax12.plot(params_b, true_signal_b[:, 1], "k--")
ax12.legend(["x", "y"])
ax21.plot(true_signal_a[:, 0], true_signal_a[:, 1], "k")
ax22.plot(true_signal_b[:, 0], true_signal_b[:, 1], "k")
ax11.set_title("Components of signal a")
ax11.set_xlabel("parameter")
ax11.set_ylabel("value")
ax12.set_title("Components of signal b")
ax12.set_xlabel("parameter")
ax12.set_ylabel("value")
ax21.set_title("Signal a")
ax21.set_xlabel("x")
ax21.set_ylabel("y")
ax22.set_title("Signal b")
ax22.set_xlabel("x")
ax22.set_ylabel("y")
```

生成的图如图 7.16 所示。在第一行，我们可以看到信号的每个分量在参数区间上的图形。在第二行，我们可以看到 y 分量相对 x 分量的图形。

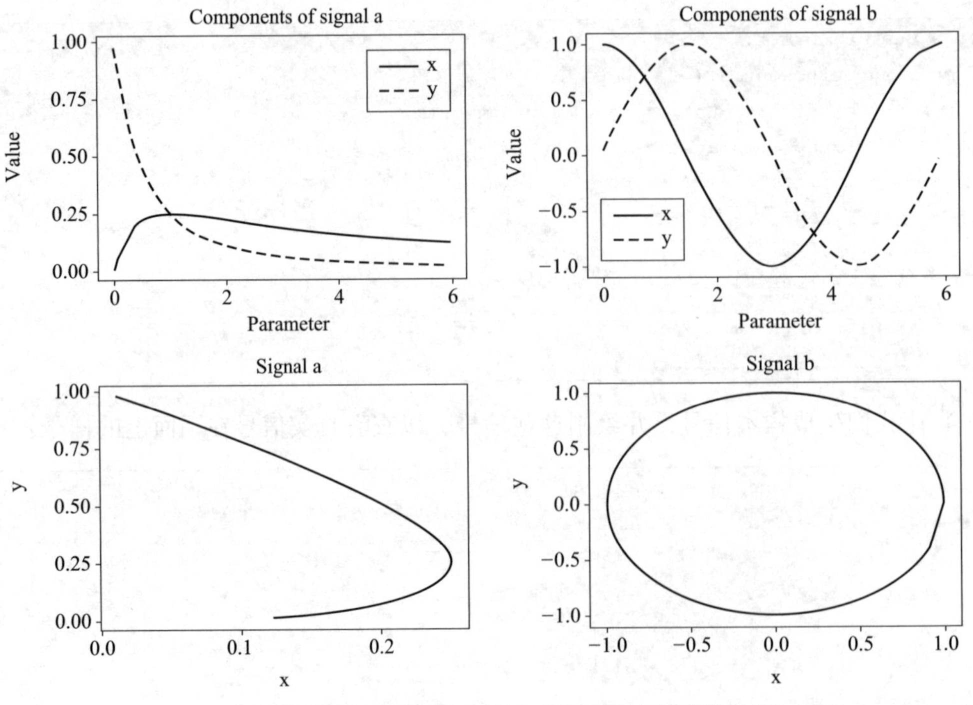

图 7.16　信号 a 和 b 的分量（上一行）以及平面上的信号（下一行）

5. 现在，我们使用 esig 包中的 stream2sig 函数计算这两个信号的签名。该函数将流数据作为第一个参数，并将深度（决定截断签名的级别）作为第二个参数。我们将步骤 1 中设置的深度作为这个参数：

```
signature_a = esig.stream2sig(true_signal_a, depth)
signature_b = esig.stream2sig(true_signal_b, depth)
print(signature_a, signature_b, sep="\n")
```

这将输出两个签名（以 NumPy 数组的形式），如下所示：

```
[ 1. 0.11204198 -0.95648657 0.0062767 -0.15236199 0.04519534 0.45743328]
[ 1.00000000e+00 7.19079669e-04 -3.23775977e- 02 2.58537785e-07 3.12414826e+00
-3.12417155e+00 5.24154417e-04]
```

6. 现在，我们使用步骤 2 中的 make_noisy 函数生成几个噪声信号。我们不仅随机化了区间参数，还随机化了样本数量：

```
sigs_a = np.vstack([esig.stream2sig(
    make_noisy(signal_a(
        rng.integers(50, 100))[1]), depth)
    for _ in range(50)])
sigs_b = np.vstack([esig.stream2sig(
    make_noisy(signal_b(
        rng.integers(50, 100))[1]), depth)
    for _ in range(50)])
```

7. 现在，我们逐个分量地计算每组签名的平均值，以生成一个“期望签名”。我们可以将这些期望签名与真实信号的签名进行比较，以及对期望签名进行相互比较，以说明签名在区分这两种信号方面的能力：

```
expected_sig_a = np.mean(sigs_a, axis=0)
expected_sig_b = np.mean(sigs_b, axis=0)
print(expected_sig_a, expected_sig_b, sep="\n")
```

这将输出两个期望签名，如下所示：

```
[ 1. 0.05584373 -0.82468682 0.01351423 -0.1040297 0.0527106 0.36009198]
[ 1. -0.22457304 -0.05130969 0.07368485 3.0923422 -3.09672887 0.17059484]
```

8. 最后，我们输出每个期望签名与相应真实信号签名之间以及两个期望签名之间的最大差异（绝对值）：

```
print("Signal a", np.max(
    np.abs(expected_sig_a - signature_a)))
print("Signal b", np.max(
    np.abs(expected_sig_b -signature_b)))
print("Signal a vs signal b", np.max(
    np.abs(expected_sig_a - expected_sig_b)))
```

结果如下所示：

```
Signal a 0.13179975589137582
Signal b 0.22529211936796972
Signal a vs signal b 3.1963719013938148
```

我们可以看到，在每种情况下，期望签名与真实签名之间的差异都相对较小，而两个期望签名之间的差异相对较大。

7.9.3 原理解析

路径 X_t 在区间 $0 \leqslant t \leqslant T$ 上的签名（在 d 维实数空间中取值）是 $\mathbb{R}^d$ 上**自由张量代数**的一个元素（在这个记法中，X_t 表示路径在 t 时刻的值，你可能更愿意把它理解为 $X(t)$）。我们将这个签名表示为 $S_{0,T}(X_t)$。撇开形式不谈，我们将签名实现为一系列元素，如下所示：

$$S_{0,T}(X_t) = (1, S_{0,T}(X_t)^{(1)}, \cdots, S_{0,T}(X_t)^{(d)}, S_{0,T}(X_t)^{(1,1)}, \cdots, S_{0,T}(X_t)^{(1,d)}, \cdots, S_{0,T}(X_t)^{(d,d)}, \cdots)$$

上标表示自由张量内的索引。例如，有两个项（i, j）的索引就像矩阵的行和列一样。签名索引的第一个项总是 1。接下来的项 d 由每个分量方向上的增量给出：如果我们将路径 X_t 写成向量（$X_t^{(1)}, X_t^{(2)}, \cdots, X_t^{(d)}$），那么这些项由以下公式给出：

$$S_{0,T}(X_t)^{(i)} = \int_0^T \mathrm{d}X_t^{(i)} = X_T^{(i)} - X_0^{(i)}$$

更高阶的项由这些分量函数的迭代积分给出：

$$S_{0,T}(X_t)^{(i_1,\cdots,i_n)} = \int_{0 \leqslant t_1 \leqslant \cdots \leqslant t_n \leqslant T} \mathrm{d}X_{t_1}^{(i_1)} \mathrm{d}X_{t_2}^{(i_2)} \cdots \mathrm{d}X_{t_n}^{(i_n)}$$

路径的完整签名是一个无限序列，因此在实际应用中，我们通常在决定索引最大大小的特定深度处截断，例如这里的（$i_1, \cdots, i_n$）。

在实际应用中，这种迭代积分定义并不是特别有用。幸运的是，当我们对一条路径进行采样并适度假设该路径在连续样本之间是线性的时，我们可以通过计算增量张量指数的乘积来计算签名。具体来说，如果 $x_1, \cdots, x_N$ 分别是从路径 X_t 在 $t_1, \cdots, t_N$ 处取得的样本值（所有采样点都在 0 和 T 之间），那么（假设 X_t 在 t_i 和 t_{i+1} 之间是线性的）签名由以下公式给出：

$$S_{0,T}\left(x_1,\cdots,x_N\right)=\exp\left(x_2-x_1\right)\otimes\exp\left(x_3-x_2\right)\otimes\exp\left(x_N-x_{N-1}\right)$$

这里，⊗符号表示自由张量代数中的乘法（这种乘法是通过索引的连接来定义的，因此，例如，左边的第（i, j）项的值和右边第（p, q）项的值将对乘法结果中的第（i, j, p, q）项有贡献）。记住，这些自由张量对象的指数不是通常的指数函数，它们是使用我们熟悉的幂级数定义的：

$$\exp\left(M\right)=\sum_{j=0}^{\infty}\frac{M^{\otimes j}}{j!}$$

当张量的常数项 M 为零时，我们将张量代数截断到深度 D，exp(M) 的值恰好等于该求和运算的前 D+1 项之和，这是一个可以高效计算的有限和。

在数据科学的背景下，路径签名的重要性在于，签名从函数的角度代表了路径。在非常精确的意义上，在路径 X_t 上定义的任何连续函数都可以近似地表示为在签名上定义的线性函数。因此，关于路径的任何信息也可以从签名中得到。

esig 包构建在 libalgebrace C++ 库之上，用于处理自由张量代数（以及其他类型的代数对象）的计算。esig 的 stream2sig 例程以路径样本序列为输入，形式为 N（样本数）× d（维度数）的 NumPy 数组，并返回一个包含签名组件的扁平 NumPy 数组，按照这里描述的顺序排列。stream2sig 的第二个参数是深度参数 D，在这个例子中我们选择为 2。签名数组的大小仅由空间的维度和深度决定，并由以下公式给出：

$$\sum_{j=0}^{D}d^j=\frac{d^{j+1}-1}{d-1}$$

在这个示例中，我们的两个路径都是二维的，签名的计算深度为 2，因此签名有 $2^3-1=7$ 个元素（请注意，每种情况下的样本数量都不同，并且是随机、不规则生成的，但每种情况的签名大小都是相同的）。

现在理论已经讲完了，让我们看一下程序。我们定义了两个真实的路径（信号），称之为信号 a 和信号 b。我们从每个信号中抽取样本，抽取参数值为 $t_1,\cdots,t_N$，其中差异来自指数分布，因此平均来说 $t_N=2\pi$。然后，我们将这些参数值输入到路径公式中（参见步骤 3）。在后面的步骤中，我们还将均值为 0、方差为 0.1 的高斯噪声添加到生成的路径中。这保证了我们的两个信号是不规则采样和有噪声的，以证明签名计算的鲁棒性。

信号 a 由以下公式定义：

$$A_t=\left(\frac{t}{(1+t)^2},\frac{1}{(1+t)^2}\right)$$

因为这是区间 $0 \leqslant t \leqslant 2\pi$ 上的一条很好的（平滑）路径，所以我们可以使用迭代积分精确计算签名，以（近似）得到如下序列：

（1, 0.11845, −0.98115, 0.0070153, −0.16512, 0.048901, 0.48133）

这与这里给出的信号的计算签名非常接近：

```
[1. 0.11204198 -0.95648657 0.0062767 -0.15236199 0.04519534 0.45743328]
```

我们期望有一个合理的误差，因为我们的采样相当粗略（只有 100 个点），由于我们随机化的方式，我们的参数值可能在 2π 之前结束。

信号 b 由以下公式定义：

$$B_t = \left(\cos(t), \sin(t)\right)$$

该信号的分量函数也是平滑的，因此我们可以通过计算迭代积分来计算签名。按照此过程，我们可以看到真实信号的签名如下所示：

$$\left(1, 0, 0, 0, \pi, -\pi, 0\right)$$

将这个值与计算值进行比较，我们发现结果非常接近：

```
[ 1.00000000e+00 7.19079669e-04 -3.23775977e-02 2.58537785e-07 3.12414826e+00
-3.12417155e+00 5.24154417e-04]
```

同样，由于采样粗略和未完全覆盖参数区间，我们预计会有一些误差（在图 7.16 中，你可以看到一些明显的“直线段”，表明信号 b 的图上某些地方的参数值间隔很远）。

在步骤 6 中，我们为从两个信号中提取的噪声样本生成了多个签名，所有这些样本都具有不同且不规则的时间步长（采样数也在 50 到 100 之间随机抽取），还添加了高斯噪声。这些被堆叠成一个 `N=50` 行和 7 列（签名的大小）的数组。我们使用 `axis=0` 的 `np.mean` 例程计算每个签名数组的行平均值，这会为每个信号产生期望签名。然后，我们将这些期望签名与步骤 5 中计算的“真实签名”进行比较，并将期望签名相互比较。我们可以看到，两个期望签名之间的差异显著大于（不是统计意义上）每个信号的期望签名和真实签名之间的差异。这说明了签名对时间序列数据进行分类的鉴别能力。

7.9.4 更多内容

我们在本示例中解决的问题非常简单。签名已被广泛用于各种场景，包括败血症检测、手写识别、自然语言处理、人类行为识别和无人机识别。通常，签名会与一系列“预处理步骤”结合使用，以解决采样数据中的各种缺陷。例如，在示例中，我们故意选择了在所讨论的区间上有界（且相对较小）的信号。在实践中，数据可能会传播得更广泛，在这种情况下，签名中的高阶项可能会迅速增长，这对数值稳定性有重要影响。这些预处理步骤包括 lead-lag（领先 - 滞后）转换、pen-on-pen-of 转换、缺失数据转换和时间积分。每种预处理方法在使数据更适合基于签名的方法方面都有特定的作用。

签名包含大量的冗余信息。由于几何形状的原因，许多高阶项可以从其他项中计算出来。这意味着我们可以减少所需的项数，而不会丢失任何关于路径的信息。这种简化涉及将签名（在自由张量代数中）投影到对数签名（在自由李代数中）。对数签名是路径的另一种表示形式，其项数较少。对于对数签名，许多属性仍然成立，除了我们在函数近似中失去了线性（这对于特定应用可能很重要，也可能不重要）。

7.9.5　另请参阅

粗糙路径和签名方法的理论显然太过宽泛，而且扩展很快，在这么短的篇幅里难以深入讲解。下面有一些资源，你可以找到有关签名的额外信息：

- Lyons, T. and McLeod, A., 2022. Signature Methods in Machine Learning. https://arxiv.org/abs/2206.14674
- Lyons, T., Caruana, M., and Lévy, T., 2004. Differential Equations Driven by Rough Paths, Springer, Ecole d'Eté de Probabilités de Saint-Flour XXXIV
- Datasig 网站上有几个使用签名分析时间序列数据的 Jupyter notebook 教程 : https://datasig.ac.uk/examples.

7.10　拓展阅读

统计学中关于回归问题的很好的教科书是 Mendenhall 和 Beaver 合著的 *Probability and Statistics*，在本书第 6 章提到过这本书。以下书籍对现代数据科学中的分类和回归提供了很好的介绍：

- James, G. and Witten, D., 2013. An Introduction To Statistical Learning: With Applications In R. New York: Springer.
- Müller, A. and Guido, S., 2016. Introduction To Machine Learning With Python. Sebastopol: O'Reilly Media.

下面的这本书对时间序列分析有很好的介绍：

- Cryer, J. and Chan, K., 2008. Time Series Analysis. New York: Springer.

CHAPTER 8

第8章

几何问题

本章介绍了关于二维几何的几个问题的解决方案。几何学是数学的一个分支，主要研究点、线和其他图形（形状）的特征、这些图形之间的相互作用以及这些图形的变换。在本章中，我们将重点讨论二维图形的特征以及这些图形之间的相互作用。

在Python中处理几何对象时，我们必须克服几个问题，其中最大的障碍是表示问题。大多数几何对象占据二维平面上的一个区域，因此，我们不可能存储该区域内的每一个点。相反，我们必须找到一种更紧凑的方法来表示该区域，并将其存储为相对较少的点或其他属性。例如，我们可以沿着一个对象的边界选取一些存储的点，然后根据这些点重建边界和对象本身。我们还必须将问题重新表述为可以使用代表性数据回答的问题。

第二大问题是将纯几何问题转换为可以被软件理解和解决的形式。这可能相对简单（例如，求两条直线的交点就是求矩阵方程的解），也可能极其复杂，具体取决于问题的类型。解决这些问题的一种常见技术是用更简单的对象表示所讨论的图形，并用每个简单的对象解决更容易的问题。这应该能让我们对原始问题的解法有所了解。

我们将首先向你展示如何使用块（patch）可视化二维形状，然后学习如何确定一个点是否包含在另一个图形中。接着，我们将继续学习边缘检测、三角剖分和寻找凸包。最后，我们将通过构造贝塞尔曲线来结束本章。

本章包括以下内容：

- 二维几何形状的可视化
- 查找内点
- 在图像中查找边缘
- 平面图形的三角剖分

- 计算凸包
- 构建贝塞尔曲线

8.1 技术要求

在本章中，我们将像往常一样需要 NumPy 软件包和 Matplotlib 软件包。我们也需要 Shapely 包和 scikit-image 包。可以使用你喜欢的包管理器（如 pip）进行安装：

```
python3.10 -m pip install numpy matplotlib shapely scikit-image
```

本章的代码可以在本书 GitHub 代码库的“Chapter 08”文件夹中找到，地址为：https://github.com/PacktPublishing/Applying-Math-with-Python-2nd-Edition/tree/main/Chapter%2008。

8.2 二维几何形状的可视化

本章的重点是二维几何，所以我们的首要任务是学习如何将二维几何图形可视化。这里提到的一些技术和工具可能适用于三维几何图形，但一般来说，这需要更专业的软件包和工具。在平面上绘制区域的第一种方法可能是在边界周围选取一组点，然后使用常用工具绘制这些点。然而，这种方法通常效率不高。相反，我们将使用 Matplotlib patches（块）来高效地表示这些图形。在本示例中，Matplotlib 可以将圆（圆盘）的圆心和半径有效地填充到图形中。

本书所述的**几何图形**（geometric figure）是指任何点、线、曲线或封闭区域（包括边界），封闭区域的边界是线和曲线的集合。简单的例子包括点、线、矩形、多边形和圆。

在本节中，我们将学习如何使用 Matplotlib patches 将几何图形可视化。

8.2.1 准备工作

对于本示例，我们需要将 NumPy 包导入为 np，将 Matplotlib 的 pyplot 模块导入为 plt。我们还需要从 Matplotlib 的 patches 模块导入 Circle 类，从 Matplotlib collections 模块导入 PatchCollection 类。

可以通过以下命令来实现：

```
import numpy as np
import matplotlib.pyplot as plt
```

```
from matplotlib.patches import Circle
from matplotlib.collections import PatchCollection
```

我们还需要本章代码库中的 swisscheese-grid-10411.csv 数据文件。

8.2.2 实现方法

下面的步骤展示了如何将二维几何图形可视化：

1. 首先，我们通过本书代码库中的 swisscheese-grid-10411.csv 文件加载数据：

```
data = np.loadtxt("swisscheese-grid-10411.csv")
```

2. 我们创建一个新的 patch 对象，表示图形上的一个区域，即一个以原点为圆心、半径为 1 的圆（圆盘）。我们创建一组新的绘图区域 Axes（轴域），并将此 patch 对象添加到其中：

```
fig, ax = plt.subplots()
outer = Circle((0.0, 0.0), 1.0, zorder=0, fc="k")
ax.add_patch(outer)
```

3. 接下来，我们根据步骤 1 中加载的数据创建一个 PatchCollection 对象，其中包含许多其他圆的中心和半径。然后，我们将此 PatchCollection 添加到我们在步骤 2 中创建的轴域上：

```
col = PatchCollection(
    (Circle((x, y), r) for x, y, r in data),
    facecolor="white", zorder=1, linewidth=0.2,
    ls="-", ec="k"
)
ax.add_collection(col)
```

4. 最后，我们设置 x 轴和 y 轴的范围，以便显示整个图像，然后关闭坐标轴：

```
ax.set_xlim((-1.1, 1.1))
ax.set_ylim((-1.1, 1.1))
ax.set_axis_off()
```

生成的图像是瑞士奶酪，如图 8.1 所示。

从图 8.1 可以看到，大部分原始圆盘（黑色阴影部分）已被后续圆盘（白色阴影部分）覆盖。

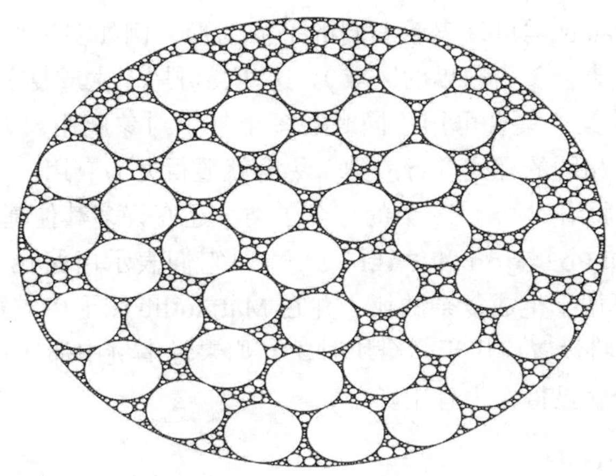

图 8.1　瑞士奶酪图

8.2.3　原理解析

这个例子的关键是 `Circle` 和 `PatchCollection` 对象，它们表示 Matplotlib 轴上的绘图区域。在本例中，我们将创建一个以原点为圆心、半径为 1 的巨大圆形块，其表面颜色为黑色，并使用 `zorder=0` 将其置于其他图形块下面。使用 `add_patch` 方法将此块添加到 `Axes` 对象中。

下一步是创建一个对象，用于渲染由我们在步骤 1 中从 CSV 文件加载的数据所表示的圆。这些数据由 x,y,r 等数值组成，分别表示圆心（x, y）和半径 r，共有 10411 个圆的数据。`PatchCollection` 对象将一系列块组合成一个对象，并将其添加到 `Axes` 对象中。在这里，我们为数据中的每一行添加一个圆，然后使用 `add_collection` 方法将其添加到 `Axes` 对象中。请注意，我们已将表面颜色应用于整个集合，而不是每个单独的 `Circle` 组成部分。我们将表面颜色设置为白色（使用 `facecolor="w"` 参数），将边缘颜色设置为黑色（使用 `ec="k"`），将边缘线的线宽设置为 0.2（使用 `linewidth=0.2`），并将边缘样式设置为连续线。所有这些组合在一起，就形成了我们的图像。

我们在这里创建的图像称为瑞士奶酪（Swiss cheese）。1938 年，爱丽丝 · 罗斯（Alice Roth）首次将其用于有理逼近理论。随后，这一概念被重新发现，类似的构造也被多次使用。我们使用这个例子是因为它由一个大的单独部分和一大堆较小的单独部分组成。罗斯的瑞士奶酪是平面图形集合的一个例子，这些图形具有正面积，但没有拓扑内部。这意味着我们找不到任何完全包含在集合中的正半径圆盘（令人惊讶的是，这样的集合竟然存在）。更重要的是，在这种瑞士奶酪上定义的连续函数不能用有理函数统一近似。这一特性使得类似的构造在统一代数理论中非常有用。

还有许多其他 Patch 类可以表示不同的平面图形，例如多边形和 PathPatch（表示以路径（曲线或曲线集合）为边界的区域）。这些类可用于生成复杂的补丁，并在 Matplotlib 图形中进行渲染。集合可用于同时对多个补丁对象应用设置，在本示例中，如果有大量对象需要以相同的样式进行渲染，集合就显得尤为有用。

`Circle` 类是更通用的 `Patch` 类的一个子类。还有许多其他基于 `Patch` 的类表示不同的平面图形，如 `Polygon` 和 `PathPatch`，它们表示由路径（曲线或曲线集合）界定的区域。它们可用于生成复杂的块，并在 Matplotlib 图形中进行渲染。集合（Collection）可用于同时将设置应用于多个块对象，如果像本例中那样，你将以相同的样式渲染大量对象，集合就显得尤为有用。

8.2.4　更多内容

Matplotlib 中有许多不同的 patch（块）类型。在本示例中，我们使用了 patch 类 `Circle`，它表示轴域上的圆形区域。还有 patch 类 `Polygon`，表示规则的多边形或其他多边形。此外，还有 `PatchPath` 对象，它是由曲线包围的区域，而曲线不一定由直线段组成。这与许多矢量图形软件包中构建阴影区域的方法类似。

除了 Matplotlib 中的单个 patch 类型外，还有许多集合类型可以将许多 patch 集合在一起，作为单个对象使用。在本例中，我们使用 `PatchCollection` 类收集了大量的 `Circle` 块。还有更多专门的 patch 集合，可用于自动生成这些内部块，而不是由我们自己手动生成。

8.2.5　另请参阅

关于瑞士奶酪在数学方面更详细的历史，请参阅以下传记文章：Daepp, U., Gauthier, P., Gorkin, P., and Schmieder, G., 2005. *Alice in Switzerland: The life and mathematics of Alice Roth*. *The Mathematical Intelligencer*, 27(1), pp. 41-54.

8.3　查找内点

在编程环境中使用二维图形的一个问题是，你不可能存储图形中的所有点。相反，我们通常会存储少得多的点，这些点以某种方式表示图形。在大多数情况下，这将是描述图形边界的一些点（用线连接）。这不仅能有效利用内存，还能方便地使用 Matplotlib patches 在屏幕上将其可视化。然而，这种方法使得确定一个点或另一个图形是否位于给定图形内变得更加困难。这是许多几何问题中的关键问题。

在本节中，我们将学习如何表示几何图形，并确定点是否位于图形内部。

8.3.1 准备工作

对于本例，我们需要将 matplotlib 包整体导入为 mpl，并导入 pyplot 模块为 plt：

```
import matplotlib as mpl
import matplotlib.pyplot as plt
```

我们还需要从 Shapely 软件包的 geometry 模块中导入 Point 和 Polygon 对象。Shapely 软件包包含许多用于表示、操作和分析二维几何图形的例程和对象：

```
from shapely.geometry import Polygon, Point
```

这两个类将用来表示我们的二维几何图形。让我们看看如何使用这些类来查看多边形是否包含一个点。

8.3.2 实现方法

以下步骤将向你展示如何创建一个多边形的 Shapely 表示，然后测试点是否位于该多边形内：

1. 创建要测试的多边形示例：

```
polygon = Polygon(
    [(0, 2), (-1, 1), (-0.5, -1), (0.5, -1), (1, 1)],
)
```

2. 接下来，我们将多边形绘制到一个新的图形上。首先，我们需要将多边形转换成 Matplotlib Polygon 块，然后添加到图形中：

```
fig, ax = plt.subplots()
poly_patch = mpl.patches.Polygon(
    polygon.exterior.coords,
    ec=(0,0,0,1), fc=(0.5,0.5,0.5,0.4))
ax.add_patch(poly_patch)
ax.set(xlim=(-1.05, 1.05), ylim=(-1.05, 2.05))
ax.set_axis_off()
```

3. 现在，我们需要创建两个测试点，一个在多边形内，一个在多边形外：

```
p1 = Point(0.0, 0.0)
p2 = Point(-1.0, -0.75)
```

4. 我们在多边形上面绘制并标注这两个点，以显示它们的位置：

```
ax.plot(0.0, 0.0, "k*")
ax.annotate("p1", (0.0, 0.0), (0.05, 0.0))
ax.plot(-0.8, -0.75, "k*")
ax.annotate("p2", (-0.8, -0.75), (-0.8 + 0.05, -0.75))
```

5. 最后，我们使用 contains 方法测试每个点在多边形中的位置，然后将结果输出到终端：

```
print("p1 inside polygon?", polygon.contains(p1)) # True
print("p2 inside polygon?", polygon.contains(p2))
# False
```

结果显示，第一个点 p1 位于多边形内，而第二个点 p2 不在多边形内。从图 8.2 也可以看出这一点，图中清楚地显示一个点被包含在阴影多边形内，而另一个点不在多边形内。

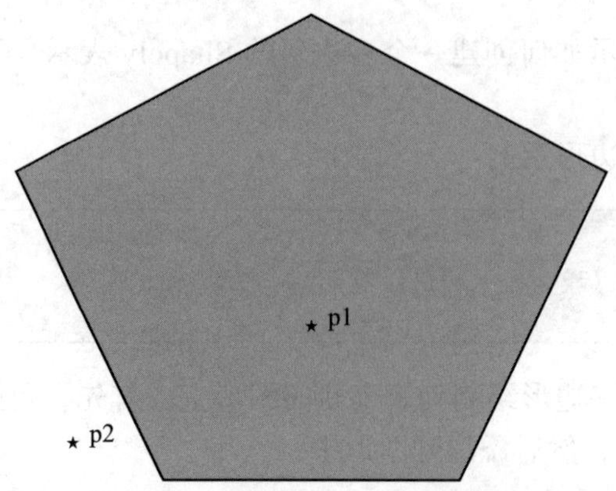

图 8.2　多边形区域内部和外部的点

polygon 对象上的 contains 方法也能正确地将点分类。

8.3.3　原理解析

Shapely Polygon 类是一种表示多边形的方法，它将多边形的顶点存储为点。由外部边界（存储顶点之间的五条直线）包围的区域对我们来说是显而易见的，很容易用眼睛识别，但很难用计算机容易理解的方式定义“位于边界内”的概念。对这一含义，给出正式的数学定义甚至都不简单。

主要有两种方法可以确定一个点是否位于简单的闭合曲线（即在同一位置开始和结束的曲线，不包含任何自交点）内。第一种方法使用了一个称为**卷绕数**（winding number）

的数学概念，它计算曲线绕过一个点的次数。第二种是**射线交叉计数**（ray crossing counting）方法，在该方法中，我们计算从该点到无穷远点的射线与曲线交叉的次数。幸运的是，我们不需要自己计算这些次数，因为我们可以使用 Shapely 包中的工具来完成计算，这就是多边形的 `contains` 方法（在后台，Shapely 使用 GEOS 库来执行此计算）。

Shapely 的 `Polygon` 类可用于计算与这些平面图形相关的许多量，包括周长和面积。`contains` 方法用于确定一个点或点集合是否位于对象所表示的多边形内（该类可表示的多边形类型有一些限制）。事实上，你可以使用相同的方法来确定一个多边形是否被包含在另一个多边形中，因为正如我们在本示例中所看到的，多边形是由一个简单的点集合来表示的。

8.4　在图像中查找边缘

在图像中查找边缘是一种很好的方法，可以将包含大量噪声和干扰的复杂图像简化为包含最突出轮廓的非常简单的图像。这可以作为我们分析过程的第一步（如在图像分类中），或者作为将线条轮廓导入计算机图形软件包的过程。

在本节中，我们将学习如何使用 `scikit-image` 软件包和 Canny 算法来查找复杂图像中的边缘。

8.4.1　准备工作

对于本例，我们需要将 Matplotlib 的 `pyplot` 模块导入为 `plt`，导入 `skimage.io` 模块中的 `imread` 例程，从 `skimage.feature` 模块导入 `canny` 例程：

```
import matplotlib.pyplot as plt
from skimage.io import imread
from skimage.feature import canny
```

`canny` 例程实现了边缘检测算法。让我们看看如何使用它。

8.4.2　实现方法

按照以下步骤学习如何使用 `scikit-image` 软件包查找图像中的边缘：

1. 从源文件加载图像数据，源文件可以在本章的 GitHub 代码库中找到。至关重要的是，我们传入 `as_gray=True`，将图像加载为灰度图像：

```
image = imread("mandelbrot."ng", as_gray=True)
```

图 8.3 是原始图像，以供参考。图集本身由白色区域显示，正如你所看到的，由深色线条表示的边界非常复杂。

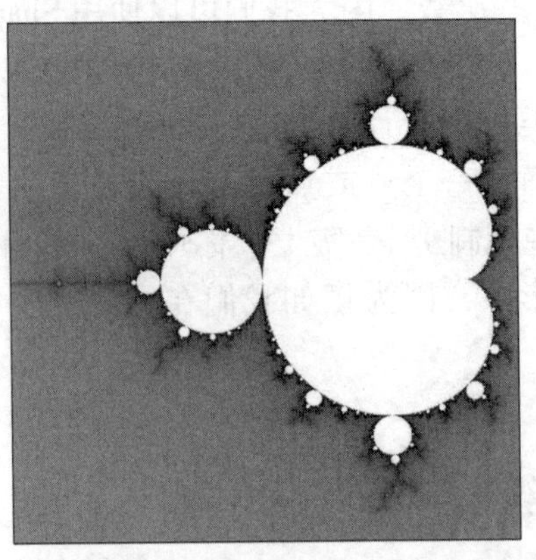

图 8.3 使用 Python 生成的 Mandelbrot（芒德布罗）集图

2. 接下来，我们使用 canny 例程，它需要从 scikit-image 软件包的 features 模块中导入。对于该图像，我们将参数 sigma 的值设置为 0.5：

```
edges = canny(image, sigma=0.5)
```

3. 最后，我们将 edges 图像添加到具有灰度（反色）颜色图的新图形中：

```
fig, ax = plt.subplots()
ax.imshow(edges, cmap="gray_r")
ax.set_axis_off()
```

检测到的边缘可以在图 8.4 中看到。边缘检测算法已经识别出 Mandelbrot 集边界的大部分可见细节，尽管它并不完美（毕竟这只是一个估计）。

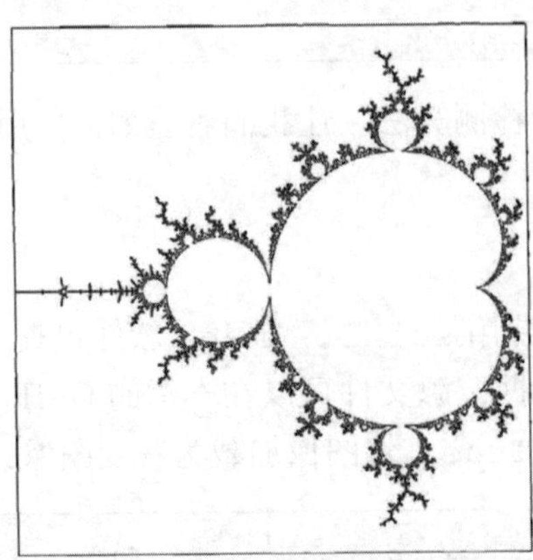

图 8.4 使用 scikitimage 包的 Canny 边缘检测算法发现的 Mandelbrot 集边缘

我们可以看到，边缘检测已经识别出 Mandelbrot 集边缘相当大一部分复杂性。当然，真正的 Mandelbrot 集的边缘是分形的，具有无限的复杂性。

8.4.3 原理解析

`scikit-image` 软件包提供了各种实用程序和类型，用于处理和分析从图像中提取的数据。顾名思义，`canny` 例程使用 Canny 边缘检测算法来查找图像中的边缘。该算法使用图像中的强度梯度来检测梯度较大的边缘。它还会执行一些滤波操作，以减少它发现的边缘中的噪声。

我们提供的 `sigma` 关键字值是在计算边缘检测梯度之前，进行图像高斯平滑的标准差，这可以帮助我们去除图像中的一些噪声。我们设置的值（`0.5`）小于默认值（`1`），但在这种情况下，它确实能提供更好的分辨率。如果设置的值过大，会掩盖 Mandelbrot 集边界中的一些更精细的细节。

8.5 平面图形的三角剖分

正如我们在第 3 章中所看到的，我们经常需要将一个连续的区域分解成更小、更简单的区域。在前面的示例中，我们将一个实数区间分解成多个较小的区间，每个区间的长度都很小。这个过程通常称为离散化（discretization）。在本章中，我们使用的是二维图形，因此我们需要离散化的二维版本。为此，我们把一个二维图形（在本例中为多边形）分解为一组更小、更简单的多边形。所有多边形中最简单的是三角形，因此这是二维离散化的好起点。找到一个三角形集合，将其拼成一个几何图形的过程称为**三角剖分**（triangulation）。

在本节中，我们将学习如何使用 Shapely 软件包对多边形（带孔）进行三角剖分。

8.5.1 准备工作

在此示例中，我们需要将 NumPy 包导入为 `np`，将 Matplotlib 包导入为 `mpl`，将 `pyplot` 模块导入为 `plt`：

```
import matplotlib as mpl
import matplotlib.pyplot as plt
import numpy as np
```

我们还需要 Shapely 包中的以下模块：

```
from shapely.geometry import Polygon
from shapely.ops import triangulate
```

让我们来看看如何使用 triangulate 例程对多边形进行三角剖分。

8.5.2　实现方法

下面的步骤将向你展示如何使用 Shapely 软件包对带孔的多边形进行三角剖分：

1. 首先，我们需要创建一个 Polygon 对象来表示我们希望进行三角剖分的图形：

```
polygon = Polygon(
    [(2.0, 1.0), (2.0, 1.5), (-4.0, 1.5), (-4.0, 0.5),
    (-3.0, -1.5), (0.0, -1.5), (1.0, -2.0), (1.0,-0.5),
    (0.0, -1.0), (-0.5, -1.0), (-0.5, 1.0)],
    holes=[np.array([[-1.5, -0.5], [-1.5, 0.5],
    [-2.5, 0.5], [-2.5, -0.5]])]
)
```

2. 现在，我们应该绘制该图，以便了解我们将要处理的区域：

```
fig, ax = plt.subplots()
plt_poly = mpl.patches.Polygon(polygon.exterior.coords,
    ec=(0,0,0,1), fc=(0.5,0.5,0.5,0.4), zorder=0)
ax.add_patch(plt_poly)
plt_hole = mpl.patches.Polygon(
    polygon.interiors[0].coords, ec="k", fc="w")
ax.add_patch(plt_hole)
ax.set(xlim=(-4.05, 2.05), ylim=(-2.05, 1.55))
ax.set_axis_off()
```

在图 8.5 中可以看到这个多边形。正如我们所看到的，这个图上有一个洞，必须仔细考虑。

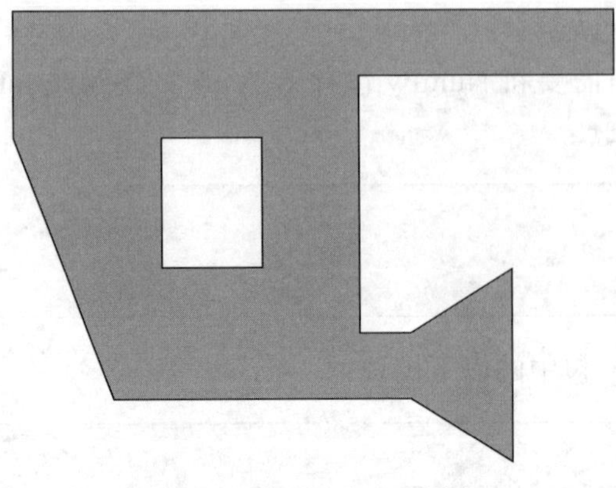

图 8.5　带孔的多边形样本

3. 我们使用 triangulate 例程生成多边形的三角剖分。该三角剖分包括外部边缘，这是我们在这个例子中不想要的：

```
triangles = triangulate(polygon)
```

4. 要删除位于原始多边形之外的三角形，我们需要使用内置的 filter 例程和 contains 方法（见本章前文）：

```
filtered = filter(lambda p: polygon.contains(p),
    triangles)
```

5. 要在原始多边形上绘制三角形，我们需要将 Shapely 三角形转换为 Matplotlib 的 Patch 对象，并将其存储在 PatchCollection 中：

```
patches = map(lambda p: mpl.patches.Polygon(
    p.exterior.coords), filtered)
col = mpl.collections.PatchCollection(
    patches, fc="none", ec="k")
```

6. 最后，我们将三角形块组成的集合添加到之前创建的图形中：

```
ax.add_collection(col)
```

图 8.6 是在原始多边形上绘制的三角剖分图。在这里，我们可以看到每个顶点都与另外两个顶点相连，形成了一个覆盖整个原始多边形的三角形系统。

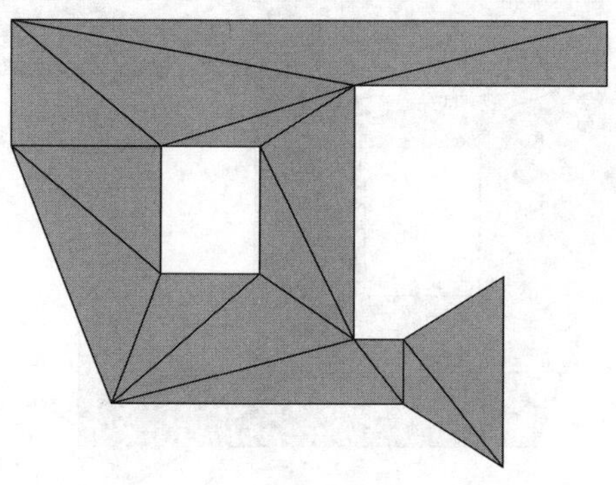

图 8.6　带孔多边形样本的三角剖分图

图 8.6 中原始多边形顶点之间的内接直线将多边形分割成了 15 个三角形。

8.5.3　原理解析

triangulate 例程使用一种名为**德劳内三角剖分**（Delaunay triangulation）的技

术，将点集合连接成一个三角形系统。在这种情况下，点的集合就是多边形的顶点。德劳内方法以这样的方式找到这些三角形，即任何点都不包含在任何三角形的外接圆内。这是该方法的一个技术条件，但这意味着三角形的选择是有效的，因为它避免了形成非常长而细的三角形。由此得到的三角形利用了原始多边形中存在的边，同时也连接了一些外部边。

为了去除位于原始多边形之外的三角形，我们使用了内置的 `filter` 例程，该例程通过删除准则函数所属的项来创建一个新的可迭代对象。这会与 Shapely `Polygon` 对象上的 `contains` 方法结合使用，以确定每个三角形是否位于原始图形内。如前所述，我们需要将这些 Shapely 条目转换为 Matplotlib 块，然后才能将其添加到图形中。

8.5.4 更多内容

三角剖分通常用于将复杂的几何图形简化为三角形的集合，这对计算任务来说要简单得多。然而，它们确实有其他用途。三角剖分的一个特别有趣的应用是解决艺术画廊问题（art gallery problem），这个问题涉及确定守护特定艺术画廊所需的最大守卫数量。三角剖分是 Fisk 对艺术画廊定理进行简单证明的重要部分，该定理最初由 Chvátal 证明。

假设本示例中的多边形是一个艺术画廊的平面图，我们需要在顶点上部署一些守卫。经过少量的计算就能证明，你需要在多边形的顶点上部署三个守卫，才能覆盖整个艺术画廊。在图 8.7 中，我们绘制了一种可能的守卫部署方式。

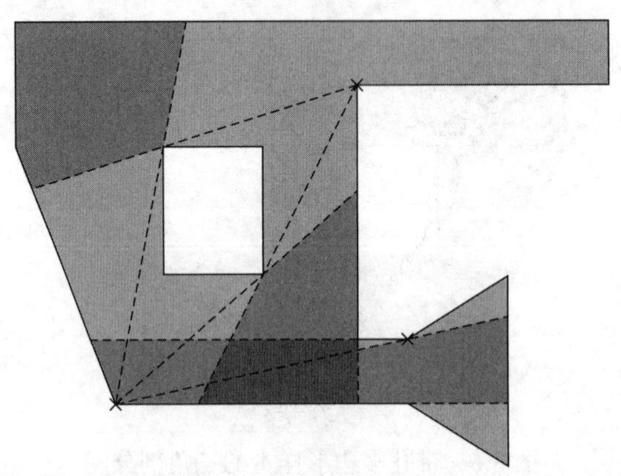

图 8.7 艺术画廊问题的一种可能解决方案，即在顶点上部署守卫

在图 8.7 中，守卫用 × 符号表示，其相应的视野范围用阴影表示。从图中可以看出，整个多边形至少被一种颜色覆盖。艺术画廊问题是原问题的一个变体，它的解告诉我们最多需要三个守卫。

8.5.5 另请参阅

关于艺术画廊问题的更多信息，请参阅 O'Rourke 的经典著作：O'Rourke, J.（1987）. Art gallery theorems and algorithms. New York: Oxford University Press。

8.6 计算凸包

如果图形中的每一对点都可以用一条同样包含在图形中的直线连接起来，则称该几何图形为凸图形。凸图形的简单例子包括点、直线、正方形、圆（盘）、正多边形等。图 8.5 所示的几何图形不是凸图形，因为孔对侧的点无法用一条留在图形内部的直线连接起来。

从某种角度来看，凸图形很简单，这意味着它们在各种应用中都很有用。一个问题是找到包含一组点的最小凸集。这个最小的凸集称为点集的凸包。

在本节中，我们将学习如何使用 Shapely 包找到一组点的凸包。

8.6.1 准备工作

为此，我们需要将 NumPy 包导入为 `np`，将 Matplotlib 包导入为 `mpl`，将 `pyplot` 模块导入为 `plt`：

```
import numpy as np
import matplotlib as mpl
import matplotlib.pyplot as plt
```

我们还需要一个来自 NumPy 的默认随机数生成器。我们可以按如下方式导入：

```
from numpy.random import default_rng
rng = default_rng(12345)
```

最后，我们需要从 Shapely 中导入 `MultiPoint` 类：

```
from shapely.geometry import MultiPoint
```

8.6.2 实现方法

按照以下步骤找出随机生成的点集的凸包：

1. 首先，我们生成一个二维随机数数组：

```
raw_points = rng.uniform(-1.0, 1.0, size=(50, 2))
```

2. 接下来，我们创建一个新图形，并在图形上绘制这些原始样本点：

```
fig, ax = plt.subplots()
ax.plot(raw_points[:, 0], raw_points[:, 1], "kx")
ax.set_axis_off()
```

这些随机生成的点如图 8.8 所示。这些点大致分布在一个方形区域内。

3. 接下来，我们构建一个 `MultiPoint` 对象，收集所有这些点，并将它们放入一个对象中：

```
points = MultiPoint(raw_points)
```

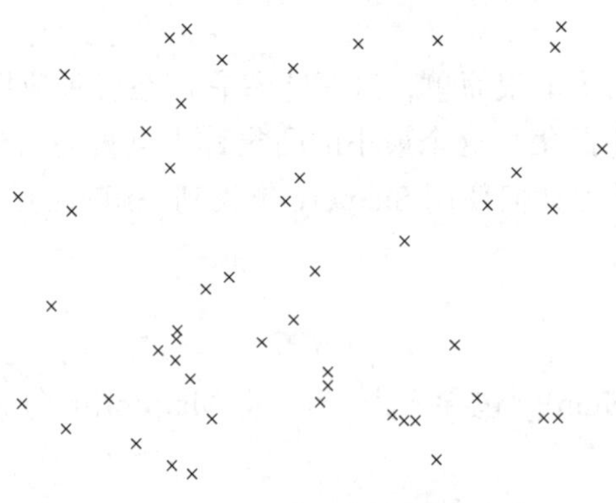

图 8.8　平面上的点集

4. 现在，我们使用 `convex_hull` 属性获取该 `MultiPoint` 对象的凸包：

```
convex_hull = points.convex_hull
```

5. 然后，我们创建一个 Matplotlib `Polygon` 块，将其绘制到我们的图形上，以显示找到的结果凸包：

```
patch = mpl.patches.Polygon(
    convex_hull.exterior.coords,
    ec=(0,0,0,1), fc=(0.5,0.5,0.5,0.4), lw=1.2)
```

6. 最后，我们在图形中添加 `Polygon` 块，以显示凸包：

```
ax.add_patch(patch)
```

随机生成的点的凸包如图 8.9 所示。

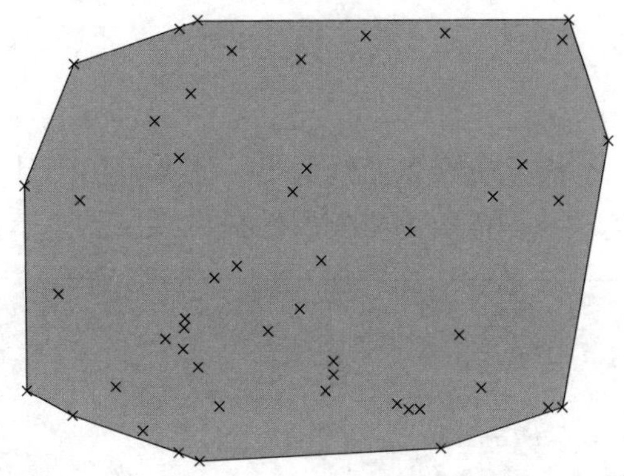

图 8.9　平面上点集的凸包

图 8.9 所示多边形的顶点选自原集合中的点，点集中的其他点都位于阴影区域内。

8.6.3　原理解析

Shapely 包是用于几何分析的 GEOS 库的 Python 包装器。Shapely 几何对象的 convex_hull 属性会调用 GEOS 库中的凸包计算例程，从而生成一个新的 Shapely 对象。从这个例程中我们可以看到，点集的凸包是一个多边形，顶点位于离中心最远的点上。

8.7　构建贝塞尔曲线

贝塞尔曲线（Bezier curve）或 B- 样条（B-spline）是矢量图形中非常有用的曲线系列，例如，它们常被用于高质量的字体包中。这是因为它们是由少量的点定义的，然后可以用这些点来计算曲线上的大量点，而且计算成本低廉。这样就可以根据用户的需要对细节进行缩放。

在本节中，我们将学习如何创建一个表示贝塞尔曲线的简单类，并通过计算得到该曲线上的多个点。

8.7.1　准备工作

在此例中，我们将 NumPy 包导入为 np，将 Matplotlib 的 pyplot 模块导入为 plt，以 binom 别名导入 Python 标准库 math 模块中的 comb 例程：

```
from math import comb as binom
import matplotlib.pyplot as plt
import numpy as np
```

8.7.2 实现方法

按照以下步骤定义一个表示贝塞尔曲线的类，该类可用于计算曲线上的点：

1. 第一步是建立基类。我们需要为实例属性提供控制点（节点）和一些相关数字：

```
class Bezier:
    def __init__(self, *points):
        self.points = points
        self.nodes = n = len(points) - 1
        self.degree = l = points[0].size
```

2. 还是在 `__init__` 方法中，我们生成贝塞尔曲线的系数，并将它们存储在实例属性的列表中：

```
self.coeffs = [binom(n, i)*p.reshape(
    (l, 1)) for i, p in enumerate(points)]
```

3. 接下来，我们定义一个 `__call__` 方法，以使该类可被调用。为了清晰起见，我们将实例中的节点数加载到一个局部变量中：

```
def __call__(self, t):
    n = self.nodes
```

4. 接下来，我们重塑输入数组，使其只包含一行：

```
t = t.reshape((1, t.size))
```

5. 现在，我们使用实例 coeffs 属性中的每个系数生成一个关于值的数组列表：

```
vals = [c @ (t**i)*(1-t)**(n-i) for i,
    c in enumerate(self.coeffs)]
```

最后，我们将步骤 5 中构建的所有数组相加，并返回结果数组：

```
return np.sum(vals, axis=0)
```

6. 现在，我们将通过一个示例来测试我们的类。我们将为这个示例定义四个控制点：

```
p1 = np.array([0.0, 0.0])
p2 = np.array([0.0, 1.0])
p3 = np.array([1.0, 1.0])
p4 = np.array([1.0, 3.0])
```

7. 接下来，我们设置一个新的图形进行绘图，并用虚线连线绘制控制点：

```
fig, ax = plt.subplots()
ax.plot([0.0, 0.0, 1.0, 1.0],
    [0.0, 1.0, 1.0, 3.0], "*--k")
ax.set(xlabel="x", ylabel="y",
    title="Bezier curve with 4 nodes, degree 3")
```

8. 然后，我们使用步骤 7 中定义的四个点创建一个新的 `Bezier` 类实例：

```
b_curve = Bezier(p1, p2, p3, p4)
```

9. 现在，我们可以使用 `linspace` 创建一个由 0 到 1 之间的等距点组成的数组，并沿着贝塞尔曲线计算这些点：

```
t = np.linspace(0, 1)
v = b_curve(t)
```

10. 最后，我们在之前绘制的控制点上绘制这条曲线：

```
ax.plot(v[0,:], v[1, :], "k")
```

我们绘制的贝塞尔曲线如图 8.10 所示。如你所见，曲线从第一点（0，0）开始，到最后一个点（1，3）结束。

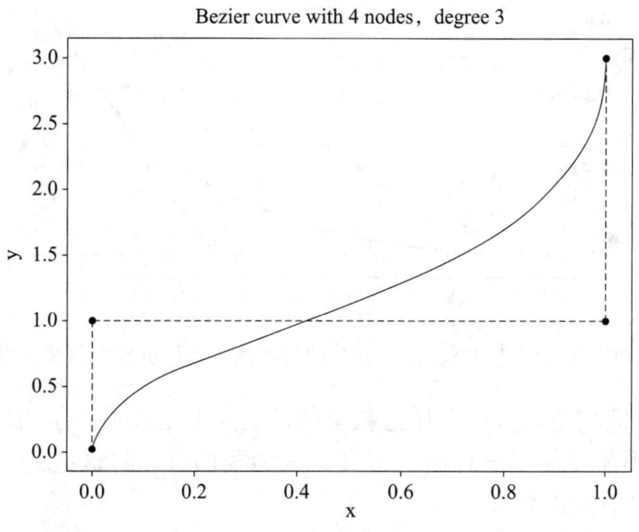

图 8.10　利用 4 个节点构建的阶数为 3 的贝塞尔曲线

图 8.10 中的贝塞尔曲线在端点处与垂直线相切，并将这些点平滑地连接起来。请

注意，我们只需存储 4 个控制点，就能以任意精度重建这条曲线，这使得贝塞尔曲线的存储效率非常高。

8.7.3　原理解析

贝塞尔曲线由一系列控制点描述，我们用这些控制点递归地构建曲线。只有一个控制点的贝塞尔曲线是停留在该点的常数曲线。具有两个控制点的贝塞尔曲线是这两个点之间的线段：

$$\mathrm{B}\left(\boldsymbol{p}_1,\boldsymbol{p}_2;t\right)=\left(1-t\right)\boldsymbol{p}_1+t\boldsymbol{p}_2 \qquad \left(0\leqslant t\leqslant 1\right)$$

当我们添加第三个控制点时，我们取用少一个点构造的贝塞尔曲线上对应点之间的线段。这意味着我们使用以下公式构建具有三个控制点的贝塞尔曲线：

$$\mathrm{B}\left(\boldsymbol{p}_1,\boldsymbol{p}_2,\boldsymbol{p}_3;t\right)=\left(1-t\right)\mathrm{B}\left(\boldsymbol{p}_1,\boldsymbol{p}_2;t\right)+t\mathrm{B}\left(\boldsymbol{p}_2,\boldsymbol{p}_3;t\right) \qquad \left(0\leqslant t\leqslant 1\right)$$

曲线的构建过程如图 8.11 所示。

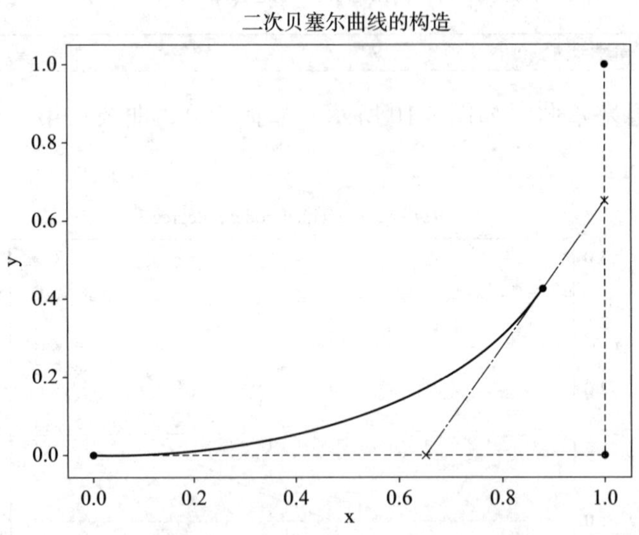

图 8.11　利用递归定义构造二次贝塞尔曲线（两条线性贝塞尔曲线用虚线表示）

以这种方式继续构造，可以在任意数量的控制点上定义贝塞尔曲线。幸运的是，在实际操作中我们不需要使用这种递归定义，因为我们可以将这些公式简化为一个单一的曲线公式，由以下公式给出：

$$\mathrm{B}\left(\boldsymbol{p}_1,\boldsymbol{p}_2,\cdots,\boldsymbol{p}_n;t\right)=\sum_{j=0}^{n}\binom{n}{j}t^j(1-t)^{n-j}\boldsymbol{p}_j \qquad \left(0\leqslant t\leqslant 1\right)$$

这里，p_i 元素是控制点，t 是参数，每个项都涉及二项式系数：

$$\binom{n}{j} = \frac{n!}{j!(n-j)!}$$

请记住，参数 t 是生成曲线点时的变化量。我们可以将前面求和中涉及 t 和不涉及 t 的项分离出来。这就定义了我们在步骤 2 中定义的系数，每个系数由以下代码片段给出：

```
binom(n, i)*p.reshape((l, 1))
```

在这一步中，我们将对每个点 p 进行重塑，以确保其被排列为列向量。这意味着每个系数都是一个列向量（NumPy 数组），由按二项式系数缩放的控制点组成。

现在，我们需要说明如何在不同的 t 值下计算贝塞尔曲线。这就是我们利用 NumPy 包中的高性能数组进行操作的地方。在形成系数时，我们将控制点重塑为列向量。在步骤 4 中，我们将输入 t 值重塑为行向量。这意味着我们可以使用矩阵乘法运算符，将每个系数乘以相应的（标量）值，具体取决于输入 t 值。这就是步骤 5 在列表推导中发生的情况。在下面一行中，我们将 $l \times 1$ 数组与 $l \times N$ 数组相乘，得到一个 $l \times N$ 数组：

```
c @ (t**i)*(1-t)**(n-i)
```

我们为每个系数得到一个这样的数组。然后，我们可以使用 np.sum 例程对每个 $l \times N$ 数组求和，以获得沿贝塞尔曲线的值。在本节提供的示例中，输出数组的顶行包含曲线的 x 坐标值，而底行包含曲线的 y 坐标值。在为 sum 例程指定 axis=0 关键字参数时，我们必须小心，以确保 sum 接管我们创建的列表，而不是此列表包含的数组。

使用贝塞尔曲线的控制点初始化我们定义的类，然后使用这些控制点生成系数。曲线值的实际计算是使用 NumPy 完成的，因此这个实现过程具有相对良好的性能。一旦创建了这个类的特定实例，正如你所期望的那样，它的功能就非常像一个函数。但是，这里没有进行类型检查，所以我们只能使用 NumPy 数组作为参数来调用此函数。

8.7.4　更多内容

贝塞尔曲线是使用迭代构造定义的，其中具有 n 个点的曲线是由直线定义的，这些直线连接第一个点到最后一个点。使用此构造跟踪每个控制点的系数，将很快引导你找到我们用来定义前一条曲线的方程。这种构造还导致了贝塞尔曲线有趣且有用的几何特性。

正如我们在前文中提到的，贝塞尔曲线出现在许多涉及矢量图形（如字体）的应用中。它们也出现在许多常见的矢量图形软件包中。在这些软件包中，常见的是由三个点集定义的二次贝塞尔曲线。不过，你也可以通过在这些点上提供两个端点以及梯度线来定义二次贝塞尔曲线，这在图形软件包中更为常见。生成的贝塞尔曲线将沿着梯度线离开每个端点，并在这些点之间平滑地连接曲线。

我们在这里构建的实现对小型应用程序来说具有相对较好的性能，但对涉及在大量 t 值下渲染具有大量控制点的曲线的应用程序来说是不够的。为此，最好使用用编译语言编写的低级包。例如，`bezier` Python 包使用编译的 Fortran 后端进行计算，并提供了比我们在这里定义的类更丰富的接口。

当然，贝塞尔曲线可以自然地扩展到更高的维度。其结果是贝塞尔曲面，这使它们成为高质量、可扩展图形的非常有用的通用工具。

8.8 拓展阅读

- 计算几何中一些常见算法的描述可在以下书籍中找到：Press, W.H., Teukolsky, S.A., Vetterling, W.T., and Flannery, B.P., 2007. *Numerical recipes: the art of scientific computing*. 3rd ed. Cambridge: Cambridge University Press.
- 有关计算几何中的一些问题和技术更详细的说明，请参阅以下书籍：O'Rourke, J., 1994. *Computational geometry in C*. Cambridge: Cambridge University Press.

CHAPTER 9

第9章

寻找最优解

在本章中，我们将介绍在给定情境下找到最佳结果的各种方法。这称为**优化**（optimization），通常涉及最小化或最大化目标函数。**目标函数**是具有一个或多个参数的函数，它返回一个标量值，表示给定参数选择的成本或收益。关于最小化和最大化函数的问题实际上是等价的，因此我们在本章中只讨论最小化目标函数。最小化函数 $f(x)$ 等价于最大化函数 $-f(x)$。更多的细节将在讨论第一个例程时提供。

我们可用的给定函数的最小化算法取决于函数的性质。例如，与具有许多变量的非线性函数相比，包含一个或多个变量的简单线性函数具有不同的可用算法。线性函数的最小化问题属于**线性规划**的范畴，线性规划是一个很完善的理论，线性函数可以用标准的线性代数技术求解。对于非线性函数，我们通常利用函数的梯度来找到最小点。我们将讨论几种不同类型函数的最小化方法。

求单变量函数的极小值和极大值特别简单，如果函数的导数已知，就很容易求解。如果导数未知，则适用相应示例中描述的方法。9.3 节中的说明给出了一些额外的细节。

我们也会对博弈论（game theory）做一个简短的介绍。从广义上讲，这是一种围绕决策的理论，在经济学等学科中有着广泛的影响。特别是，我们将讨论如何在 Python 中将简单的双人博弈表示为对象，计算与某些选择相关的收益，并计算这些游戏的纳什均衡。

我们将从如何最小化包含一个或多个变量的线性和非线性函数开始。然后，我们将继续研究梯度下降方法和使用最小二乘法的曲线拟合。我们将通过分析双人博弈和纳什均衡来结束本章。

在本章中，我们将介绍以下内容：

- 最小化简单线性函数

- 最小化非线性函数
- 采用梯度下降法进行优化
- 用最小二乘法拟合数据曲线
- 分析简单的双人博弈
- 计算纳什均衡

9.1 技术要求

在本章中，我们将像往常一样需要 NumPy 包、SciPy 包和 Matplotlib 包。我们还需要 Nashpy 包实现最后两个示例。你可以使用你喜欢的包管理器（比如 `pip`）安装这些包：

```
python3.10 -m pip install numpy scipy matplotlib nashpy
```

本章的代码可以在本书 GitHub 代码库的“Chapter 09”文件夹中找到，地址为 https://github.com/PacktPublishing/Applying-Math-with-Python-2nd-Edition/tree/main/Chapter%2009。

9.2 最小化简单线性函数

我们在优化中面临的最基本的问题是找到使函数取得最小值的参数。通常，这个问题受到参数可能取值的一些约束，这增加了问题的复杂性。显然，如果我们最小化的函数也很复杂，那么这个问题的复杂性就会进一步增加。因此，我们必须首先考虑线性函数，其形式如下：

$$f(x) = c \cdot x = c_1 x_1 + c_2 x_2 + \cdots + c_n x_n$$

为了解决这类问题，我们需要将约束转换为计算机可以使用的形式。在这种情况下，我们通常把它们转换成线性代数问题（矩阵和向量）。一旦完成了这些，我们就可以使用 NumPy 和 SciPy 中的线性代数包中的工具来查找我们要查找的参数。幸运的是，由于这类问题经常发生，SciPy 有处理这种转换和后续求解的例程。

在本节中，我们将使用 SciPy `optimize` 模块中的例程求解以下约束线性最小化问题：

$$f(x) = c \cdot x = x_0 + 5x_1$$

这将受制于以下条件：

$$2x_0 + x_1 \leqslant 6$$

$$x_0 + x_1 \geqslant 4$$

$$-3 \leqslant x_0 \leqslant 14$$

$$2 \leqslant x_1 \leqslant 12$$

让我们看看如何使用 SciPy `optimize` 例程来求解这个线性规划问题。

9.2.1　准备工作

对于本示例，我们需要将 NumPy 包导入为 `np`，将 Matplotlib `pyplot` 模块导入为 `plt`，同时导入 SciPy `optimize` 模块。我们还需要从 `mpl_toolkits.mplot3d` 中导入 `Axes3D` 类，以便进行三维绘图。

```
import numpy as np
from scipy import optimize
import matplotlib.pyplot as plt
from mpl_toolkits.mplot3d import Axes3D
```

让我们看看如何使用 `optimize` 模块中的例程来最小化约束线性系统。

9.2.2　实现方法

遵循以下步骤，使用 SciPy 求解约束线性最小化问题：

1. 以 SciPy 可以识别的形式建立系统：

```
A = np.array([
    [2, 1], # 2*x0 + x1 <= 6
    [-1, -1] # -x0 - x1 <= -4
])
b = np.array([6, -4])
x0_bounds = (-3, 14) # -3 <= x0 <= 14
x1_bounds = (2, 12)       # 2 <= x1 <= 12
c = np.array([1, 5])
```

2. 接下来，我们需要定义一个例程，在向量 ***x***（NumPy 数组）值处对线性函数求值：

```
def func(x):
    return np.tensordot(c, x, axes=1)
```

3. 然后，我们创建一个新的图形，并添加一组可以在上面绘制函数的三维绘图轴域：

```
fig = plt.figure()
ax = fig.add_subplot(projection="3d")
ax.set(xlabel="x0", ylabel="x1", zlabel="func")
ax.set_title("Values in Feasible region")
```

4. 接下来，我们创建一个覆盖问题区域的值网格，并在该区域上绘制函数值：

```
X0 = np.linspace(*x0_bounds)
X1 = np.linspace(*x1_bounds)
x0, x1 = np.meshgrid(X0, X1)
z = func([x0, x1])
ax.plot_surface(x0, x1, z, cmap="gray",
    vmax=100.0, alpha=0.3)
```

5. 现在，我们利用临界线 `2*x0 + x1 == 6` 的函数值在平面上绘制直线，并在已完成的图上绘制落在我们图形范围内的值：

```
Y = (b[0] - A[0, 0]*X0) / A[0, 1]
I = np.logical_and(Y >= x1_bounds[0], Y <= x1_bounds[1])
ax.plot(X0[I], Y[I], func([X0[I], Y[I]]),
    "k", lw=1.5, alpha=0.6)
```

6. 对第二条临界线 `x0 + x1 == -4` 重复上面的绘图步骤：

```
Y = (b[1] - A[1, 0]*X0) / A[1, 1]
I = np.logical_and(Y >= x1_bounds[0], Y <= x1_bounds[1])
ax.plot(X0[I], Y[I], func([X0[I], Y[I]]),
    "k", lw=1.5, alpha=0.6)
```

7. 接下来，我们对位于两条临界线内的区域进行着色，该区域对应于最小化问题的可行域：

```
B = np.tensordot(A, np.array([x0, x1]), axes=1)
II = np.logical_and(B[0, ...] <= b[0], B[1, ...] <= b[1])
ax.plot_trisurf(x0[II], x1[II], z[II],
    color="k", alpha=0.5)
```

函数值在可行域中的图形如图 9.1 所示。

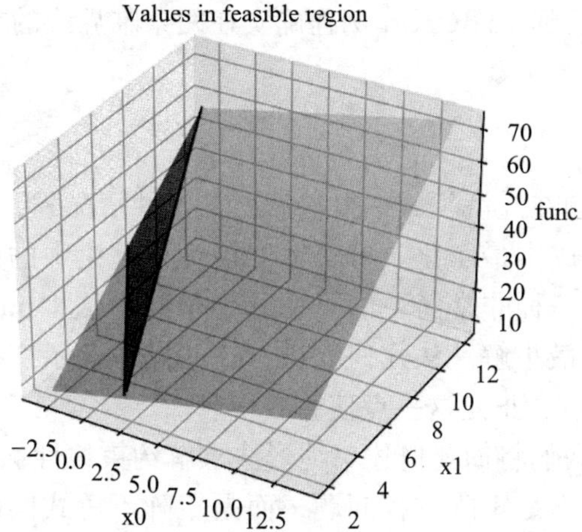

图 9.1　用阴影突出显示可行域内的线性函数值

正如我们所看到的，位于阴影区域内的最小值出现在两条临界线的交点处。

8. 接下来，我们使用 `linprog` 来求解有约束的最小化问题（使用步骤 1 中创建的约束）。我们在终端输出结果对象：

```
res = optimize.linprog(c, A_ub=A, b_ub=b,
    bounds= (x0_bounds, x1_bounds))
print(res)
```

9. 最后，我们在可行域上绘制最小函数值：

```
ax.plot([res.x[0]], [res.x[1]], [res.fun], "kx")
```

更新后的图如图 9.2 所示。

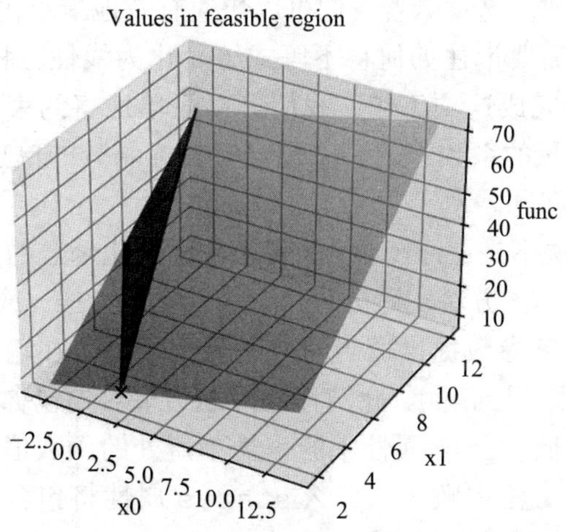

图 9.2　绘制在可行域上的最小值

在这里，我们可以看到 `linprog` 例程确实在两条临界线的交叉处发现了最小值。

9.2.3 原理解析

约束线性最小化问题在经济领域中很常见，在这种情况下，我们试图在保持参数的其他因素不变的同时使成本最小化。事实上，最优化理论中的许多术语都反映了这一事实。解决这类问题的一种非常简单的算法称为**单纯形法**（simplex method），它使用一系列数组操作来找到最小解。从几何上讲，这些操作表示变换到单纯形（我们在这里不作定义）的不同顶点，正是这一点使算法得名。

在我们继续之前，我们将简要概述单纯形法求解约束线性优化问题的过程。正如我们所看到的，这个问题不是矩阵方程问题，而是矩阵不等式问题。我们可以通过引入松弛变量来解决这个问题，松弛变量将不等式转化为等式。例如，通过引入松弛变量 s_1，第一个约束不等式可以改写如下：

$$2x_0 + x_1 + s_1 = 6$$

只要 s_1 不为负数，就满足期望的不等式。第二个约束不等式是大于等于类型不等式，我们必须先把它改成小于等于类型。我们通过将所有项都乘以 −1 来实现这一点。这就得到了我们在公式中定义的矩阵 `A` 的第二行。引入第二个松弛变量 s_2 后，我们得到第二个方程：

$$-x_0 - x_1 + s_2 = -4$$

由此，我们可以构造一个矩阵，该矩阵的列中包含两个参数变量 x_1 和 x_2，两个松弛变量 s_1 和 s_2。这个矩阵的行表示两个约束方程和目标函数。这个方程组现在可以通过对这个矩阵进行初等行变换来求解，从而得到最小化目标函数的 x_1 和 x_2 值。由于求解矩阵方程既简单又快速，这意味着我们可以快速有效地最小化线性函数。

幸运的是，我们不需要记住如何将不等式组简化为线性方程组，因为像 `linprog` 这样的例程可以为我们完成这项工作。我们可以简单地将约束不等式提供为矩阵和向量对，由每个矩阵和向量的系数组成，以及定义目标函数的单独向量。`linprog` 例程负责制定并求解最小化问题。

在实践中，单纯形法不是 `linprog` 例程用来最小化函数的算法。相反，`linprog` 使用更高效的内点算法（该方法实际上可以设置为 `simplex` 或 `revised-simplex`，只需要为 `method` 关键字参数提供适当的方法名称即可。在输出结果中，我们可以看到只需要五次迭代就可以得到解）。此例程返回的结果对象包含存储在 `x` 属性中的最小值出现的位置参数、存储在 `fun` 属性中的该最小值处的函数值，以及有关求解过程的各种其他信息。如果该方法失败了，那么 `status` 属性将包含一个数字代码，描述该方法失败的原因。

在本示例的步骤 2 中，我们创建了一个函数来表示这个问题的目标函数。该函数接受单个数组作为输入，其中包含函数应在其处求值的参数空间值。在这里，我们使用 NumPy 中的 `tensordot` 例程（设置 `axes=1`）来计算系数向量 $\boldsymbol{c}$ 与每个输入 x 的点积。这里我们必须非常小心，因为我们传递给函数的值在后面的步骤中将是一个 $2 \times 50 \times 50$ 的数组。在这种情况下，普通的矩阵乘法（`np.dot`）不会给出我们想要的 50×50 数组输出。

在步骤 5 和步骤 6 中，我们使用以下方程计算临界线上的点：

$$x_1 = (b_0 - A_{0,0}x_0) / A_{0,1} \text{和} x_1 = (b_1 - A_{1,0}x_0) / A_{1,1}$$

然后，我们计算了相应的 z 值，这样我们就可以绘制出位于目标函数定义的平面上的线。我们还需要调整这些值，以便只包含问题中指定范围内的值。这是通过在代码中构造标记为 `I` 的索引数组来实现的，该数组由位于边界值内的点组成。

9.2.4　更多内容

本例涵盖了约束最小化问题以及如何使用 SciPy 求解该问题。同样的方法也可以用来求解约束最大化问题。这是因为最大化和最小化是对偶的，在某种意义上，最大化函数 $f(x)$ 与最小化函数 $-f(x)$ 后取这该值的负值是相同的。实际上，我们在这个例子中应用了这一事实，将第二个约束不等式从≥变为≤。

在这个例子中，我们求解了一个只有两个参数变量的问题，但是对于涉及两个以上变量的问题，同样的方法也适用（除了绘图步骤会有不同）。我们只需要在每个数组中添加更多的行和列，以满足增加的变量（这包括提供给例程的约束元组）数量。在适当的情况下，这个示例中的例程也可以用于稀疏矩阵，以便在处理大量变量时提高效率。

`linprog` 例程的名字来源于线性规划（linear programming），它用来描述这种类型的问题——根据其他条件找到满足某些矩阵不等式的 x 值。由于矩阵理论和线性代数之间有非常密切的联系，因此有许多非常快速和有效的技术可用于线性规划问题，而这些技术在非线性环境中是不可用的。

9.3　最小化非线性函数

在前面的示例中，我们看到了如何最小化一个非常简单的线性函数。不幸的是，大多数函数都不是线性的，通常没有我们想要的好的性质。对于这些非线性函数，我们不能使用已经为线性问题开发的快速算法，所以我们需要设计可以在这些更一般的情况下使用的新方法。我们在这里要用到的算法叫作 Nelder-Mead 算法（下山单纯形法），它是一种鲁棒的通用方法，用来在不依赖于梯度的情况下求函数的最小值。

在本节中，我们将学习如何使用 Nelder-Mead 单纯形法最小化包含两个变量的非线性函数。

9.3.1 准备工作

在这个示例中，我们需要将 NumPy 包导入为 np，将 Matplotlib 的 pyplot 模块导入为 plt，从 mpl_toolkits.mplot3d 中导入 Axes3D 类以启用三维绘图，导入 SciPy optimize 模块：

```
import numpy as np
import matplotlib.pyplot as plt
from mpl_toolkits.mplot3d import Axes3D
from scipy import optimize
```

让我们看看如何使用这些工具来求解非线性优化问题。

9.3.2 实现方法

下面的步骤将向你展示如何使用 Nelder-Mead 单纯形法来找到一般非线性目标函数的最小值：

1. 定义我们要最小化的目标函数：

```
def func(x):
    return ((x[0] - 0.5)**2 + (
        x[1] + 0.5)**2)*np.cos(0.5*x[0]*x[1])
```

2. 接下来，创建一个值的网格，我们可以在上面绘制目标函数：

```
x_r = np.linspace(-1, 1)
y_r = np.linspace(-2, 2)
x, y = np.meshgrid(x_r, y_r)
```

3. 现在，我们在这些网格点上计算函数值：

```
z = func([x, y])
```

4. 接下来，我们创建一个带有 3d 坐标轴对象的新图形，并设置坐标轴标签和标题：

```
fig = plt.figure(tight_layout=True)
ax = fig.add_subplot(projection="3d")
```

```
ax.tick_params(axis="both", which="major", labelsize=9)
ax.set(xlabel="x", ylabel="y", zlabel="z")
ax.set_title("Objective function")
```

5. 现在，我们可以在刚刚创建的轴域对象上绘制目标函数的曲面了：

```
ax.plot_surface(x, y, z, cmap="gray",
    vmax=8.0, alpha=0.5)
```

6. 我们选择一个初始点，最小化例程将从该点开始迭代，我们把这个点绘制在曲面上：

```
x0 = np.array([-0.5, 1.0])
ax.plot([x0[0]], [x0[1]], func(x0), "k*")
```

目标函数的曲面和初始点如图 9.3 所示。在这里，我们可以看到最小值出现在 x 轴的 0.5 位置和 y 轴的 −0.5 位置附近。

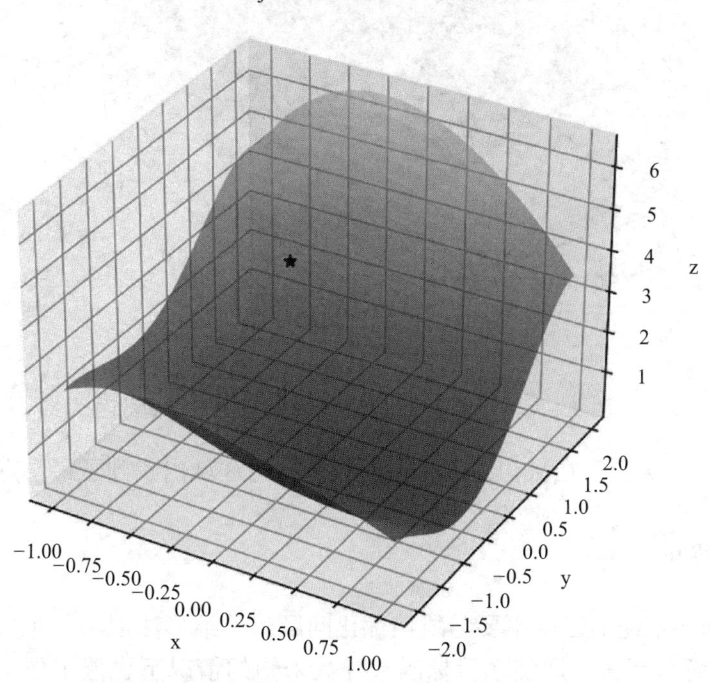

图 9.3　非线性目标函数及优化过程起点

7. 现在，我们使用 `optimize` 包中的 `minimize` 例程来寻找最小值并输出它生成的 `result` 对象：

```
result = optimize.minimize(
    func, x0, tol=1e-6, method= "Nelder-Mead")
print(result)
```

8. 最后，我们在目标函数曲面上绘制由 minimize 例程找到的最小值：

```
ax.plot([result.x[0]], [result.x[1]], [result.fun], "kx")
```

更新后的目标函数图，包括 minimize 例程找到的最小点，如图 9.4 所示。

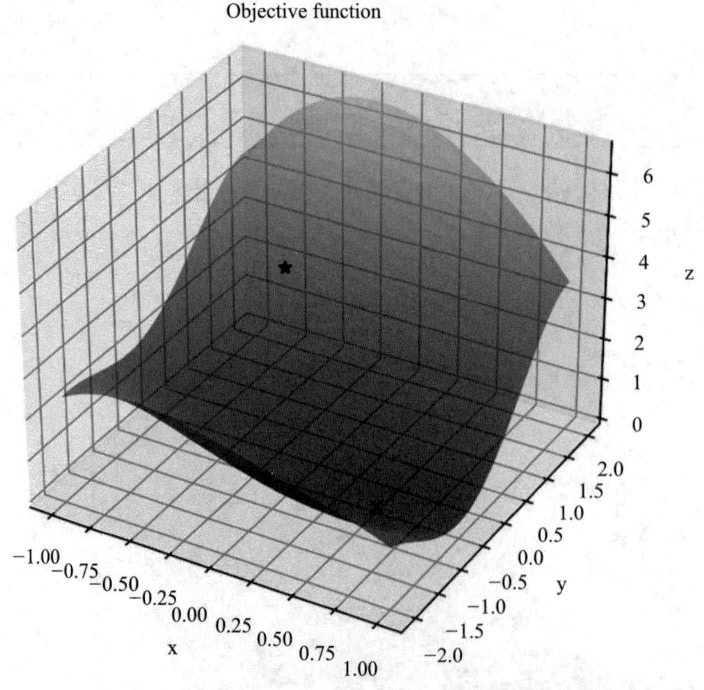

图 9.4　标注优化过程起点和最小点的目标函数图

这表明，该方法确实在从初始点（左上）开始的区域内找到了最小点（右下）。

9.3.3 原理解析

Nelder-Mead 单纯形法（不要与线性优化问题的单纯形法混淆）是一种寻找非线性函数最小值的简单算法，即使在目标函数导数未知的情况下也能工作（这个示例中的函数并非如此，使用基于梯度的方法的唯一好处是收敛速度快）。该方法通过比较单纯形顶点处的目标函数值来工作，单纯形是二维空间中的三角形。具有最大函数值的顶点通过对边进行反射，并执行适当的膨胀或收缩，实际上是将单纯形向下移动。

SciPy optimize 模块中的 minimize 例程是许多非线性函数最小化算法的入口

点。在这个示例中，我们使用了 Nelder-Mead 单纯形算法，但也有许多其他算法可用。这些算法中的许多都需要我们知道函数的梯度，这些梯度可能由算法自动计算得出。可以通过为 `method` 关键字参数提供适当的名称来使用这些算法。

`minimize` 例程返回的 `result` 对象包含大量关于求解器已找到的解或未找到的解（如果发生错误）的信息。特别地，计算出的最小值所对应的期望参数存储在结果的 `x` 属性中，而函数的值存储在 `fun` 属性中。

minimize 例程需要提供函数和起始值 `x0`。在这个例子中，我们还提供了一个公差值，使用 `tol` 关键字参数计算最小值。更改此值将修改计算解的精度。

9.3.4　更多内容

Nelder-Mead 算法是无梯度最小化算法的一个例子，因为它不需要任何关于目标函数梯度（导数）的信息。有几种这样的算法，所有这些算法通常都涉及在几个点上计算目标函数，然后使用这些信息向最小值移动。一般来说，无梯度方法的收敛速度往往比梯度下降模型慢。然而，它们几乎可以用于任何目标函数，即使在不容易精确计算或通过近似方法计算梯度的情况下也是如此。

优化单个变量的函数通常比优化多维变量更容易，并且在 SciPy `optimize` 库中有优化单个变量的专用函数。`minimize_scalar` 例程对单个变量的函数执行最小化，在这种情况下应该使用 `minimize_scalar` 而不是 `minimize`。

9.4　采用梯度下降法进行优化

在前面的示例中，我们使用 Nelder-Mead 单纯形算法来最小化包含两个变量的非线性函数。这种方法相当健壮，即使我们对目标函数知之甚少它也能工作。然而，在许多情况下，我们确实对目标函数有更多的了解，这一事实使我们能够设计出更快、更有效的算法来最小化该函数。我们可以通过利用函数的梯度等属性来实现这一点。

多变量函数的梯度描述了函数在每个分量方向上的变化率。这是函数相对于每个变量的偏导数的向量。从这个梯度向量中，我们可以推断出函数从任何给定位置增长最快的方向，反之，可以推断出函数下降最快的方向。这为最小化函数的**梯度下降**法提供了基础。该算法非常简单：给定一个起始位置 x，我们计算 x 处的梯度以及梯度下降最快的相应方向，然后在该方向上前进一小步。经过几次迭代后，就会从函数的起始位置移动到最小值。

在本节中，我们将学习如何实现基于最速下降算法的算法，在限定区域内最小化目标函数。

9.4.1 准备工作

对于这个示例，我们需要将 NumPy 包导入为 np，将 Matplotlib 的 pyplot 模块导入为 plt，并从 mpl_toolkit.mplot3d 中导入 Axes3D 对象：

```
import numpy as np
import matplotlib.pyplot as plt
from mpl_toolkits.mplot3d import Axes3D
```

让我们实现一个简单的梯度下降算法，并使用它来求解前面示例中描述的最小化问题，看看它是如何工作的。

9.4.2 实现方法

在以下步骤中，我们将实现一个简单的梯度下降方法，以最小化一个已知函数梯度的目标函数（我们实际上将使用一个生成器函数，以便我们可以看到该方法的工作原理）：

1. 我们将从定义一个 descend 例程开始，它将执行我们的算法。函数声明如下：

```
def descend(func,x0,grad,bounds,tol=1e-8,max_iter=100):
```

2. 接下来，我们需要实现这个例程。我们首先定义在方法运行时保存迭代值的变量：

```
xn = x0
previous = np.inf
grad_xn = grad(x0)
```

3. 然后，我们开始进行循环，循环将运行迭代。在继续之前，我们会立即检查我们是否取得了有意义的进展：

```
for i in range(max_iter):
    if np.linalg.norm(xn - previous) < tol:
        break
```

4. 方向是负的梯度向量。我们计算一次并将其存储在 direction 变量中：

```
direction = -grad_xn
```

5. 现在，我们分别更新之前和当前的值，分别记为 xnm1 和 xn，为下一次迭代做好准备。descend 例程的代码到此结束：

```
previous = xn
xn = xn + 0.2*direction
```

6. 现在，我们可以计算当前值的梯度并得到所有合适的值：

```
grad_xn = grad(xn)
yield i, xn, func(xn), grad_xn
```

descend 函数的定义到此结束。

7. 现在我们可以定义一个要最小化的目标函数样本：

```
def func(x):
    return ((x[0] - 0.5)**2 + (
        x[1] + 0.5)**2)*np.cos(0.5*x[0]*x[1])
```

8. 接下来，我们创建一个网格，我们在该网格上计算并绘制目标函数：

```
x_r = np.linspace(-1, 1)
y_r = np.linspace(-2, 2)
x, y = np.meshgrid(x_r, y_r)
```

9. 一旦创建了网格，我们就可以计算函数并将结果存储在 z 变量中：

```
z = func([x, y])
```

10. 接下来，我们创建目标函数的三维曲面图：

```
surf_fig = plt.figure(tight_layout=True)
surf_ax = surf_fig.add_subplot(projection="3d")
surf_ax.tick_params(axis="both", which="major",
    labelsize=9)
surf_ax.set(xlabel="x", ylabel="y", zlabel="z")
surf_ax.set_title("Objective function")
surf_ax.plot_surface(x, y, z, cmap="gray",
    vmax=8.0, alpha=0.5)
```

11. 在我们开始最小化过程之前，我们需要定义一个初始点 x0。我们在上一步创建的目标函数图上绘制这个点：

```
x0 = np.array([-0.8, 1.3])
surf_ax.plot([x0[0]], [x0[1]], func(x0), "k*")
```

目标函数的曲面图与初始值如图 9.5 所示。

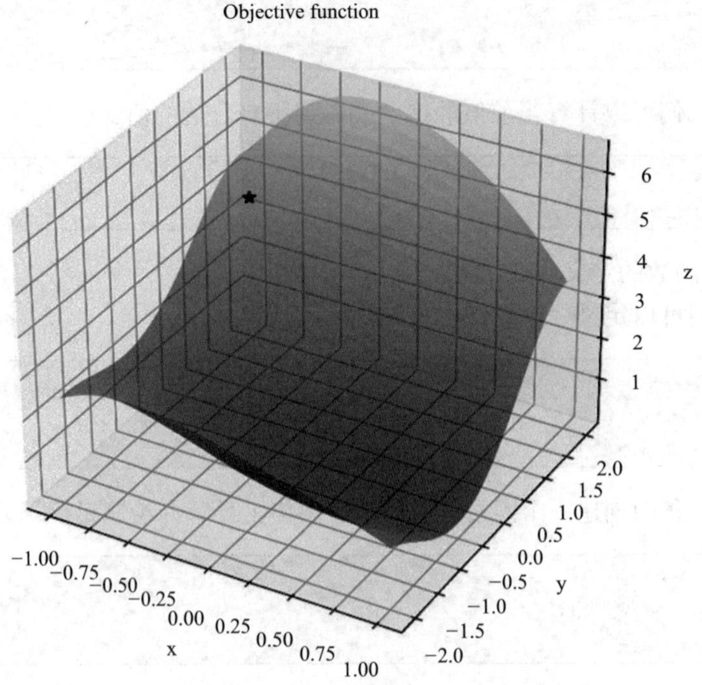

图 9.5　目标函数曲面图与优化的初始位置

12. 我们的 descend 例程需要一个函数来计算目标函数的梯度，所以我们将定义一个：

```
def grad(x):
    c1 = x[0]**2 - x[0] + x[1]**2 + x[1] + 0.5
    cos_t = np.cos(0.5*x[0]*x[1])
    sin_t = np.sin(0.5*x[0]*x[1])
    return np.array([
        (2*x[0]-1)*cos_t - 0.5*x[1]*c1*sin_t,
        (2*x[1]+1)*cos_t - 0.5*x[0]*c1*sin_t
    ])
```

13. 我们将在等高线图上绘制迭代过程，因此我们将其设置如下：

```
cont_fig, cont_ax = plt.subplots()
cont_ax.set(xlabel="x", ylabel="y")
cont_ax.set_title("Contour plot with iterates")
cont_ax.contour(x, y, z, levels=25, cmap="gray",
    vmax=8.0, opacity=0.6)
```

14. 现在，我们创建了一个变量，将 x 和 y 方向上的边界以元组的元组形式保存。这些边界与步骤 10 中调用 linspace 得到的边界相同：

```
bounds = ((-1, 1), (-2, 2))
```

15. 现在，我们可以使用 for 循环驱动 descend 生成器来生成每个迭代，并将每一步的迭代结果添加到等高线图中：

```
xnm1 = x0
for i, xn, fxn, grad_xn in descend(func, x0, grad, bounds):
    cont_ax.plot([xnm1[0], xn[0]], [xnm1[1], xn[1]], "k*--")
    xnm1, grad_xnm1 = xn, grad_xn
```

16. 循环完成后，我们将最终值输出到终端：

```
print(f"iterations={i}")
print(f"min val at {xn}")
print(f"min func value = {fxn}")
```

上述 print 语句的输出结果如下：

```
iterations=37
min val at [ 0.49999999 -0.49999999]
min func value = 2.1287163880894953e-16
```

在这里，我们可以看到，我们的程序经过 37 次迭代，在（0.5,−0.5）附近找到了最小值，这是正确的。

等高线及其迭代过程图如图 9.6 所示。

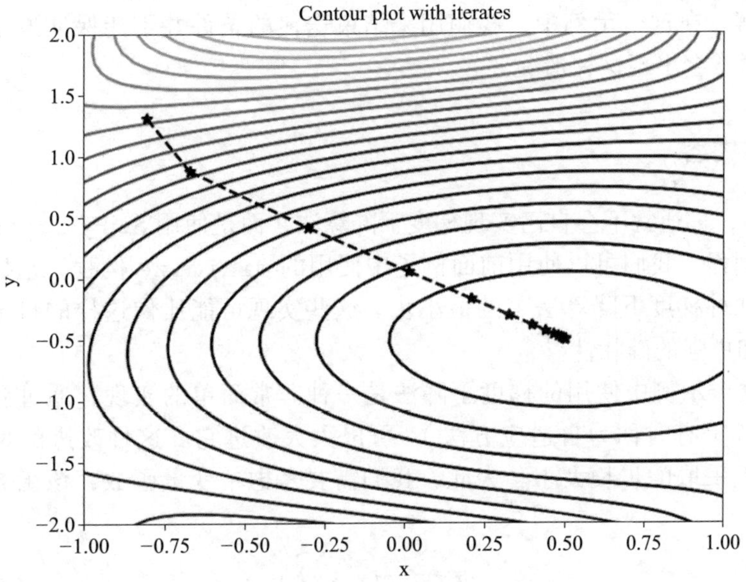

图 9.6 使用梯度下降法迭代到最小值的目标函数等高线图

在这里，我们可以看到每次迭代的方向（用虚线表示），都在目标函数下降最快的方向上。最后一次迭代位于碗形目标函数的中心，也就是最小值出现的地方。

9.4.3　原理解析

这个示例的核心是 `descend` 例程。这个例程中定义的过程是梯度下降法的一个非常简单的实现。计算给定点的梯度由 `grad` 参数处理，然后通过取 `direction = -grad` 来推断迭代的行进方向。我们将此方向乘以值为 0.2 的固定比例因子（有时称为**学习率**），以获得缩放后的步长，然后通过在当前位置加上 `0.2*direction` 来执行此步骤。

本示例中的解需要 37 次迭代才能收敛，这是对 Nelder-Mead 单纯形算法的温和改进，而 9.3 节中的 Nelder-Mead 算法需要 58 次迭代（这不是一个完美的比较，因为我们改变了优化的起始位置）。这种性能在很大程度上取决于我们选择的步长。在这种情况下，我们将最大步长固定为方向向量大小的 0.2 倍。这会使算法保持简单，但不是特别有效。

在本示例中，我们选择将算法实现为生成器函数，这样我们就可以看到每一步的输出，并在迭代过程中将其绘制在等高线图上。在实践中，我们可能不想这样做，而是在迭代完成后返回计算出的最小值。为此，我们可以简单地删除 `yield` 语句，并在函数末尾的主函数缩进处（即不在循环内）用 `return xn` 替换它。如果想防止不收敛的情况发生，可以使用 `for` 循环的 `else` 特性来捕捉因已经到达迭代器的末尾，没有触发 break 关键字而导致循环结束的情况。这个 `else` 块可能会引发异常，表明算法未能稳定到一个解。在这个示例中，我们用来结束迭代的条件并不能保证该方法已经达到最小值，但通常会出现这种情况。

9.4.4　更多内容

在实践中，你通常不会自己实现梯度下降算法，而是使用 SciPy `optimize` 模块等库中的通用例程。我们可以使用前面例子中使用的 `minimize` 例程，来执行各种不同算法（包括几种梯度下降算法）的最小化。这些实现可能比像这样的自定义实现具有更高的性能和更强的健壮性。

我们在这个示例中使用的梯度下降法是一种非常简单的实现，通过允许例程在每一步选择步长（有时称为自适应方法），可以大大改进它。这种改进的难点在于选择在这个方向上采取的步长大小。为此，我们需要考虑单变量函数，该函数由以下方程给出：

$$g(t) = f(x_n + td_n)$$

这里，x_n 表示当前点，d_n 表示当前方向，t 是一个参数。为了简单起见，我们可以使用来自 SciPy optimize 模块的名为 minimize_scalar 的最小化例程来处理标量值函数。不幸的是，它并不只是传递这个辅助函数并找到最小值那么简单。我们必须约束 t 的可能值，使得计算出的最小化点 $x_n + td_n$ 位于我们感兴趣的区域内。

为了理解我们如何约束 t 的值，我们必须首先从几何上来看函数的结构。我们引入的辅助函数会沿着给定方向上的一条直线计算目标函数。我们可以将其描述为过当前 x_n 点沿 d_n 方向对曲面的横截面。算法的下一步是寻找步长 t，步长能沿此线最小化目标函数的值（这是一个标量函数，更容易进行最小化）。然后，约束 t 值的范围，在此范围内，这条线位于由 x 和 y 边界值定义的矩形内。我们需要确定这条线与 x 和 y 边界线相交的四个值，其中两个为负，两个为正（这是因为当前点必须位于矩形内）。我们取两个正值中的最小值和两个负值中的最大值，并将这些边界传递给标量最小化例程。这是使用以下代码实现的：

```
alphas = np.array([
    (bounds[0][0] - xn[0]) / direction[0],
    # x lower
    (bounds[1][0] - xn[1]) / direction[1],
    # y lower
    (bounds[0][1] - xn[0]) / direction[0],
    # x upper
    (bounds[1][1] - xn[1]) / direction[1]
    # y upper
])
alpha_max = alphas[alphas >= 0].min()
alpha_min = alphas[alphas < 0].max()
result = minimize_scalar(lambda t:
    func(xn + t*direction),
    method="bounded",
    bounds=(alpha_min, alpha_max))
amount = result.x
```

一旦选择了步长，剩下的唯一步骤就是更新当前的 xn 值，如下所示：

```
xn = xn + amount * direction
```

使用这种自适应的步长增加了例程的复杂性，但它的性能得到了极大的提高。使用这个修改后的例程，该方法仅通过三次迭代就收敛了，这远远少于本节示例中的原始代码所使用的迭代次数（37 次迭代）或前一示例中的 Nelder-Mead 单纯形算法所使用的迭代次数（58 次迭代）。通过以梯度函数的形式为该方法提供更多信息，会使迭代次数正如我们所期望的那样减少。

我们创建了一个函数，返回函数在给定点的梯度。在开始之前，我们手动计算了这个梯度，这并不总是那么容易，甚至我们不可能完成。相反，更常见的是将这里使用的解析梯度替换为数值梯度计算方法，数值梯度计算常使用有限差分或类似算法进行计算。与所有近似方法一样，这会对性能和准确性产生影响，但考虑到梯度下降方法提供的收敛速度的提高，这些问题通常是次要的。

梯度下降型算法在机器学习应用中特别流行。大多数流行的 Python 机器学习库（包括 PyTorch、TensorFlow 和 Theano）都提供了自动计算数组数值梯度的实用程序。这使得后台可以使用梯度下降方法来提高性能。

梯度下降法的一种流行的变体是**随机梯度下降**法（stochastic gradient descent），其中梯度是通过随机采样而不是使用整个数据集来计算的。这可以大大减轻该方法的计算负担，但代价是收敛速度较慢，尤其是对于机器学习应用中常见的高维问题。随机梯度下降方法通常与反向传播相结合，形成机器学习应用中训练人工神经网络的基础。

基本随机梯度下降算法有几个扩展。例如，动量算法将前一个增量合并到下一个增量的计算中。另一个例子是自适应梯度算法，它结合了每个参数的学习率，以提高涉及大量稀疏参数的问题的收敛速度。

9.5　用最小二乘法拟合数据曲线

最小二乘法是一种强大的技术，可以从相对较小的势函数族中找到最能描述特定数据集的函数。这种技术在统计学中尤其常见，例如，最小二乘法用于线性回归问题，在这里，势函数族是所有线性函数的集合。通常，我们试图拟合的函数族具有相对较少的参数，可以通过调整参数来求解问题。

最小二乘法的概念相对简单。对于每个数据点，我们计算残差（该点的值与给定函数的期望值之间的差）的平方，并试图使这些残差平方的和尽可能小（因此是最小二乘）。

在本节中，我们将学习如何使用最小二乘法将曲线拟合到样本数据集中。

9.5.1　准备工作

对于本示例，像往常一样，我们需要将 NumPy 包导入为 `np`，将 Matplotlib 的 `pyplot` 模块导入为 `plt`：

```
import numpy as np
import matplotlib.pyplot as plt
```

我们还需要从 NumPy 的 random 模块导入默认的随机数生成器实例，如下所示：

```
from numpy.random import default_rng
rng = default_rng(12345)
```

最后，我们需要来自 SciPy optimize 模块的 curve_fit 例程：

```
from scipy.optimize import curve_fit
```

让我们看看如何使用此例程将非线性曲线拟合到一些数据上。

9.5.2 实现方法

以下步骤展示了如何使用 curve_fit 例程来将曲线拟合到一组数据上：

1. 第一步是创建样本数据：

```
SIZE = 100
x_data = rng.uniform(-3.0, 3.0, size=SIZE)
noise = rng.normal(0.0, 0.8, size=SIZE)
y_data = 2.0*x_data**2 - 4*x_data + noise
```

2. 接下来，我们生成数据的散点图，看看是否可以确定数据中的潜在趋势：

```
fig, ax = plt.subplots()
ax.scatter(x_data, y_data)
ax.set(xlabel="x", ylabel="y",
    title="Scatter plot of sample data")
```

我们生成的散点图如图 9.7 所示。在这里，我们可以看到，数据肯定不是遵循线性趋势（直线）的。由于我们知道趋势是多项式的，我们的下一个猜测就是二次趋势。这就是我们在这里使用的。

3. 接下来，我们创建一个函数，表示我们希望拟合的模型：

```
def func(x, a, b, c):
    return a*x**2 + b*x + c
```

4. 现在，我们可以使用 curve_fit 例程将模型函数与样本数据进行拟合：

```
coeffs, _ = curve_fit(func, x_data, y_data)
print(coeffs)
# [ 1.99611157 -3.97522213 0.04546998]
```

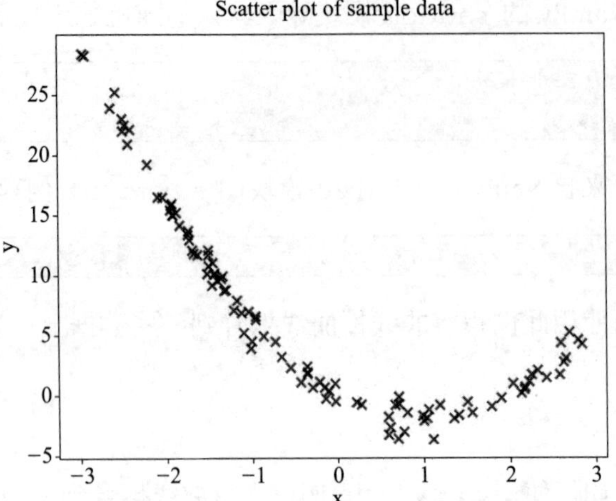

图 9.7　样本数据的散点图，我们可以看到它不遵循线性趋势

5. 最后，我们在散点图上绘制最佳拟合曲线，以评估拟合曲线对数据的描述效果：

```
x = np.linspace(-3.0, 3.0, SIZE)
y = func(x, coeffs[0], coeffs[1], coeffs[2])
ax.plot(x, y, "k--")
```

更新后的散点图如图 9.8 所示。

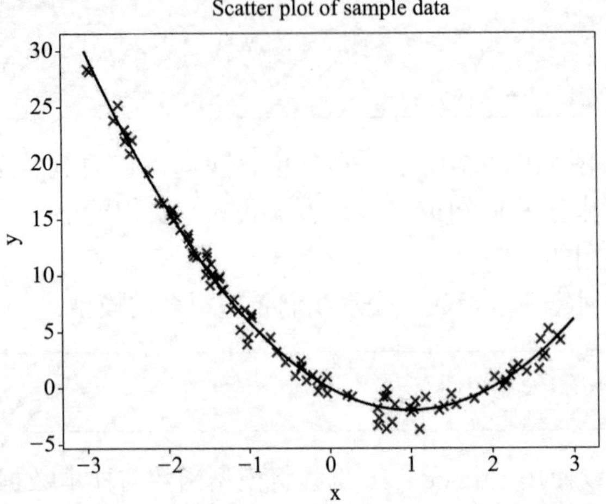

图 9.8　数据散点图及使用最小二乘法找到的最佳拟合曲线

在这里，我们可以看到，我们找到的曲线与数据相当吻合。拟合曲线的系数与真实模型的系数并不完全相同，这是生成样本数据时添加噪声造成的影响。

9.5.3 原理解析

curve_fit 例程执行最小二乘拟合，将模型曲线拟合到样本数据上。在实践中，这相当于最小化以下目标函数：

$$\phi(a,b,c)=\sum_{i=0}^{99}(y_i-ax_i^2-bx_i-c)^2$$

这里，数对（x_i, y_i）是来自样本数据的点。在这种情况下，我们在一个三维参数空间上进行优化，每个参数表示一个维度。例程返回估计的系数（参数空间中目标函数最小化的点）和第二个变量，该变量包含拟合协方差矩阵的估计值。我们在本例程中忽略了这一点。

从 curve_fit 例程返回的估计协方差矩阵可用于给出估计参数的置信区间。这是通过取对角线元素的平方根，再除以样本量（在这个示例中是 100）来完成的。这给出了估计值的标准误差，当其与置信度相对应的适当值相乘时，就得到了置信区间的大小（我们在第 6 章中讨论了置信区间）。

你可能已经注意到，curve_fit 例程估计的参数与我们在步骤 1 中用于定义样本数据的参数非常接近，但并不完全相等。这些参数不完全相等是由于我们在数据中添加了服从正态分布的噪声。在这个示例中，我们知道数据的底层结构是二次的，即二次多项式，而不是其他更深奥的函数。在实践中，我们不太可能了解数据的底层结构，这就是我们在样本中添加噪声的原因。

9.5.4 更多内容

SciPy 的 optimize 模块中还有另一个用于执行最小二乘拟合的例程，名为 least_squares。此例程的签名稍显不直观，但确实返回了一个包含更多优化过程信息的对象。然而，这个例程的设置方式可能更类似于我们在 9.5.3 节中构建基础数学问题的方式。为了使用这个例程，我们定义目标函数如下：

```
def func(params, x, y):
    return y -(
        params[0]*x**2 + params[1]*x + params[2])
```

我们将此函数与参数空间的初始估计值 x0（例如（1, 0, 0））一起传递。目标函数 func 的附加参数可以使用 args 关键字参数（例如，我们可以使用 args=（x_data, y_data））传递。这些参数被传递到目标函数的 x 和 y 参数中。总之，我们可以使用以下对 least_squares 的调用来估计参数：

```
results = least_squares(func, [1, 0, 0], args=(x_data, y_data))
```

`least_squares` 例程返回的 `results` 对象实际上与本章中描述的其他优化例程返回的结果对象相同。它包含诸如使用的迭代次数、过程是否成功、详细的错误消息、参数值以及目标函数的最小值等详细信息。

9.6 分析简单的双人博弈

博弈论是数学中与决策和策略分析有关的一个分支。它在经济学、生物学和行为科学领域中都有应用。许多看似复杂的情况都可以简化为一个相对简单的数学博弈，可以通过系统的分析找到最优解。

博弈论中的一个经典问题是囚徒困境（prisoner's dilemma），其原始形式如下：两名同谋被抓获，他们必须决定是保持沉默还是作证指控对方。如果两人都保持沉默，他们都将被判处一年监禁；如果一方指证，另一方不指证，则释放证人，另一人被判处三年监禁；如果两人都作证指控对方，他们都将被判处两年监禁。每个同谋者应该做什么？事实证明，考虑到对另一方的合理怀疑，每个同谋者可以做出的最佳选择就是指证。采用这一策略，他们要么不服刑，要么最多服刑两年。

由于这本书是关于 Python 的，我们将使用这个经典问题的变体来说明这个问题的概念是多么普遍。考虑以下问题：你和你的同事必须为客户端编写一些代码。你认为你用 Python 编写代码更快，但你的同事认为他们用 C 编写代码更快。问题是，你应该为这个项目选择哪种语言？

你认为你写 Python 代码的速度是 C 的 4 倍，所以你以速度 1 编写 C，以速度 4 编写 Python。你的同事说他们写 C 代码的速度比 Python 略快，所以他们编写 C 代码的速度是 3，编写 Python 代码的速度是 2。如果你们都同意使用同一种语言，那么你就可以按照预期的速度编写代码，但如果你不同意，那么速度更快的程序员的生产率就会降低 1。我们可以总结为表 9.1。

表 9.1 各种配置下的预期工作速度表

你的同事 / 你	C	Python
C	3/1	3/2
Python	2/1	2/4

在本节中，我们将学习如何用 Python 构造一个对象，表示这个简单的双人博弈，然后对这个博弈的结果进行一些基本的分析。

9.6.1 准备工作

对于本例，我们需要将 NumPy 包导入为 np，将 Nashpy 包导入为 nash：

```
import numpy as np
import nashpy as nash
```

让我们看看如何使用 nashpy 包来分析简单的双人博弈。

9.6.2 实现方法

以下步骤将向你展示如何使用 Nashpy 创建双人博弈并执行一些简单分析：

1. 首先，我们需要创建矩阵来保存每个玩家（在这个例子中是你和你的同事）的收益信息：

```
you = np.array([[1, 3], [1, 4]])
colleague = np.array([[3, 2], [2, 2]])
```

2. 接下来，我们创建一个 Game 对象，其中包含由这些收益矩阵表示的博弈：

```
dilemma = nash.Game(you, colleague)
```

3. 我们使用索引表示法计算给定选择的效用：

```
print(dilemma[[1, 0], [1, 0]]) # [1 3]
print(dilemma[[1, 0], [0, 1]]) # [3 2]
print(dilemma[[0, 1], [1, 0]]) # [1 2]
print(dilemma[[0, 1], [0, 1]]) # [4 2]
```

4. 我们还可以根据做出特定选择的概率来计算预期效用：

```
print(dilemma[[0.1, 0.9], [0.5, 0.5]]) # [2.45 2.05]
```

这些期望效用代表了如果我们以指定的概率多次重复博弈，我们期望看到的（平均）结果。

9.6.3 原理解析

在这个示例中，我们构建了一个 Python 对象，它表示一个非常简单的双人博弈。这里的想法是，有两个玩家需要做出选择，两个玩家选择的每种组合都会产生一个特定的收益值。我们在这里的目标是找到每个玩家可以做出的最佳选择。假设双方同时做出一个选择，双方都不知道对方的选择，每个玩家都有一个策略来决定他们的选择。

在步骤 1 中，我们创建了两个矩阵，每个玩家一个矩阵，用来保存每个选择组合的收益值。这两个矩阵由 Nashpy 的 `Game` 类包装，该类为处理博弈提供了方便且直观的界面（从博弈论的角度来看）。通过使用索引符号传递选择，我们可以快速计算给定选择组合的效用。

我们还可以根据选择策略来计算预期效用，所用策略是根据某种概率分布进行随机选择。它的语法与前面描述的确定性情况相同，只是我们为每个选择提供了一个概率向量。我们根据你 90% 会选择 Python，而你的同事 50% 会选择 Python 的概率来计算预期的效用。你和你的同事的预期速度分别为 2.45 和 2.05。

9.6.4　更多内容

在 Python 中有一个计算博弈论的备选方案。Gambit 项目是一个用于博弈论计算的工具集，它具有 Python 接口（http://www.gambit-project.org/）。这是一个基于 C 语言库构建的成熟项目，提供了比 Nashpy 更好的性能。

9.7　计算纳什均衡

纳什均衡（Nash equilibrium）是一种双人策略博弈，类似于我们在分析简单的双人博弈示例中看到的，它代表了一种稳定状态，在这种状态下，每个玩家都能看到最好的结果。然而，这并不意味着与纳什均衡相关的结果是最好的，纳什均衡比这更微妙。纳什均衡的非正式定义如下：它是一种策略组合，在所有玩家都遵守它的情况下，任何单个玩家都无法改善其结果。

我们将通过经典的石头剪刀布游戏来探讨纳什均衡的概念。规则如下：每个玩家都可以选择石头、剪刀或布中的一项。石头能赢剪刀，但会输给布；布能赢石头，但会输给剪刀；剪刀能赢布，但会输给石头。任何两个玩家做出相同选择，游戏都是平局。在数值上，我们用 +1 表示赢了一局，用 −1 表示输了一局，平局用 0 表示。由此，我们可以构造一个双人博弈，并计算此博弈的纳什均衡。

在本节中，我们将计算经典的石头剪刀布游戏的纳什均衡。

9.7.1　准备工作

对于本例，我们需要将 NumPy 包导入为 `np`，并将 Nashpy 包导入为 `nash`：

```
import numpy as np
import nashpy as nash
```

让我们看看如何使用 Nashpy 包来计算双人策略博弈的纳什均衡。

9.7.2 实现方法

下面的步骤向你展示了如何计算一个简单的双人策略博弈的纳什均衡：

1. 首先，我们需要为每个玩家创建一个收益矩阵。我们将从第一个玩家开始：

```
rps_p1 = np.array([
    [ 0, -1, 1], # rock payoff
    [ 1, 0, -1], # paper payoff
    [-1, 1, 0] # scissors payoff
])
```

2. 第二个玩家的收益矩阵是 `rps_p1` 的转置：

```
rps_p2 = rps_p1.transpose()
```

3. 接下来，我们创建表示游戏的 `Game` 对象：

```
rock_paper_scissors = nash.Game(rps_p1, rps_p2)
```

4. 使用支持枚举算法计算博弈的纳什均衡：

```
equilibria = rock_paper_scissors.support_enumeration()
```

5. 我们遍历均衡并输出每个玩家的信息：

```
for p1, p2 in equilibria:
    print("Player 1", p1)
    print("Player 2", p2)
```

这些语句的输出结果如下：

```
Player 1 [0.33333333 0.33333333 0.33333333]
Player 2 [0.33333333 0.33333333 0.33333333]
```

9.7.3 原理解析

纳什均衡在博弈论中非常重要，因为它使我们能够分析策略博弈的结果并确定有利地位。它最早由约翰·F·纳什于 1950 年描述，在现代博弈论中发挥了关键作用。双人博弈可能有许多纳什均衡，但任何有限的双人博弈都必须至少有一个纳什均衡。问题是如何找到给定博弈的所有可能的纳什均衡。

在这个示例中，我们使用了支持枚举，它有效地枚举了所有可能的策略，并筛选出那些纳什均衡。在这个例子中，支持枚举算法只找到一个纳什均衡，这是一个混合策略。这意味着唯一没有改进的策略是随机选择一个选项，每个选项的概率为 1/3。对玩过石头剪刀布的人来说，这并不奇怪，因为对于我们做出的任何选择，我们的对手都有 1/3 的机会（随机地）选择赢我们。同样，我们有 1/3 的机会平局或获胜，因此我们对所有这些可能性的预期值如下：

$$\frac{1}{3}\times 0+\frac{1}{3}\times 1+\frac{1}{3}\times(-1)=0$$

如果不知道我们的对手具体会选择哪种选项，就没有办法改善这一预期结果。

9.7.4　更多内容

Nashpy 包还提供了其他用于计算纳什均衡的算法。具体地说，`vertex_enumeration` 方法在用于 `Game` 对象时使用顶点枚举算法，而 `lemke_howson_enumeration` 方法使用 Lemke-Howson 算法。这些备选算法具有不同的特点，对于某些问题可能会更有效。

9.7.5　另请参阅

Nashpy 包的文档包含有关算法和博弈论的更多详细信息，包括许多关于博弈论的参考文献。该文档可在 https://nashpy.readthedocs.io/en/latest/ 上找到。

9.8　拓展阅读

像往常一样，*Numerical Recipes* 一书是学习数值算法的好资源。该书第 10 章，“函数的最小化或最大化”一节讨论了函数的最小化和最大化。

- Press, W.H., Teukolsky, S.A., Vetterling, W.T., and Flannery, B.P., 2017. Numerical recipes: the art of scientific computing. 3rd ed. Cambridge: Cambridge University Press.

有关优化的更多具体信息可以在以下图书中找到：

- Boyd, S.P. and Vandenberghe, L., 2018. Convex optimization. Cambridge: Cambridge University Press.
- Griva, I., Nash, S., and Sofer, A., 2009. Linear and nonlinear optimization. 2nd ed. Philadelphia:Society for Industrial and Applied Mathematics.

最后，下面这本书很好地介绍了博弈论：

- Osborne, M.J., 2017. An introduction to game theory. Oxford: Oxford University Press.

CHAPTER 10

第 10 章

提升工作效率

在本章中，我们将探讨几个不属于本书前几章讨论的类别的主题。这些主题大多涉及促进计算和优化代码执行的不同方法，另一些则关注处理特定类型的数据或特定格式的文件。

本章的目的是为你提供一些工具，这些工具虽然本质上不是严格的数学工具，但经常出现在数学问题中。其中包括分布式计算和最优化等主题，这些主题都可以帮助你更快地解决问题，验证数据和计算，从科学计算中常用格式的文件中加载和存储数据，并结合其他可以帮助你提高编程效率的主题。

在 10.2 节和 10.3 节中，我们将介绍有助于跟踪计算中的单位和不确定性的包。这些对于涉及具有直接物理应用的数据的计算非常重要。在 10.4 节中，我们将了解如何从**网络通用数据表单**（NetCDF）文件加载和存储数据。NetCDF 是一种通常用于存储天气和气候数据的文件格式。在 10.5 节中，我们将讨论如何使用地理数据，如可能与天气或气候数据相关联的数据。在 10.6 节中，我们将讨论如何在不启动交互式会话的情况下从终端运行 Jupyter notebook。在 10.7～10.9 节中，我们在后几节中将转向验证数据，关注使用 Cython 和 Dask 等工具的性能。在 10.10 节，我们将简要概述一些为数据科学编写可重用代码的技术。

在本章中，我们将介绍以下内容：

- 使用 Pint 跟踪单位
- 考虑计算中的不确定性
- 从 NetCDF 文件中加载数据和向 NetCDF 文件存储数据
- 处理地理数据
- 将 Jupyter notebook 作为脚本执行

- 验证数据
- 使用 Cython 加速代码
- 使用 Dask 进行分布式计算
- 为数据科学编写可重用代码

让我们开始吧！

10.1　技术要求

由于所包含内容的性质，本章需要许多不同的包。我们需要的包列表如下：

- Pint
- uncertainty
- netCDF4
- xarray
- Pandas
- Scikit-learn
- Jupyter
- Papermill
- Cerberus
- Cython
- Dask

所有这些包都可以使用你喜欢的包管理器（如 `pip`）安装：

```
python3.10 -m pip install pint uncertainties netCDF4 xarray pandas scikit-learn
geopandas geoplot jupyter papermill cerberus cython
```

要安装 Dask 包，我们需要安装与该包相关的各种附加组件。我们可以在终端中使用如下 `pip` 命令：

```
python3.10 -m pip install dask[complete]
```

对于 10.9 节，我们需要安装 C 编译器。Cython 文档中给出了如何获取 **GNU C 编译器**（GCC）的说明，网址为 https://cython.readthedocs.io/en/latest/src/quickstart/install.html。

本章的代码可以在本书 GitHub 代码库的"Chapter 10"文件夹中找到，地址为 https://github.com/PacktPublishing/Applying-Math-with-Python-2nd-Edition/tree/main/Chapter%2010。

10.2 使用 Pint 跟踪单位

在计算中正确跟踪单位可能非常困难，特别是在可以使用不同单位的地方。例如，我们很容易忘记在不同单位之间进行转换，如将英尺 / 英寸转换为米，或者忘记使用公制前缀，例如将 1km 转换为 1000m。

在本节中，我们将学习如何使用 Pint 包来跟踪计算中的度量单位。

10.2.1 准备工作

对于这个示例，我们需要使用 Pint 包，导入格式如下：

```
import pint
```

10.2.2 实现方法

以下步骤将展示如何使用 Pint 包来跟踪计算中的单位：

1. 首先，我们需要创建一个 UnitRegistry 对象：

```
ureg = pint.UnitRegistry(system="mks")
```

2. 要创建带有单位的数量，我们将数字乘以注册对象的相应属性：

```
distance = 5280 * ureg.feet
```

3. 我们可以使用一种可用的转换方法来改变数量的单位：

```
print(distance.to("miles"))
print(distance.to_base_units())
print(distance.to_base_units().to_compact())
```

这些 print 语句的输出结果如下所示：

```
0.9999999999999999 mile
1609.3439999999998 meter
1.6093439999999999 kilometer
```

4. 我们包装了一个例程，使它以秒为单位接收参数并以米为单位输出结果：

```
@ureg.wraps(ureg.meter, ureg.second)
def calc_depth(dropping_time):
```

```
    # s = u*t + 0.5*a*t*t
    # u = 0, a = 9.81
    return 0.5*9.81*dropping_time*dropping_time
```

5. 现在，当我们以分钟为单位调用 `calc_depth` 例程时，它会自动转换为以秒进行计算：

```
depth = calc_depth(0.05  * ureg.minute)
print("Depth", depth)
# Depth 44.144999999999996 meter
```

10.2.3 原理解析

Pint 包为数值类型提供了一个包装器类，它将单位元数据添加到类型中。这种包装器类型实现了所有标准的算术运算，并在整个计算过程中跟踪单位。例如，当我们用长度单位除以时间单位时，我们将得到速度单位。这意味着你可以使用 Pint 确保经过复杂的计算后，单位是正确的。

`UnitRegistry` 对象跟踪会话中出现的所有单位，并处理不同单位类型之间的转换等事情。它还维护一个度量的参考系统，在本示例中，此参考系统是国际标准系统，以米、千克和秒为基本单位，用 `mks` 表示。

wraps 的功能允许我们声明例程的输入和输出单位，这允许 Pint 对输入函数进行自动单位转换——在这个示例中，我们将分钟转换为秒。调用此包装函数时，尝试使用没有关联的单位或不兼容单位的量将引发异常。这允许在运行时对参数进行验证，并自动将参数转换为例程所需的正确单位。

10.2.4 更多内容

Pint 包附带了大量预编程的测量单位，涵盖了全球使用的大多数系统。单位可以在运行时定义或从文件中加载。这意味着你可以为自己正在使用的应用自定义单位或单位系统。

单位也可以在不同的上下文中被使用，这使得在通常不相关的不同单位类型之间进行转换变得容易。在计算需要在多个点上流畅地转换单位的情况下，这可以节省大量时间。

10.3 考虑计算中的不确定性

大多数测量设备不是 100% 准确，而是有一定的精度范围，通常在 0% 到 10% 之间。

例如，温度计的精度可能达到了 1%，而一把数字卡尺的精度可能高达 0.1%。这两种情况下的真实值都不太可能与报告的值完全相同，尽管它会相当接近。跟踪一个值中的不确定性是困难的，尤其是当你有多个不同的不确定性以不同的方式组合在一起时。与其手动跟踪，不如使用一致的库来为你完成此操作。这就是 uncertainties 软件包的作用。

在本节中，我们将学习如何量化变量的不确定性，并了解这些不确定性是如何通过计算传播的。

10.3.1　准备工作

对于这个示例，我们需要 uncertainties 包，我们将从中导入 ufloat 类和 umath 模块：

```
from uncertainties import ufloat, umath
```

10.3.2　实现方法

以下步骤将向你展示如何量化计算中数值的不确定性：

1. 首先，我们创建一个不确定的浮点值 3.0 加或减 0.4：

```
seconds = ufloat(3.0, 0.4)
print(seconds)        # 3.0+/-0.4
```

2. 接下来，我们执行一个涉及该不确定值的计算，以获得一个新的不确定值：

```
depth = 0.5*9.81*seconds*seconds
print(depth)          # 44+/-12
```

3. 接下来，我们创建一个新的不确定浮点值，并应用来自 umath 模块的 sqrt 函数，然后执行与前面计算相反的操作：

```
other_depth = ufloat(44, 12)
time = umath.sqrt(2.0*other_depth/9.81)
print("Estimated time", time)
# Estimated time 3.0+/-0.4
```

正如我们所看到的，第一次计算（步骤 2）的结果是一个不确定的浮点数，值为 44，系统误差为 ±12。这意味着真实值可以是 32 到 56 之间的任何值。我们用现有的测量方法无法得出比这更精确的结果。

10.3.3 原理解析

ufloat 类封装了 float 对象，并在整个计算过程中跟踪不确定性。该库利用线性误差传播原理，在计算过程中利用非线性函数的导数来估计传播误差。该库还能正确地处理相关性，确保一个值减去自身会得到零，没有误差。

为了跟踪标准数学函数中的不确定性，你需要使用 umath 模块中提供的版本，而不是 Python 标准库或第三方包（如 NumPy）中定义的版本。

10.3.4 更多内容

uncertainties 包提供了对 NumPy 的支持，本章前面的内容中提到的 Pint 包可以与 uncertainties 相结合，以确保单位和误差范围正确地作用到计算的最终结果。例如，我们可以计算本示例步骤 2 的计算中的单位，如下所示：

```
import pint
from uncertainties import ufloat
ureg = pint.UnitRegistry(system="mks")
g = 9.81*ureg.meters / ureg.seconds ** 2
seconds = ufloat(3.0, 0.4) * ureg.seconds

depth = 0.5*g*seconds**2
print(depth)
```

正如预期的那样，最后一行的 print 语句给出的结果为：44+/-12 米。

10.4 从 NetCDF 文件中加载数据和向 NetCDF 文件存储数据

许多科学应用要求我们以健壮的格式从大量多维数据开始。NetCDF 是天气和气候行业开发的数据格式的一个例子。不幸的是，数据的复杂性意味着我们不能简单地使用 Pandas 包中的实用程序来加载这些数据进行分析。我们需要 netcdf4 包来读取数据并将其导入 Python，但我们还需要使用 xarray。与 Pandas 库不同，xarray 可以处理更高维的数据，同时仍然提供类似 Pandas 的接口。

在本节中，我们将学习如何从 NetCDF 文件中加载数据和向 NetCDF 文件存储数据。

10.4.1 准备工作

对于这个示例，我们需要导入 NumPy 包为 np，导入 Pandas 包为 pd，导入 Matplotlib

的 pyplot 模块为 plt，导入 NumPy 默认的随机数生成器实例：

```
import numpy as np
import pandas as pd
import matplotlib.pyplot as plt
from numpy.random import default_rng
rng = default_rng(12345)
```

我们还需要以别名 xr 导入 xarray 包。如 10.1 节所述，你还需要安装 Dask 包和 netCDF4 包：

```
import xarray as xr
```

我们不需要直接导入上述两个软件包。

10.4.2 实现方法

按照以下步骤将样本数据加载并存储在 NetCDF 文件中：

1. 首先，我们需要创建一些随机数。这些数据由一系列日期、位置代码和随机生成的数字组成：

```
dates = pd.date_range("2020-01-01", periods=365, name="date")
locations = list(range(25))
steps = rng.normal(0, 1, size=(365,25))
accumulated = np.add.accumulate(steps)
```

2. 接下来，我们创建一个包含数据的 xarray Dataset 对象。以日期和位置为索引，以 steps 和 accumulated 变量为数据：

```
data_array = xr.Dataset({
    "steps": (("date", "location"), steps),
    "accumulated": (("date", "location"), accumulated)
},
    {"location": locations, "date": dates}
)
```

print 语句的输出结果如下：

```
<xarray.Dataset>
Dimensions: (date: 365, location: 25)
Coordinates:
* location (location) int64 0 1 2 3 4 5 6 7 8 ... 17 18 19 20 21 22 23 24
```

```
* date (date) datetime64[ns] 2020-01-01 2020-01-02 ... 2020-12-30
Data variables:
steps (date, location) float64 geoplot.pointplot(cities, ax=ax, fc="r", mark-
er="2")
ax.axis((-180, 180, -90, 90))-1.424 1.264 ... -0.4547 -0.4873
accumulated (date, location) float64 -1.424 1.264 -0.8707 ... 8.935 -3.525
```

3. 接下来，我们计算每个时间索引下所有位置的平均值：

```
means = data_array.mean(dim="location")
```

4. 现在，我们将累积平均值绘制在新的图形上：

```
fig, ax = plt.subplots()
means["accumulated"].to_dataframe().plot(ax=ax)
ax.set(title="Mean accumulated values",
    xlabel="date", ylabel="value")
```

结果如图 10.1 所示。

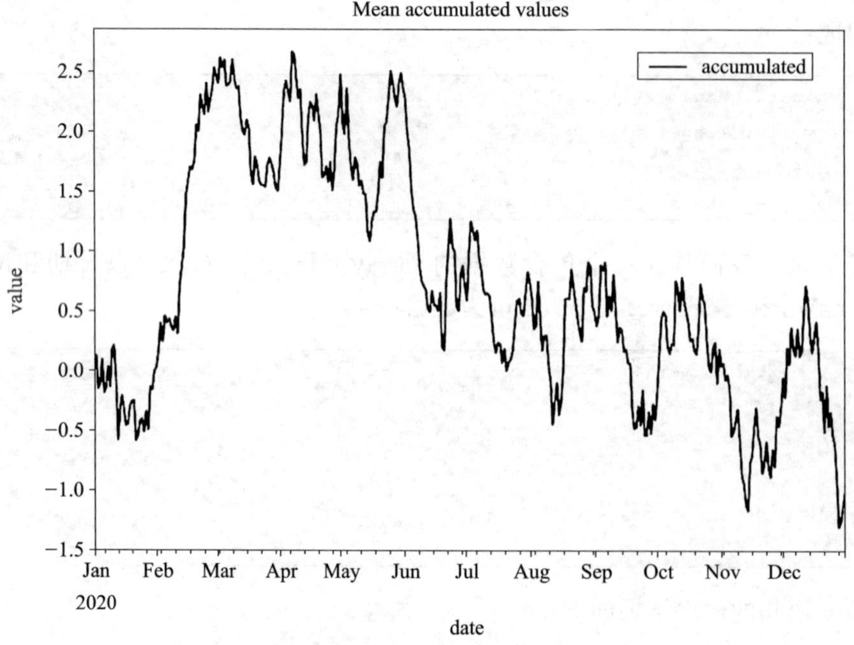

图 10.1　累积平均值随时间变化图

5. 使用 to_netcdf 方法将此数据集保存到一个新的 NetCDF 文件中：

```
data_array.to_netcdf("data.nc")
```

6. 现在，我们可以使用 xarray 中的 load_dataset 例程加载新创建的 NetCDF 文件：

```
new_data = xr.load_dataset("data.nc")
print(new_data)
```

上述代码的输出结果如下：

```
<xarray.Dataset>
Dimensions: (date: 365, location: 25)
Coordinates:
        * location (location) int64 0 1 2 3 4 5 6 7 8 ... 17 18 19 20 21 22 23 24
        * date (date) datetime64[ns] 2020-01-01 2020-01-02 ... 2020-12-30
Data variables:
        steps (date, location) float64 -1.424 1.264 ... -0.4547 -0.4873
        accumulated (date, location) float64 -1.424 1.264 -0.8707 ... 8.935 -3.525
```

输出结果显示，加载的数组包含我们在前面步骤中添加的所有数据。重要的是步骤 5 和步骤 6，我们在其中存储和加载“data.nc”数据。

10.4.3 原理解析

xarray 包提供 DataArray 和 DataSet 类，它们（粗略地说）是 Pandas Series 和 DataFrame 对象的多维等价物。在本例中我们使用了一个数据集，因为每个索引（日期和位置的元组）都有两个与之关联的数据。这两个对象都向它们的 Pandas 对等对象公开了类似的接口。例如，我们可以使用 mean 方法计算沿其中一个轴的均值。DataArray 和 DataSet 对象还有一个方便的方法，名为 to_dataframe，用于将数据转换为 Pandas DataFrame。我们在本示例中使用它将 means 数据集的 accumulated 列转换为 DataFrame 进行绘图，这实际上并不是必需的，因为 xarray 具有内置的绘图功能。

本示例的真正重点是 to_netcdf 方法和 load_dataset 例程。前者将 DataSet 对象存储在 NetCDF 格式的文件中。这需要安装 netCDF4 包，因为它允许我们访问相关的 C 库来解码 NetCDF 格式的文件。load_dataset 例程是一个通用例程，用于从各种文件格式（包括 NetCDF）将数据加载到 DataSet 对象中（同样，这需要安装 netCDF4 包）。

10.4.4 更多内容

xarray 包除了支持 NetCDF 之外还支持许多数据格式，例如，OPeNDAP、Pickle、

GRIB 以及 Pandas 支持的其他格式。

10.5 将 Jupyter notebook 作为脚本执行

Jupyter notebook 是为科学和基于数据的应用编写 Python 代码的流行媒介。Jupyter notebook 实际上是一系列存储在 **JavaScript 对象表示法**（JavaScript Object Notation，JSON）文件中的块，扩展名为 ipynb。每个块都可以是几种不同类型中的一种，例如代码或标记语言。这些 notebook 通常通过 Web 应用程序来访问，该应用程序解释块并在后台内核中执行代码，然后将结果返回给 Web 应用程序。如果你在个人电脑上工作，这非常好，但如果你想在服务器上远程运行 notebook 中包含的代码呢？在这种情况下，你甚至可能无法访问 Jupyter notebook 软件提供的 Web 界面。papermill 包允许我们从命令行参数化和执行 notebook。

在本节中，我们将学习如何使用 papermill 从命令行执行 Jupyter notebook。

10.5.1 准备工作

对于本示例，我们需要安装 papermill 包，并在当前目录中包含示例的 Jupyter notebook。我们将使用存储在代码库中的 notebook 文件 sample.ipynb。

10.5.2 实现方法

按照以下步骤，使用 papermill 命令行界面远程执行 Jupyter notebook：

1. 首先，我们打开样本 notebook 文件 sample.ipynb，该文件可以从本章的代码库中获取。它包含三个代码单元，其中包含以下代码：

```
import matplotlib.pyplot as plt
from numpy.random import default_rng
rng = default_rng(12345)

uniform_data = rng.uniform(-5, 5, size=(2, 100))

fig, ax = plt.subplots(tight_layout=True)
ax.scatter(uniform_data[0, :], uniform_data[1, :])
ax.set(title="Scatter plot", xlabel="x", ylabel="y")
```

2. 接下来，我们打开终端中包含 Jupyter notebook 的文件夹，并使用以下命令：

```
papermill --kernel python3 sample.ipynb output.ipynb
```

3. 现在，我们打开输出文件 `output.ipynb`，它现在应该包含用执行代码的结果更新的 notebook。在最终块中生成的散点图如图 10.2 所示。

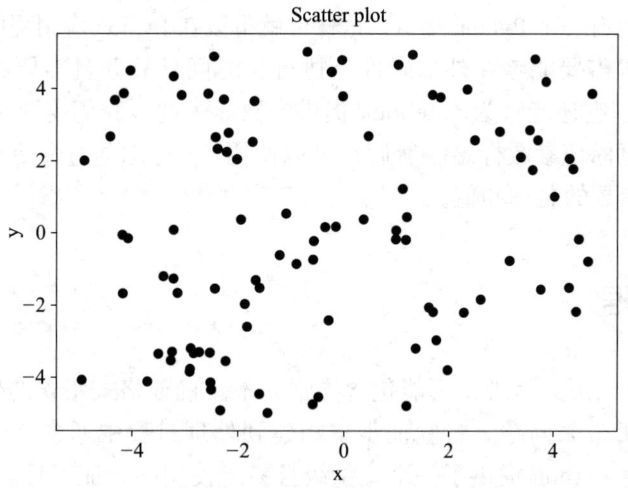

图 10.2　在 Jupyter notebook 中生成的随机数据的散点图

注意，`papermill` 命令的输出是一个全新的 notebook，它复制了原始的代码和文本内容，并填充了运行命令的输出。这对"冻结"用于生成结果的确切代码非常有用。

10.5.3　原理解析

`papermill` 包提供了一个简单的命令行接口，用于解释并执行 Jupyter notebook，并将结果存储在新的 notebook 文件中。在这个示例中，我们给出的第一个参数是输入 notebook 文件 `sample.ipynb`，第二个参数是输出 notebook 文件 `output.ipynb`。然后，该工具执行 notebook 中包含的代码并产生输出。notebook 的文件格式会跟踪上次运行的结果，因此这些结果会被添加到输出 notebook 中并存储在所需的位置。在这个例子中，这是一个简单的本地文件，但 `papermill` 也可以将它存储在云端（如亚马逊网络服务（AWS）S3 存储或 Azure 数据存储）中。

在步骤 2 中，我们在使用 `papermill` 命令行界面时添加了 `--kernel python3` 选项。这个选项允许我们指定用于执行 Jupyter notebook 的内核。如果 `papermill` 试图使用不同于编写 notebook 的内核来执行 notebook，这可能会导致错误，因此指定内核是必需的。在终端中使用以下命令可以找到可用内核的列表：

```
jupyter kernelspec list
```

如果在执行 notebook 程序时出现错误，可以尝试切换到不同的内核。

10.5.4 更多内容

papermill 也有一个 Python 接口，这样你就可以在 Python 应用程序中运行 notebook。这可能有助于构建需要能够在外部硬件上执行长时间计算并且需要将结果存储在云端的 Web 应用程序。它还能够为 notebook 提供参数。为此，我们需要在 notebook 中创建一个块，用默认值标记参数标签。然后，可以使用 -p 标志通过命令行界面提供更新的参数，后面跟着参数的名称和值。

10.6 验证数据

数据通常以原始形式呈现，可能包含异常、不正确或格式错误的数据，这显然会给以后的处理和分析带来问题。将验证步骤构建到处理过程中通常是个好主意。幸运的是，Cerberus 包为 Python 提供了一个轻量级且易于使用的验证工具。

为了验证数据，我们必须定义一个模式，这是对数据应该是什么样子以及应该对数据进行的检查的技术描述。例如，我们可以检查数据类型，并在最大值和最小值上设置边界。Cerberus 验证器还可以在验证步骤中执行类型转换，这允许我们将直接从 CSV 文件中加载的数据插入验证器。

在本节中，我们将学习如何使用 Cerberus 来验证从 CSV 文件加载的数据。

10.6.1 准备工作

对于本示例，我们需要从 Python 标准库（https://docs.python.org/3/library/csv.html）导入 csv 模块，同时导入 Cerberus 包：

```
import csv
import cerberus
```

我们还需要本章代码库中的 sample.csv 文件（https://github.com/PacktPublishing/Applying-Math-with-Python/tree/master/Chapter%2010）。

10.6.2 实现方法

在以下步骤中，我们将使用 Cerberus 包验证从 CSV 加载的一组数据：

1. 首先，我们需要构建一个模式来描述我们期望的数据。为此，我们必须为浮点数定义一个简单的模式：

```
float_schema = {"type": "float", "coerce": float,
    "min": -1.0, "max": 1.0}
```

2. 接下来，我们为各个项构建模式。这些将是我们的数据行：

```
item_schema = {
    "type": "dict",
    "schema": {
        "id": {"type": "string"},
        "number": {"type": "integer",
        "coerce": int},
    "lower": float_schema,
    "upper": float_schema,
    }
}
```

3. 现在，我们可以为整个文档定义模式，它将包含一个条目列表：

```
schema = {
    "rows": {
        "type": "list",
        "schema": item_schema
    }
}
```

4. 接下来，我们用刚刚定义的模式创建一个 `Validator` 对象：

```
validator = cerberus.Validator(schema)
```

5. 然后，我们使用 `csv` 模块中的 `DictReader` 加载数据：

```
with open("sample.csv") as f:
    dr = csv.DictReader(f)
    document = {"rows": list(dr)}
```

6. 接下来，我们在验证器上使用 `validate` 方法来验证文档：

```
validator.validate(document)
```

7. 然后，我们从验证器对象中检索验证过程中的错误：

```
errors = validator.errors["rows"][0]
```

8. 最后，我们可以输出出现的任何错误消息：

```
for row_n, errs in errors.items():
        print(f"row {row_n}: {errs}")
```

错误消息的输出如下所示：

```
row 11: [{'lower': ['min value is -1.0']}]
row 18: [{'number': ['must be of integer type', "field 'number' cannot be coerced:
invalid literal for int() with base 10: 'None'"]}]
row 32: [{'upper': ['min value is -1.0']}]
row 63: [{'lower': ['max value is 1.0']}]
```

这已经确定了有四行不符合我们设置的模式，该模式将“lower”和“upper”中的浮点值限制在 `-1.0` 和 `1.0` 之间。

10.6.3　原理解析

我们创建的模式是对检查数据所需的所有标准的技术描述。这通常被定义为一个以条目名称为键的字典，它以属性（包括字典中值的类型或边界等）组成的字典作为值。例如，在步骤 1 中，我们为浮点数定义了一个模式，该模式将数的大小限制在 -1 和 1 之间。请注意，我们包含了 `coerce` 键，该键指定了值在验证过程中应转换为的类型。这允许我们传递从 CSV 文档中加载的数据，该文档只包含字符串，因此不必担心其类型。

`validator` 对象负责解析文档，以便对它们进行验证，并根据模式描述的所有标准检查其中包含的数据。在这个示例中，我们在创建 `validator` 对象时向它提供了模式。但是，我们也可以将模式作为第二个参数传递给 `validate` 方法。错误存储在反映文档结构的嵌套字典中。

10.7　使用 Cython 加速代码

Python 经常被批评速度慢——这是一个有争议的说法。可以通过使用具有 Python 接口的高性能编译库（如科学 Python 堆栈）大大提高 Python 的性能，以解决这些批评问题。然而，在某些情况下，很难避免 Python 不是编译语言这一事实。在这些（相当罕见的）情况下，提高性能的一种方法是编写 C 扩展（甚至完全用 C 重写代码），以加快关键部分的速度。这肯定会使代码运行得更快，但可能会使维护软件包变得更加困难。相反，我们可以使用 Cython，它是 Python 语言的扩展，被翻译成 C 语言并编译以使 Python 获得巨大的性能改进。

例如，我们可以考虑一些用于生成 Mandelbrot 集图像的代码。为了进行比较，假设纯 Python 代码是我们的起点，如下所示：

```
# mandelbrot/python_mandel.py
import numpy as np
def in_mandel(cx, cy, max_iter):
    x = cx
    y = cy
    for i in range(max_iter):
        x2 = x**2
        y2 = y**2
        if (x2 + y2) >= 4:
            return i
        y = 2.0*x*y + cy
        x = x2 - y2 + cx
    return max_iter
def compute_mandel(N_x, N_y, N_iter):
    xlim_l = -2.5
    xlim_u = 0.5
    ylim_l = -1.2
    ylim_u = 1.2
    x_vals = np.linspace(xlim_l, xlim_u,
        N_x, dtype=np.float64)
y_vals = np.linspace(ylim_l, ylim_u,
    N_y, dtype=np.float64)
    height = np.empty((N_x, N_y), dtype=np.int64)
    for i in range(N_x):
        for j in range(N_y):
        height[i, j] = in_mandel(
                x_vals[i], y_vals[j], N_iter)
    return height
```

这段纯 Python 代码相对较慢的原因很明显：存在嵌套循环。出于演示目的，假设我们无法使用 NumPy 将此代码向量化。初步测试表明，这些函数使用 320 × 240 个点和 255 个步骤生成 Mandelbrot 集大约需要 6.3 秒。你的时间可能会有所不同，具体取决于你的系统。

在本示例中，我们将使用 Cython 来大大提高这段代码的性能，以便生成 Mandelbrot 集图像。

10.7.1 准备工作

对于本示例，我们需要安装 NumPy 包和 Cython 包。你还需要在系统上安装一个

C 语言编译器，如 GCC。如果是 Windows 系统，你可以通过安装 MinGW 来获取 GCC 的一个版本。

10.7.2 实现方法

按照以下步骤，使用 Cython 来大大提高生成 Mandelbrot 集图像的代码的性能：

1. 在 `mandelbrot` 文件夹中新建一个名为 `cython_mandel.pyx` 的文件。在这个文件中，我们将添加一些简单的导入语句和类型定义：

```
# mandelbrot/cython_mandel.pyx

import numpy as np
cimport numpy as np
cimport cython
ctypedef Py_ssize_t Int
ctypedef np.float64_t Double
```

2. 接下来，我们使用 Cython 语法定义 `in_mandel` 例程的新版本。我们在例程的前几行中添加了一些声明：

```
cdef int in_mandel(Double cx, Double cy, int max_iter):
    cdef Double x = cx
    cdef Double y = cy
    cdef Double x2, y2
    cdef Int i
```

3. 函数的其余部分与该函数的 Python 版本相同：

```
for i in range(max_iter):
    x2 = x**2
    y2 = y**2
    if (x2 + y2) >= 4:
        return i
    y = 2.0*x*y + cy
    x = x2 - y2 + cx
return max_iter
```

4. 接下来，定义 `compute_mandel` 函数的新版本。我们从 Cython 包中为这个函数添加了两个装饰器：

```
@cython.boundscheck(False)
```

```
@cython.wraparound(False)
def compute_mandel(int N_x, int N_y, int N_iter):
```

5. 然后，我们定义常量，就像我们在原始例程中所做的那样：

```
cdef double xlim_l = -2.5
cdef double xlim_u = 0.5
cdef double ylim_l = -1.2
cdef double ylim_u = 1.2
```

6. 我们使用 NumPy 包中的 `linspace` 和 `empty` 例程的方式与在 Python 版本中完全相同。这里唯一增加的是，我们声明了 `Int` 类型的变量 `i` 和 `j`：

```
cdef np.ndarray x_vals = np.linspace(xlim_l,
    xlim_u, N_x, dtype=np.float64)
cdef np.ndarray y_vals = np.linspace(ylim_l,
    ylim_u, N_y, dtype=np.float64)
cdef np.ndarray height = np.empty(
    (N_x, N_y),dtype=np.int64)
cdef Int i, j
```

7. 定义的其余部分与 Python 版本完全相同：

```
for i in range(N_x):
    for j in range(N_y):
        height[i, j] = in_mandel(
            xx_vals[i], y_vals[j], N_iter)
    return height
```

8. 接下来，我们在 `mandelbrot` 文件夹中创建一个名为 `setup.py` 的新文件，并将以下导入语句添加到该文件的顶部：

```
# mandelbrot/setup.py
import numpy as np
from setuptools import setup, Extension
from Cython.Build import cythonize
```

9. 之后，我们将定义一个扩展模块，其源代码指向原始的 `python_mandel.py` 文件。将此模块的名称设置为 `hybrid_mandel`：

```
hybrid = Extension(
    "hybrid_mandel",
    sources=["python_mandel.py"],
```

```
    include_dirs=[np.get_include()],
    define_macros=[("NPY_NO_DEPRECATED_API",
        "NPY_1_7_API_VERSION")]
)
```

10. 现在，我们定义第二个扩展模块，其源代码集为刚刚创建的 cython_mandel.pyx 文件：

```
cython = Extension(
    "cython_mandel",
    sources=["cython_mandel.pyx"],
    include_dirs=[np.get_include()],
    define_macros=[("NPY_NO_DEPRECATED_API",
        "NPY_1_7_API_VERSION")]
)
```

11. 接下来，我们将这两个扩展模块添加到一个列表中，并调用 setup 例程来注册这些模块：

```
extensions = [hybrid, cython]
setup(
    ext_modules = cythonize(
        extensions, compiler_directives={
                "language_level": "3"}),
)
```

12. 在 mandelbrot 文件夹中创建一个名为 __init__.py 的新的空文件，使其成为一个可以导入到 Python 的包。

13. 从 mandelbrot 文件夹打开终端，使用以下命令构建 Cython 扩展模块：

```
python3.8 setup.py build_ext --inplace
```

14. 现在，新建一个名为 run.py 的文件，并添加以下 import 语句：

```
# run.py


from time import time
from functools import wraps
import matplotlib.pyplot as plt
```

15. 从我们定义的每个模块中导入各个版本的 compute_mandel 例程：python_mandel 模块表示原始 Python 代码；hybrid_mandel 模块表示 Cython 化的 Python 代码；cython_mandel 模块表示编译后的纯 Cython 代码：

```
from mandelbrot.python_mandel import compute_mandel
            as compute_mandel_py
from mandelbrot.hybrid_mandel import compute_mandel
            as compute_mandel_hy
from mandelbrot.cython_mandel import compute_mandel
            as compute_mandel_cy
```

16. 定义一个简单的计时器装饰器，我们将使用它来测试例程的性能：

```
def timer(func, name):
     @wraps(func)
     def wrapper(*args, **kwargs):
           t_start = time()
           val = func(*args, **kwargs)
           t_end = time()
           print(f"Time taken for {name}:
                 {t_end - t_start}")
           return val
     return wrapper
```

17. 对每个导入的例程应用 `timer` 装饰器，并定义一些用于测试的常量：

```
mandel_py = timer(compute_mandel_py, "Python")
mandel_hy = timer(compute_mandel_hy, "Hybrid")
mandel_cy = timer(compute_mandel_cy, "Cython")

Nx = 320
Ny = 240
steps = 255
```

18. 使用我们之前设置的常量运行每个装饰例程。将最后一次调用（Cython 版本）的输出记录在 `vals` 变量中：

```
mandel_py(Nx, Ny, steps)
mandel_hy(Nx, Ny, steps)
vals = mandel_cy(Nx, Ny, steps)
```

19. 最后，绘制 Cython 版本的输出结果图，以检查例程是否正确地计算了 Mandelbrot 集：

```
fig, ax = plt.subplots()
ax.imshow(vals.T, extent=(-2.5, 0.5, -1.2, 1.2))
plt.show()
```

运行 `run.py` 文件，将把每个例程的执行时间输出到终端，如下所示：

```
Time taken for Python: 11.399756908416748
Time taken for Hybrid: 10.955225229263306
Time taken for Cython: 0.24534869194030762
```

注意

这些计时结果不如第一版好，这可能是由于作者安装 Python 的方式造成的。你的计时结果可能会有所不同。

Mandelbrot 集的图像如图 10.3 所示。

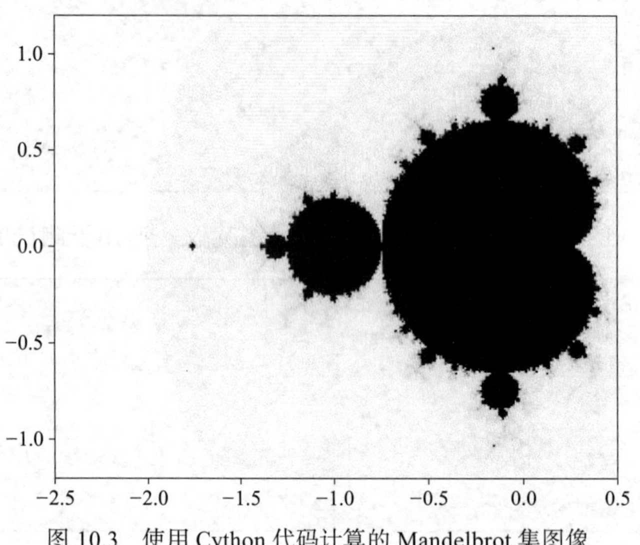

图 10.3　使用 Cython 代码计算的 Mandelbrot 集图像

这符合我们对 Mandelbrot 集的期望。在边界周围可以看到一些更精细的细节。

10.7.3　原理解析

在这个示例中发生了很多事情，所以让我们从解释整个过程开始。Cython 接受用 Python 语言的扩展编写的代码，并将其编译为 C 代码，然后用于生成可导入 Python 会话的 C 扩展。事实上，你甚至可以使用 Cython 将普通 Python 代码直接编译为扩展，尽管结果不如使用修改后的语言时好。本示例中的前几个步骤定义了修改后语言（保存为 `.pyx` 文件）中 Python 代码的新版本，除了常规 Python 代码外，还包括类型信息。为了使用 Cython 构建 C 扩展，我们需要定义一个设置文件，然后创建一个运行以产生结果的文件。

Cython 代码的最终编译版本比纯 Python 代码运行得快得多。由 Cython 编译的 Python 代码（我们在本例中称之为混合代码）比纯 Python 代码的性能稍好一些。这是因为生成的 Cython 代码仍然必须处理 Python 对象，并带有所有注意事项。通过在 `.pyx` 文件中向 Python 代码添加类型信息，我们开始看到性能的重大改进。这是因为 `in_mandel` 函数现在被有效地定义为一个 C 级函数，它与 Python 对象没有交互，而是对基本数据类型进行操作。

Cython 代码和 Python 等效代码之间存在一些微小但非常重要的差异。在步骤 1 中，你可以看到我们像往常一样导入了 NumPy 包，但我们也使用 `cimport` 关键字引入了一些 C 级定义。在步骤 2 中，我们在定义 `in_mandel` 函数时使用了 `cdef` 关键字而不是 `def` 关键字。这意味着 `in_mandel` 函数被定义为一个不能从 Python 级别调用的 C 级函数，这在调用此函数时节省了大量开销（这种情况经常发生）。

关于这个函数的定义，唯一的其他真正区别是在签名和函数的前几行中包含了一些类型声明。我们在这里应用的两个装饰器在访问列表（数组）中的元素时禁用了边界检查。`boundscheck` 装饰器禁用了对索引是否有效（在 0 到数组大小之间）的检查，而 `wraparound` 装饰器禁用了负索引。尽管它们禁用了 Python 内置的一些安全特性，但这两种方法在执行过程中的速度都有了适度的提高。在这个例子中可以禁用这些检查，因为我们正在用循环来遍历数组的有效索引。

Setup 文件是我们告诉 Python（以及 Cython）如何构建 C 扩展的地方。Cython 的 `cythonize` 函数是这里的关键，因为它触发了 Cython 构建过程。在步骤 9 和 10 中，我们使用来自 `setuptools` 的 `Extension` 类定义了扩展模块，这样我们就可以为构建定义一些额外的细节。具体来说，我们为 NumPy 编译设置了一个环境变量，并为 NumPy C 头文件添加了 `include` 文件。这是通过 `Extension` 类的 `define_macros` 关键字参数完成的。我们在步骤 13 中使用的终端命令使用 `setuptools` 构建 Cython 扩展，并添加 `--inputflat` 标志，意味着编译后的库将被添加到当前目录中，而不是放置在集中位置。这有利于程序开发。

运行脚本相当简单：从每个已定义的模块（其中两个实际上是 C 扩展模块）导入例程，并为它们的执行计时。我们必须在导入别名和例程名称上有一点创意，以避免命名冲突。

10.7.4　更多内容

Cython 是一个强大的工具，可以提高代码某些方面的性能。但是，在优化代码时，你必须始终小心，明智地分配你的时间。使用 Python 标准库中提供的 cProfile 等配置文件可用于查找代码中出现性能瓶颈的地方。在这个例子中，性能瓶颈发生的地方非常明显。Cython 是解决这种情况的好方法，因为它涉及在（两个）`for` 循环中重复调用一个函数。然而，它并不是解决性能问题的通用方法，而且通常情况下，代码的性能可以通过重构来得到极大的提高，因而通常使用的是高性能库。

Cython 与 Jupyter notebook 集成得很好，可以在 notebook 的代码块中无缝使用。Cython 也包含在 Python 的 Anaconda 发行版中，因此当 Anaconda 发行版已经安装了 Jupyter notebook 时，不需要额外的设置即可在 Jupyter notebook 中使用 Cython。

当涉及从 Python 生成编译代码时，有许多 Cython 的备选方案。例如，Numba 包（http://numba.pydata.org/）提供了一个**即时**（JIT）**编译器**，只需在特定函数上放置一个装饰器，它就可以在运行时优化 Python 代码。Numba 旨在与 NumPy 和其他科学 Python 库一起工作，也可用于利用 GPU 来加速代码执行。

还有一个通用的 Python JIT 编译器，可以通过 `pyjion` 包（https://www.trypyjion.com/）获得。与主要用于数值计算编码的 Numba 库不同，该编译器可以在各种情况下使用。第 3 章中讨论的 `jax` 库也内置了 JIT 编译器，但这也仅限于数值计算编码。

10.8　使用 Dask 进行分布式计算

Dask 是一个库，用于跨多个线程、进程甚至计算机进行分布式计算，以便有效地执行大规模计算。即使你使用的是单台笔记本电脑，它也可以大大提高性能和吞吐量。Dask 为 Python 科学堆栈中的大多数数据结构提供了备选，如 NumPy 数组和 Pandas DataFrame。这些备选数据结构具有非常相似的接口，但是在底层，它们是为分布式计算构建的，因此它们可以在多个线程、进程或计算机之间共享。在许多情况下，切换到 Dask 就像更改 `import` 语句一样简单，并可能添加一些额外的方法调用来启动并发计算。

在本节中，我们将学习如何使用 Dask 在 DataFrame 上进行一些简单的计算。

10.8.1　准备工作

对于本示例，我们需要从 Dask 包中导入 `dataframe` 模块。按照 Dask 文档中规定的惯例，我们将以 `dd` 别名导入该模块：

```
import dask.dataframe as dd
```

我们还需要本章代码库中的 `sample.csv` 文件。

10.8.2　实现方法

按照以下步骤，使用 Dask 在 DataFrame 对象上执行一些计算：

1. 首先，我们需要将 `sample.csv` 中的数据加载到 Dask DataFrame 中。将 `num-`

ber 列的类型设置为"object"，否则，Dask 的类型推断将失败（因为该列包含 None，但其他都是整数）：

```
data = dd.read_csv("sample.csv", dtype={
    "number":"object"})
```

2. 接下来，我们对 DataFrame 的列执行一次标准计算：

```
sum_data = data.lower + data.upper
print(sum_data)
```

与 Pandas DataFrame 不同，结果不是一个新的 DataFrame。print 语句提供了以下信息：

```
Dask Series Structure:
npartitions=1
            float64
                          ...
dtype: float64
Dask Name: add, 4 graph layers
```

3. 为了实际得到结果，我们需要使用 compute 方法：

```
result = sum_data.compute()
print(result.head())
```

结果如预期所示：

```
0       -0.911811
1        0.947240
2       -0.552153
3       -0.429914
4        1.229118
dtype:   float64
```

4. 我们计算最后两列的均值的方式与使用 Pandas DataFrame 的方式完全相同，但是我们需要添加对 compute 方法的调用来执行计算：

```
means = data[["lower", "upper"]].mean().compute()
print(means)
```

输出的结果和我们预期的完全一样：

```
lower -0.060393
upper -0.035192
dtype: float64
```

10.8.3 原理解析

Dask 为计算构建了一个任务图，它描述了需要在数据集上执行的各种操作和计算之间的关系。这将分解计算的步骤，以便在不同的工作节点之间以正确的顺序进行计算。然后将此任务图传递给调度器，该调度器将实际任务发送给工作节点执行。Dask 附带了几种不同的调度器：同步、线程、多进程和分布式。调度器的类型可以在对 `compute` 方法的调用中选择，也可以全局设置。如果没有指定调度器类型，Dask 将选择一个合理的默认值。

同步、线程和多进程调度器在单台机器上工作，而分布式调度器用于集群。Dask 允许你以相对透明的方式在调度器之间进行切换，然而对于小型任务，由于设置更复杂的调度器会带来一定开销，你有可能不会获得性能上的提升。

`compute` 方法是本例的关键。通常在 Pandas DataFrame 上执行计算的方法现在只是设置了一个计算，该计算将通过任务调度器执行。在调用 `compute` 方法之前，计算不会开始。这类似于 `Future` 类（来自 asyncio 标准库的软件包）将异步函数调用结果以代理的形式返回，在计算完成之前不会得到这个结果。

10.8.4 更多内容

与本例中显示的 DataFrame 一样，Dask 还提供了 NumPy 数组的接口。还有一个名为 `dask_ml` 的机器学习接口，它提供了类似 `scikit-learn` 包的功能。一些外部包，比如 `xarray`，也有 Dask 接口。Dask 还可以与 GPU 配合使用，以进一步加速计算并从远程源加载数据，如果计算分布在集群中，这将非常有用。

10.9 为数据科学编写可重用代码

科学方法的基本原则之一是，结果应该是可重复的且可独立验证的。遗憾的是，这一原则往往被低估，取而代之的是“新颖”的想法和结果。作为数据科学的从业者，我们有义务尽自己的一份力量，使我们的分析和结果尽可能具有可重复性。

由于数据科学研究通常完全在计算机上完成，也就是说，它通常不涉及测量中的仪器误差，有些人可能会认为所有数据科学研究本质上都具有可重复性。事实显然并非如此。在使用随机超参数搜索或基于随机梯度下降的优化时，研究者很容易忽视简单的事情，如种子随机性（见第 3 章）。此外，更微妙的非确定性因素（如使用线程或多进程）可能会在你没有意识到的情况下极大地改变结果。

在本节中，我们将介绍一个基本数据分析流程的示例，并实现一些基本步骤，以确保你可以重现结果。

10.9.1 准备工作

对于本示例，像往常一样，我们需要将 NumPy 包导入为 np，将 Pandas 包导入为 pd，将 Matplotlib 的 pyplot 接口导入为 plt，以及以下从 scikit-learn 包中导入的内容：

```
from sklearn.metrics import ConfusionMatrixDisplay, accuracy_ score
from sklearn.model_selection import train_test_split
from sklearn.tree import DecisionTreeClassifier
```

我们将使用模拟数据（而不必从其他地方获取），因此我们需要设置一个带有种子值（为了可重复性）的默认随机数生成器实例：

```
rng = np.random.default_rng(12345)
```

为了生成数据，我们定义了以下例程：

```
def get_data():
    permute = rng.permutation(200)
    data = np.vstack([
        rng.normal((1.0, 2.0, -3.0), 1.0,
        size=(50, 3)),
        rng.normal((-1.0, 1.0, 1.0), 1.0,
        size=(50, 3)),
        rng.normal((0.0, -1.0, -1.0), 1.0,
        size=(50, 3)),
        rng.normal((-1.0, -1.0, -2.0), 1.0,
        size=(50, 3))
        ])
    labels = np.hstack(
        [[1]*50, [2]*50, [3]*50,[4]*50])
    X = pd.DataFrame(
        np.take(data, permute, axis=0),
        columns=["A", "B", "C"])
    y = pd.Series(np.take(labels, permute, axis=0))
    return X, y
```

我们使用此例程来代替将数据加载到 Python 中的其他方法，如从文件读取数据或从互联网下载数据等。

10.9.2 实现方法

按照以下步骤，创建一个非常简单且可重复的数据科学流程：

1. 首先，我们需要使用前面定义的 get_data 例程“加载”数据：

```
data, labels = get_data()
```

2. 由于我们的数据是动态获取的，因此将数据与我们生成的结果存储在一起是一个好主意。

```
data.to_csv("data.csv")
labels.to_csv("labels.csv")
```

3. 现在，我们需要使用 scikit-learn 中的 train_ test_split 例程按 80%/20% 的比例将数据分成训练集和测试集，并确保设置了随机状态，以便可以重复这一过程（尽管我们将在下一步中保存索引以供参考）：

```
X_train, X_test, y_train, y_test = train_test_split(
    data,labels, test_size=0.2, random_state=23456)
```

4. 现在，我们确保保存了训练集和测试集的索引，这样我们就能准确地知道每个样本中包含了哪些观测值。我们可以将索引与步骤 2 中存储的数据一起使用，以便稍后完全重建这些集合：

```
X_train.index.to_series().to_csv("train_index.csv",
    index=False, header=False)
X_test.index.to_series().to_csv("test_index.csv",
    index=False, header=False)
```

5. 现在，我们可以设置和训练分类器了。我们在这个例子中使用了一个简单的 DecisionTreeClassifier，但是这个选择并不重要。由于训练过程涉及一些随机性，请确保设置 random_state 关键字参数来为这种随机性提供种子：

```
classifier = DecisionTreeClassifier(random_state=34567)
classifer.fit(X_train, y_train)
```

6. 在我们进一步讨论之前，最好收集一些训练模型的信息，并将其与结果一起存储。其中的有趣的信息因模型而异。对于我们的这个模型，特征重要性信息可能是有用的，所以我们将其记录在一个 CSV 文件中：

```
feat_importance = pd.DataFrame(
     classifier.feature_importances_,
     index=classifier.feature_names_in_,
     columns=["Importance"])
feat_importance.to_csv("feature_importance.csv")
```

7. 现在，我们可以继续检查模型的性能。我们将在训练集和测试集上评估模型，稍后我们将分类结果与真实标签进行比较：

```
train_predictions = classifier.predict(X_train)
test_predictions = classifier.predict(X_test)
```

8. 始终保存这种预测任务（或者是回归任务，或以某种方式成为报告一部分的任何其他最终结果）的结果。我们首先将它们转换为 `Series` 对象，以确保索引设置正确：

```
pd.Series(train_predictions,index=X_train.index,
    name="Predicted label").to_csv(
            "train_predictions.csv")
pd.Series(test_predictions,index=X_test.index,
    name="Predicted label").to_csv(
            "test_predictions.csv")
```

9. 最后，我们可以生成任何图形或指标，以指导我们如何进行分析。在这里，我们将为训练集和测试集生成一个混淆矩阵图，并输出一些准确性总结分数：

```
fig, (ax1, ax2) = plt.subplots(1, 2, tight_layout=True)
ax1.set_title("Confusion matrix for training data")
ax2.set_title("Confusion matrix for test data")
ConfusionMatrixDisplay.from_predictions(
     y_train, train_predictions,
     ax=ax1 cmap="Greys", colorbar=False)
ConfusionMatrixDisplay.from_predictions(
     y_test, test_predictions,
     ax=ax2 cmap="Greys", colorbar=False)
print(f"Train accuracy {accuracy_score(y_train, train_ predictions)}",
     f"Test accuracy {accuracy_score(y_test, test_ predictions)}",
     sep="\n")
# Train accuracy 1.0
# Test accuracy 0.65
```

得到的混淆矩阵如图 10.4 所示。

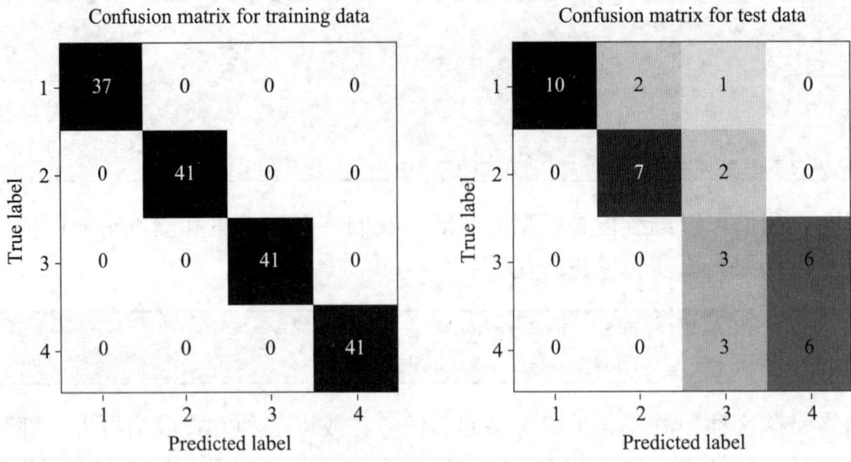

图 10.4　一个简单分类任务的混淆矩阵

这个例子的测试结果并不出色，这并不奇怪，因为我们没有花时间选择最合适的模型或进行调优，而且我们的样本量非常小。为这些数据建立一个准确的模型并不是我们的目的。在当前目录（脚本运行的位置）中，应该有许多新的 CSV 文件，其中包含我们写入磁盘的所有中间数据：`data.csv`, `labels.csv`, `train_index.csv`, `test_index.csv`, `feature_importance.csv`, `train_predictions.csv` 和 `test_predictions.csv`。

10.9.3　原理解析

在可重复性方面，没有绝对的正确答案，但肯定有错误的答案。我们在这里只谈到了如何使代码更具可重复性的一些想法，但人们还可以做更多的事情（见 10.9.4 节）。在本示例中，我们真正关注的是存储中间值和结果，而不是其他任何东西。这往往被我们忽视，我们更倾向于绘制图形，因为图形通常是呈现结果的方式。然而，我们不应该为了改变图形的样式而重新运行整个处理流程。存储中间值允许你审核流程的各个部分，并检查你所做的操作是否合理和适当，以及你是否可以从这些中间值中再现结果。

一般来说，数据科学的工作流由五个步骤组成：

1. 数据采集
2. 数据预处理和特征选择
3. 建模和超参数调优
4. 模型训练
5. 评价和结果生成

在本例中，我们用随机生成数据的函数替换了数据采集。正如本节引言中提到的，这一步通常涉及从磁盘（如 CSV 文件或数据库）中加载数据、从互联网下载数据，或直接从测量设备收集数据。我们缓存了数据采集的结果，因为我们假设这是一项耗时的操作。当然，情况并非总是如此：如果你直接从磁盘中（如通过 CSV 文件）加载所有数据，那么显然不需要存储这些数据的第二个副本。但是，你如果通过查询大型数据库来生成数据，那么存储数据的扁平副本将大大提高你在工作流上的迭代速度。

我们的预处理只包括将数据分成训练集和测试集。同样，在这一步之后，我们存储了足够的数据，以便稍后独立重建这些集合——我们只存储了与每个集合对应的 ID。由于我们正在存储这些集合，因此在 `train_test_split` 例程中设置随机性种子不是必需的，但这通常是一个好主意。如果你的预处理涉及更密集的操作，那么你可能会考虑缓存处理过的数据或生成的特征，这些特征将在流程中使用（我们稍后将更详细地介绍缓存）。如果你的预处理步骤涉及从数据列中选择特征，那么绝对应该将这些选定的特征与结果一起保存到磁盘上。

我们的模型非常简单，没有任何（非默认）超参数。如果你已经进行了一些超参数调优，你应该将这些参数与重建模型可能需要的任何其他元数据一起存储起来。存储模型本身（通过序列化或其他方式）可能很有用，但请记住，序列化后（pickled）的模型可能无法被另一方读取（例如，如果他们使用的是不同版本的 Python）。

你应该始终存储模型的数值结果。当你检查后续运行的结果是否一致时，不可能比较图形和其他汇总数据。此外，这允许你以后在需要时快速重新生成图形或数值。例如，如果你的分析涉及二元分类问题，那么存储用于生成**接收者操作特征**（ROC）曲线的值是一个好主意，即使你还可以生成 ROC 曲线图并报告曲线下的面积。

10.9.4 更多内容

还有很多事情我们没有在这里讨论。让我们先讨论一个显而易见的问题。Jupyter notebook 是生成数据科学流程的常用媒介。这很好，但是用户应该明白这种格式有几个缺点。首先，可能也是最重要的一点是，Jupyter notebook 可能会乱序运行，而后面的单元格可能对前面的单元格有非常重要的依赖关系。为了解决这个问题，请确保你始终在干净的内核上完整运行 notebook，而不是简单地重新运行当前内核中的每个单元格（例如，使用 Papermill 这样的工具，见 10.6 节）。其次，存储在 notebook 中的结果可能与代码单元格中编写的代码不对应。当运行 notebook 并且事后修改代码而不重新运行时，就会发生这种情况。最好保留一个没有任何存储结果的 notebook 主副本，并制作一个填充了结果且永远不会进一步修改的副本。最后，Jupyter notebook 通常在难以正确缓存中间步骤结果的环境中执行。notebook 内部的缓存机制部分解决了这个问题，但这并不总是完全透明的。

现在让我们解决两个关于可重复性的一般问题：配置和缓存。配置是指用于控制工作流设置和执行的值的集合。除了 `train_test_split` 例程和模型（以及数据生成，但让我们忽略这一点）中使用的随机种子，以及在训练 / 测试数据分割中要取的百分比外，本例程没有任何明显的配置值。这些在例程中是硬编码的，但这可能不是最好的主意。至少，我们希望能够记录任何给定分析运行中使用的配置。理想情况下，配置应该从文件中加载（只需要加载一次），然后在工作流运行之前完成并缓存。这意味着完整的配置是从一个或多个源（配置文件、命令行参数或环境变量）中加载的，合并为一个单一的事实源中，然后与结果一起序列化为机器和人类可读的格式，如 JSON。这样你就可以准确地知道使用了什么配置来生成结果。

缓存是存储中间结果的过程，以便我们以后可以重用它们，从而减少后续运行的时间。在本例中，我们确实存储了中间结果，但是我们没有构建机制来重用存储的数据（如果它存在并且有效的话）。这是因为检查和加载缓存数值的实际机制很复杂，在某种程度上依赖于确切的设置。我们的项目非常小，缓存数值不一定有意义。然而，对于拥有多个组件的大型项目，这绝对会产生影响。在实现缓存机制时，你应该构建一个系统来检查缓存是否有效，例如，使用代码文件的 SHA-2 哈希值（hash）及其所依赖的任何数据源。

当涉及存储结果时，通常最好将所有结果一起存储在带时间戳的文件夹或类似文件中。我们在本例中没有这样做，但它相对容易做到。例如，使用标准库中的 `datetime` 和 `pathlib` 模块，我们可以轻松创建一个用于存储结果的基本路径：

```
from pathlib import Path
from datetime import datetime
RESULTS_OUT = Path(datetime.now().isoformat())
...
results.to_csv(RESULTS_OUT / "name.csv")
```

如果使用多进程并行运行多个分析，则必须稍加小心，因为每个新进程都会生成一个新的 `RESULTS_OUT` 全局变量。更好的选择是将其合并到配置过程中，这也将允许用户自定义输出路径。

除了我们到目前为止讨论的脚本中的实际代码外，在项目级别还可以做很多事情来使代码更具可重复性。首先，可能也是最重要的一步，是尽可能地公开代码，包括指定共享代码的许可证（如果有的话）。其次，好的代码将足够健壮，可以用于分析多个数据（显然，这些数据的数据类型应该与最初使用的数据类型相同）。再次，使用版本控制（Git、Subversion 等）来跟踪代码更改，这也有助于将代码分发给其他用户。最后，代码需要有很好的文档说明，最好有自动化测试来检查流程在示例数据集上是否按预期工作。

10.9.5 另请参阅

以下是一些关于可重复编码实践的额外信息源：

- *The Turing Way*: 艾伦 · 图灵研究所出品的可重复性、伦理性和协作性数据科学手册。https://the-turing-way.netlify.app/welcome
- 《开源软件期刊》(*Journal of Open Source Software*）的审查标准：即使你不打算发布自己的代码，也应遵循的良好实践指南：https://joss.readthedocs.io/en/latest/review_criteria.html

本书的第 10 章（也是最后一章）到此结束。请记住，我们仅仅触及了用 Python 进行数学运算的表面，你应该阅读本书中提到的文档和源代码，以获得有关这些包和技术功能的更多信息。